"十三五"江苏省高等学校重点教材（编号 2019-2-068）

高等教育公共基础课规划教材

人工智能应用基础

史荧中　钱晓忠　主　编

黄翀鹏　副主编

宋晨静　参　编

蔡建军　主　审

電子工業出版社

Publishing House of Electronics Industry

北京 · BEIJING

内 容 简 介

本教材内容包括人工智能概述、人工智能通用技术、机器学习与深度学习、人工智能典型应用场景与职业发展、人工智能法律与伦理、人工智能与职业发展。在内容的选取上，突出人工智能主流技术和典型案例，覆盖了目前市场上最常见的人工智能技术及应用。

作者仔细研究了国内第一批人工智能创新应用平台的开放接口，归纳相应创新应用平台的共性内容，选取与图像、语音、自然语言处理等相关的人工智能通用技能，并针对这些通用技能安排了相应的实训。本书精心设计了适用于高职层次学生的人工智能体验式实训，借助人工智能开放平台上的API（应用程序接口），让学生对人工智能应用有直观的体验。教材中的程序均在Python 3环境中进行了验证，可以通过扫描二维码观看相应的操作视频。另外，教材精选人工智能行业典型应用，为学生的专业规划打开视野。

本教材是人工智能通识教育的基础教材，适用于高职高专院校使用。教材提供了16课时及32课时两种教学计划推荐方案，分别适用于文科类专业及理工类专业。本教材也可作为人工智能爱好者的启蒙资料。

图书在版编目（CIP）数据

人工智能应用基础/史荧中，钱晓忠主编. —北京：电子工业出版社，2020.6
ISBN 978-7-121-37653-5

Ⅰ. ①人… Ⅱ. ①史… ②钱… Ⅲ. ①人工智能—高等学校—教材 Ⅳ. ①TP18

中国版本图书馆CIP数据核字（2019）第243934号

责任编辑：贺志洪
印　　刷：三河市鑫金马印装有限公司
装　　订：三河市鑫金马印装有限公司
出版发行：电子工业出版社
　　　　　北京市海淀区万寿路173信箱　邮编 100036
开　　本：787×1092　1/16　印张：13　字数：332.8千字
版　　次：2020年6月第1版
印　　次：2023年7月第11次印刷
定　　价：42.00元

凡所购买电子工业出版社图书有缺损问题，请向购买书店调换。若书店售缺，请与本社发行部联系，联系及邮购电话：（010）88254888，88258888。

质量投诉请发邮件至zlts@phei.com.cn，盗版侵权举报请发邮件至dbqq@phei.com.cn。

本书咨询联系方式：（010）88254609或hzh@phei.com.cn。

前　言

人工智能自 1956 诞生以来，已经历经两次兴盛和低谷。近年来，随着人机大战中 AlphaGo 以碾压式的姿态进入大众视野，并随着深度学习对图像的识别精度超过人类，人工智能产业迎来了第三次浪潮。时至今日，人们已经毫不怀疑人工智能将为人类历史带来巨大变革，大众更关心的是人工智能到底能给我们带来哪些变革？强大的人工智能会成为服务人类的“天使”，还是会成为统治人类的“魔鬼”？

本书编者对人工智能常见技术进行了研究，同时对包括阿里、百度、腾讯、科大讯飞等公司主持的国内第一批人工智能创新应用平台进行了梳理，归纳出人工智能通用技能。本教材定位于高职高专院校的非人工智能专业学生，以及其他对人工智能有兴趣的社会人员。教材内容精心设计，突出的特点是：

1. 面向高职院校学生的人工智能通识课程教材。
2. 实训精心设计，上手易、覆盖全、有梯度。

- 上手易：实训代码简洁，难度适当，用体验式实训来扫除学生对人工智能的陌生感和畏惧感。
- 覆盖全：实训照顾面广，涉及图像、语音技术、自然语言处理等多个人工智能技术领域。
- 有梯度：从语音、图像等单项技能到应答系统，从调用平台上的开放接口到训练自己的分类模型，实训呈现出螺旋上升趋势，实训之间有一定的梯度。

3. 精选人工智能行业典型应用，为学生结合本专业进行职业规划打开视野。
4. 以“生活中的人工智能应用”为切入点讲解知识点，以“工厂中的人工智能应用”为学生的实训项目案例。将人工智能各典型技术的讲解有机地融合到案例实践中，实现了理论与实践的无缝对接，达到基础知识学习、实践能力提高、创新素质培养同步完成的目标。
5. 采用本教材授课时，可以根据不同教学目的适当调整教学时数。典型的教学安排可以分为两种：

- 16 课时，主要目的是人工智能通识课教育，可适用于文科学生。
    - ♦ 讲授第 1～8 章全部理论内容，理论授课 12 课时。
    - ♦ 安排 4 次体验，每次体验 1 课时，共 4 课时。

其中体验内容分别为“☆ OCR 识别体验：公司文件文本化”“☆ 语音合成体验：客服回复音频化”“☆ 自然语言处理体验：用户评价情感分析”“☆ 智能问答系统”（见表 1)。

表 1　教学课时安排建议

章节	授课（实训）课时	授课（实训）课时
第 1 章　人工智能概述	2	4（2）
★ 项目 1　搭建 Hello AI 开发环境		★

续表

章节	授课（实训）课时	授课（实训）课时
第 2 章　计算机视觉及应用	2（1）	4（2）
☆ OCR 识别体验：公司文件文本化	☆	✔
★ 项目 2　公司会展人流统计		★
第 3 章　语音处理及应用	2（1）	4（2）
☆ 语音合成体验：客服回复音频化	☆	✔
★ 项目 3　会议录音文本化（语音识别）		★
第 4 章　自然语言处理	2（1）	4（2）
☆ 自然语言处理体验：用户评价情感分析	☆	✔
★ 项目 4　客户意图理解		★
第 5 章　智能机器人	2（1）	2（1）
☆ 项目 5　智能问答系统	☆	☆
第 6 章　机器学习与深度学习概述	2	8（4）
★ 项目 6　机器学习体验		★
★ 项目 7　深度学习体验		★
第 7 章　AI 典型应用案例与职业规划	2	4（2）
★ 项目 8　创新体验：训练自己的分类模型		★
第 8 章　人工智能法律与伦理	2	2
合计（授课课时、实训课时）	16（4）	32（15）

- 32 课时，除了人工智能通识课教育，更加强化项目实践训练，目的是消除读者对人工智能的畏惧感，唤起读者的创新意识。可适用于理工科学生。
  - 讲授第 1～8 章全部理论内容，其中理论授课 17 课时，机器学习与深度学习部分稍稍展开讲解。
  - 安排 3 次体验内容，以✔标记，由教师直接讲解演示。
  - 安排 8 次项目实训，共 15 课时。其中 7 次实践项目以★标记，每次 2 课时，共计 14 课时；1 次实训项目以☆标记，共计 1 课时。

6. 本书还提供了教案、授课计划、PPT 电子教案、实训项目视频录像、实训项目源代码、全书例子源代码、习题与问答题的答题要点、编程题的参考答案。

本书的写作得到了百度云智学院的帮助。钱晓忠负责第 5、8 章的编写；无锡职业技术学院黄翀鹏负责第 6、7 章的编写；百度云智学院认证讲师宋晨静工程师参与了实践项目的编写；史荧中负责其余章节的编写及全书的统稿；无锡职业技术学院蔡建军主审了本书。无锡职业技术学院胡丽丹老师对实训提出了很好的修改建议，在此表示衷心的感谢。

本书作者水平有限，书中还有错误和不妥之处，敬请读者批评、指正。

无锡职业技术学院　史荧中　钱晓忠

2020 年 4 月

目　录

绪　论

这是一个快速变迁的时代。身处这个时代洪流里的每一个人，从课堂中孜孜以求的学子，到在家中颐养天年的老人；从农林从业者，到各类企业员工；都在享受着日新月异的便利生活。而给我们带来这一切便利与舒适的背后，是一场正在深刻地改变着我们的生活与社会的科技浪潮——人工智能。

那些科幻小说中的场景正逐渐变成现实：回家不用开锁，指纹或虹膜识别就能进门；搞卫生有扫地机器人和擦地机器人，更高级的，还有擦玻璃机器人；坐在沙发上，一句口令就能打开电视、空调；网络预约、微信挂号，看病拿药更方便……

苹果公司的个人助理 Siri，能够帮助我们发送短信、拨打电话、记录备忘，甚至可以陪用户聊天。Siri 作为一款智能数字个人助理，它通过机器学习技术来更好地理解我们的自然语言问题和请求。人工智能助理还包括小度机器人（百度的智能交互机器人）、Google Now（谷歌的语音助手服务）、微软 Cortana（微软的人工智能助理）等。

全球范围内火热的亚马逊 echo（搭载语音助手 Alexa）、谷歌的 Google Home、苹果的 HomePod，可以帮助我们在网上搜寻信息、商店，安排约会、设置警报等事情。现在，百度小度在家、腾讯听听音箱、天猫精灵 X1、小米 AI 音箱、京东叮咚 PLAY、Rokid ME 智能音箱、小问智能音箱 Tichome Mini、小豹 AI 音箱等风靡各地。它们都是智能语音技术与知识图谱的成功应用。

Netflix 根据客户对电影的反应提供高度精确的预测技术，它分析了数以十亿计的记录，根据你之前的反应和对电影的选择来推荐你可能喜欢的电影。随着数据集的增长，这种技术正变得越来越聪明。当你打开电商网站时，恰好看到你喜欢的商品，这绝对不是巧合，这些都是基于大数据的推荐系统的功劳。

刷脸过安检、刷脸购物、刷脸存取物品，在 10 年前也许只会出现在科幻小说里，如今已经成为现实。拍照识花、以图搜图，这些功能越来越强大；街道异常行为检测、课堂学习效率分析，正越来越走近我们的生活。而这一切，仅仅只是一个开始。10 年后、20 年后，又会出现怎样的场景呢？没有人能够准确地预测。这些都是计算机视觉技术的典型应用。

计算机视觉技术、语音技术、自然语言处理及知识图谱、机器学习，是人工智能理论研究与技术应用的主要方向。本教材将着重描述这些技术的实际应用。人工智能再次蓬勃发展，背后其实是机器学习算法及应用作为强大支撑。机器学习的原理、理论，确实有较高的学习门槛，但这些都可以由专家们去研究，我们只需要了解即可。借助一些人工智能开放平台，我们也能 DIY，开发一些基本的应用，如智能对话系统等。

本教材希望通过介绍人工智能技术与应用，并经过简单的项目实训，使读者能体验人工智能的应用，并且希望读者能结合自己的专业背景，思考与推测人工智能技术在相关专业中的潜在新应用和发展新趋势，做好职业生涯规划。

教材结构编排主要围绕人工智能相关技术与应用来展开，如图 0-1 所示。

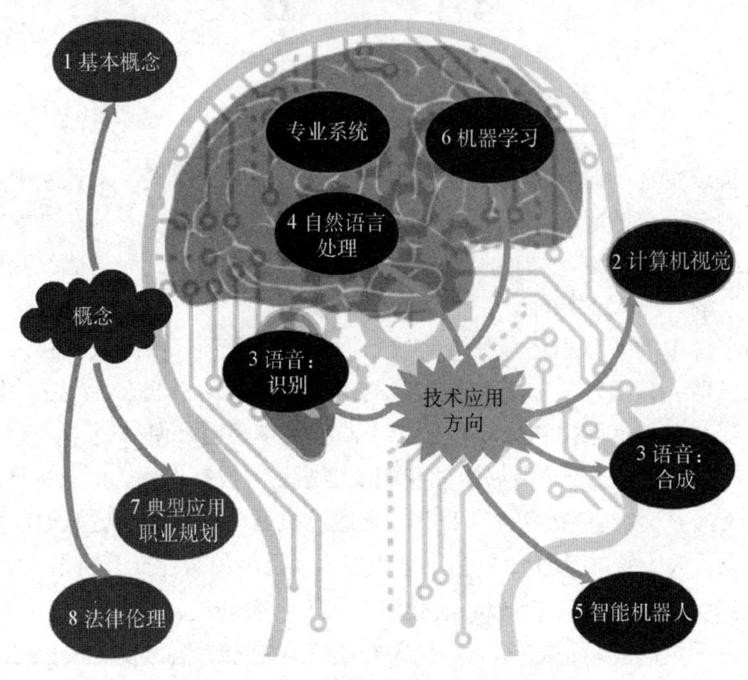

图 0-1 人工智能相关技术与应用图示

第1章　人工智能概述

本章要点

人工智能不仅是当今新闻中的热点话题，也是资本市场的宠儿。本章详细介绍了人工智能的概念及三次浪潮、人工智能技术的常见应用。

通过本章学习，读者应熟悉人工智能的三大技术、人工智能技术的应用、人工智能发展的四要素，了解智能概念及图灵测试，了解人工智能与机器学习及深度学习的关系。

本章的实践项目为：★搭建 Hello AI 开发环境。

1.1　人工智能的概念

人工智能是计算机学科的一个分支，20 世纪 70 年代以来被称为世界三大尖端技术（空间技术、能源技术、人工智能）之一，也被认为是 21 世纪三大尖端技术（基因工程、纳米科学、人工智能）之一。这是因为近 30 年来它获得了迅速的发展，在很多学科领域都获得了广泛应用，并取得了丰硕的成果。人工智能已逐步成为一个独立的分支，无论在理论和实践上都已自成一个系统。

人工智能是研究使计算机来模拟人的某些思维过程和智能行为（如学习、推理、思考、规划等）的学科，主要包括计算机实现智能的原理、制造类似于人脑智能的计算机，使计算机能实现更高层次的应用。人工智能涉及计算机科学、心理学、神经科学、生物学、数学、社会学、哲学和语言学等学科，可以说几乎是自然科学和社会科学的所有学科，其范围已远远超出了计算机科学的范畴，如图 1-1 所示。人工智能与思维科学的关系是实践和理论的关系，人工智能是处于思维科学的技术应用层次，是它的一个应用分支。从思维角度来看，人工智能不能仅仅局限于逻辑思维，更要考虑形象思维、灵感思维，才能促进人工智能的突破性的发展。数学常被认为是多种学科的基础科学，对语言、思维领域帮助极大。数学中的标准逻辑、模糊数学对人工智能学科起到了极大的促进作用，使人工智能更快地发展。

图 1-1　人工智能相关学科

美国麻省理工学院（MIT）尼尔逊教授对人工智能下了这样一个定义：“人工智能是关于知识的学科——怎样表示知识以及怎样获得知识并使用知识的科学。”而另一位美国麻省理工学院的温斯顿教授认为:“人工智能就是研究如何使计算机去做过去只有人才能做的智能工作。”这些说法反映了人工智能学科的基本思想和基本内容。即人工智能是研究人类智能活动的规律，构造具有一定智能的人工系统，研究如何让计算机去完成以往需要人的智力才能胜任的工作，也就是研究如何应用计算机的软、硬件来模拟人类某些智能行为的基本理论、方法和技术。

1.1.1 人工智能概念的一般描述

人工智能（Artificial Intelligence，AI）也就是人造智能，对人工智能的理解可以分为两部分，即“人工”和“智能”。人工的（Artificial）也就是人造的、模拟的、仿造的、非天然的，其相对的英文为天然的（Natural）。这部分的概念相对易于理解，争议性也不大。而对于“智能”定义，争议较多，因为这涉及其他诸如意识（Consciousness）、自我（Self）、思维（Mind）等问题。人类唯一了解的智能是人本身的智能，这是普遍认同的观点，美国俄克拉荷马州州立大学教授、心理学家斯腾伯格（R. Sternberg）就“智能”这个主题给出了以下定义：智能是个人从经验中学习、理性思考、记忆重要信息，以及应付日常生活需求的认知能力。

由于我们对自身智能的理解非常有限，因此对构成人的智能的必要元素的了解也非常有限，所以就很难定义什么是“人工”制造的“智能”。人工智能的研究往往涉及对人的智能本身的研究，而其他关于动物或其他人造系统的智能也普遍被认为是人工智能相关的研究课题。

从字面上来解释，“人工智能”是指用计算机（机器）来模拟或实现的智能，因此人工智能又可称为机器智能。当然，这只是对人工智能的一般解释。

关于人工智能的科学定义，学术界目前还没有统一的认识。下面摘选部分学者对人工智能概念的描述，可以看作是他们各自对人工智能所下的定义。

- 人工智能是那些与人的思维相关的活动，诸如决策、问题求解和学习等的自动化（Bellman，1978 年）。
- 人工智能是一种计算机能够思维，使机器具有智力的激动人心的新尝试（Haugeland，1985 年）。
- 人工智能是研究如何让计算机做现阶段只有人才能做得好的事情（Rich Knight，1991 年）。
- 人工智能是那些使知觉、推理和行为成为可能的计算的研究（Winston，1992 年）。

广义地讲，人工智能是关于人造物的智能行为，而智能行为包括知觉、推理、学习、交流和在复杂环境中的行为（Nilsson，1998 年）。Stuart russel 和 Peter norvig 则把已有的一些人工智能定义分为 4 类：像人一样思考的系统、像人一样行动的系统、理性地思考的系统、理性地行动的系统（2003 年）。

上述这些定义虽然都指出了人工智能的一些特征，但它们都是描述性的，用于解释人工智能。但如何来界定一台计算机（机器）是否具有智能，它们都没有提及。因为要界定机器是否具有智能，必然要涉及什么是智能的问题，但这却是一个难以准确回答的问题。

所以，尽管人们给出了关于人工智能的不少说法，但都没有完全或严格地用“智能”的内涵或外延来定义“人工智能”。

1.1.2　图灵测试

关于如何界定机器智能，早在人工智能学科还未正式诞生之前的 1950 年，计算机科学创始人之一的英国数学家阿兰·图灵（Alan Turing）（见图 1-2）就提出了现在称为“图灵测试”（Turing Test）的方法。在图灵测试中，一位人类测试员会使用电传设备，通过文字与密室里的一台机器和一个人自由对话，如图 1-3 所示。如果测试员无法分辨与之对话的两个对象谁是机器、谁是人，则参与对话的机器就被认为具有智能（会思考）。在 1952 年，图灵还提出了更具体的测试标准：如果一台机器能在 5 分钟之内骗过 30%以上的测试者，不能辨别其机器的身份，就可以判定它通过了图灵测试。

图 1-2　艾伦·图灵

图 1-3　图灵测试模拟游戏

图 1-4 中显示的是某一次图灵测试中的对话内容。我们可以发现，人工智能的回答可谓是天衣无缝，它在逻辑推理方面丝毫不弱于人类。但是在情感方面，人工智能有着天然的缺陷，它只是理性地思考问题，而不会安慰人，那是因为缺乏所谓的同理心。

图 1-4　图灵测试内容

虽然图灵测试的科学性受到过质疑，但是它在过去数十年一直被广泛认为是测试机器智能的重要标准，对人工智能的发展产生了极为深远的影响。当然，早期的图灵测试是假设被测试对象位于密室中。后来，与人对话的可能是位于网络另一端的聊天机器人。随着智能语音、自然语言处理等技术的飞速发展，人工智能已经能用语音对话的方式与人类交流，而不被发现是机器人。在2018年的谷歌开发者大会上，谷歌向外界展示了其人工智能技术在语音通话应用上的最新进展，比如通过 Google Duplex 个人助理来帮助用户在真实世界中预约了美发沙龙和餐馆。

1.2 人工智能的发展历史

人工智能的发展需要数据、算法及计算能力的支撑。通常认为，支撑人工智能在某一领域广泛应用的四要素分别为：算法、算力、数据及应用场景。在人工智能的发展过程中，无论是人工智能概念的几次兴衰，还是人工智能技术及应用的进展，都与相应时代的信息技术发展水平（算法、算力与数据）及市场需求（应用场景）密不可分。本节结合信息技术的发展，介绍人工智能的三次高潮及两次低谷。

1.2.1 人工智能的诞生

1936年，英国科学家图灵提出“理论计算机”模型，被称为图灵机（Turing Machine），创立了“自动机理论”。1937年，世界上第一台数字计算机 ABC 在爱荷华州立大学开始研制。1943年，Warren McCulloch 和 Walter Pitts 两位科学家提出了“神经网络”的概念。1946年，ENIAC 诞生在宾夕法尼亚大学，并且因为其完整的可编程性及实用性，而被更多的人认为是世界上第一台电子计算机。

1950 年，艾伦·图灵（Alan Turing）在他的论文《计算机器与智能》（*Computing Machinery and Intelligence*）中提出了著名的图灵测试（Turing Test）。同时，图灵还预言会创造出具有真正智能的机器的可能性。1951年夏天，当时普林斯顿大学数学系的一位24岁的研究生马文·明斯基（Marvin Minsky）建立了世界上第一个神经网络机器 SNARC（Stochastic Neural Analog Reinforcement Calculator）。在这个只有40个神经元的小网络里，人们第一次模拟了神经信号的传递。这项开创性的工作为人工智能奠定了深远的基础。明斯基由于他在人工智能领域的一系列奠基性的贡献，于1969年获得计算机科学领域的最高奖——图灵奖（Turing Award）。1954年，美国人乔治·戴沃尔设计了世界上第一台可编程机器人。

信息技术的快速发展催生了人们用机器进行思考的念头。1956年夏季，以麦卡锡、明斯基、罗切斯特和香农等为首的一批有远见卓识的年轻科学家在美国达特茅斯学院聚会，共同研究和探讨用机器模拟智能的一系列有关问题，并首次提出了“人工智能”这一术语，标志着“人工智能”学科的正式诞生。

人工智能自诞生以来，经过了三次浪潮、两次寒冬，如图1-5所示。

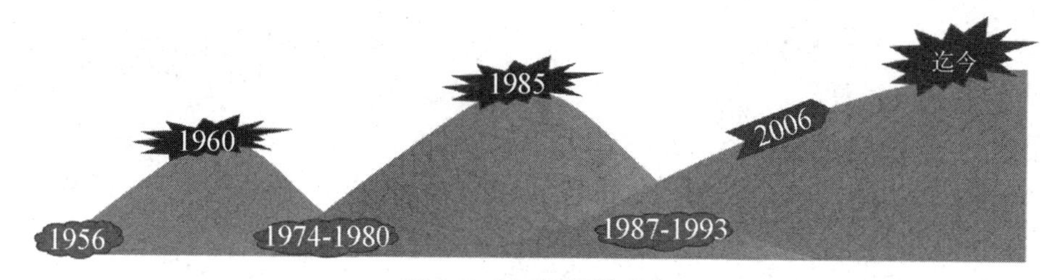

图 1-5　人工智能的兴衰

1.2.2　第一次兴衰

人工智能的诞生震动了全世界，人们第一次看到了由机器来产生、模拟智能的可能性。当时部分专家乐观地预测，20 年内机器将能做人所能做的一切。虽然到目前为止我们也没能看到这样一台机器的身影，但是它的诞生所点燃的热情确实为这个新兴领域的发展注入了无穷的活力。

1963 年，当时刚成立的美国国防部高级研究计划署（DARPA）给麻省理工学院拨款 200 万美元，开启了新项目 Project MAC（The Project on Mathematics and Computation）。不久后，当时最著名的人工智能科学家明斯基和麦卡锡加入了这个项目，并推动了在视觉和语言理解等领域的一系列研究。Project MAC 项目培养了一大批最早期的计算机科学和人工智能人才，对这些领域的发展产生了非常深远的影响。这个项目也是现在赫赫有名的麻省理工学院计算机科学与人工智能实验室（MIT CSAIL）的前身。

在巨大的热情和投资的驱动下，一系列新成果在这个时期应运而生。麻省理工学院的约瑟夫·维森鲍姆（Joseph Weizen Baum）教授在 1964 年到 1966 年间建立了世界上第一个自然语言对话程序 Eliza，通过简单的模式匹配和对话规则与人聊天。虽然从今天的眼光来看，这个对话程序显得有点简陋，但是当它第一次展露在世人面前的时候，确实令世人惊叹。日本早稻田大学也在 1967 年启动 WABOT 项目。1972 年，世界上第一个全尺寸人形智能机器人——WABOT-1 诞生，该机器人身高约 2m，重 160kg，包括肢体控制系统、视觉系统和对话系统，有两只手、两条腿，胸部装有两个摄像头，全身共有 26 个关节，手部还装有触觉传感器。它不仅能对话，还能在视觉系统的引导下在室内走动和抓取物体。

但当时计算机的性能还很弱，专家们对人工智能还处于探索理解阶段，这些产品还远不能达到普通大众及投资者预期效果。当时的计算机有限的内存和处理速度不足以解决任何实际的人工智能问题，要求程序对这个世界具有儿童水平的认识，目标确实太高了。另外，当时的信息与存储并不能支撑建立如此巨大的数据库，也没人知道一个程序怎样才能学到如此丰富的信息。由于没有太大进展，对人工智能提供资助的机构（如英国政府、DARPA 和美国国家科学委员会）对无明确方向的人工智能研究逐渐停止了资助。在应用方面，如机器翻译，由于完全无法处理自然语言中的歧义和丰富多样的表达方式，导致笑话百出。过于乐观的目标与实际应用的无力，招致如剑桥大学数学家詹姆教授等人的指责：“人工智能即使不是骗局也是庸人自扰。”人工智能进入了第一次寒冬。

1.2.3 第二次兴衰

专家系统的兴盛引领着人工智能第二次浪潮。1976年，斯坦福大学肖特利夫（Shortliffe）等人成功研制医疗专家系统 MYCIN，可协助内科医生用于血液感染病的诊断、治疗和咨询。1980年，卡耐基·梅隆大学为迪吉多公司（DEC）开发了一套名为XCON的专家系统，它可以帮助迪吉多公司根据客户需求自动选择计算机部件的组合，这套系统当时每年可以为迪吉多公司节省4 000万美元。XCON的巨大商业价值极大激发了工业界对人工智能尤其是专家系统的热情。1981年，斯坦福研究院杜达等人成功研制地质勘探专家系统PROSPECTOR，可用于地质勘测数据分析，探查矿床的类型、蕴藏量、分布。1981年，日本经济产业省拨款8.5亿美元，用以研发第五代计算机项目，在当时被叫作人工智能计算机。随后，英国、美国纷纷响应，开始向信息技术领域的研究提供大量资金。1984年，在美国人道格拉斯·莱纳特的带领下，启动了Cyc项目，其目标是使人工智能的应用能够以类似人类推理的方式工作。1986年，美国发明家查尔斯·赫尔制造出人类历史上首个3D打印机。

值得一提的是，专家系统的成功也逐步改变了人工智能发展的方向。科学家们开始专注于通过智能系统来解决具体领域的实际问题，尽管这和他们建立通用智能的初衷并不完全一致。

在研究领域，1977年，我国数学家、人工智能学家吴文俊提出了初等几何判定问题的机器定理证明方法“吴氏方法”。1982年，约翰·霍普菲尔德（John Hopfield）提出了一种新型的网络形式，即霍普菲尔德神经网络（Hopfield Net），在其中引入了相联存储（Associative Memory）的机制。1986年，大卫·鲁梅尔哈特（David Rumelhart）、杰弗里·辛顿（Geoffrey Hinton）和罗纳德·威廉姆斯（Ronald Williams）联合发表了具有里程碑意义的经典论文：《通过误差反向传播学习表示》（*Learning representations by back-propagating errors*）。在这篇论文中，他们通过实验展示了反向传播算法（Back Propagation，BP）可以在神经网络的隐藏层中学习到对输入数据的有效表达。从此，反向传播算法被广泛用于人工神经网络的训练。

硬件的发展以及软件在市场上的成功应用，加上政府的重视，人工智能又进入了第二个繁荣期。

然而专家系统的实用性仅仅局限于某些特定情景，并不能做到为所欲为。到了20世纪80年代晚期，美国DARPA的新任领导认为，人工智能并非“下一个浪潮”，拨款将倾向于那些看起来更容易出成果的项目。1987年，华尔街大崩溃，全球范围内迎来了史无前例的金融危机。LISP计算机，这种广泛被看好可以实现自然语言处理、知识工程、工业分析的计算机类型，由于缺乏真实应用场景，危机中的资本界很快对此失去了耐心，泡沫急速破碎，相关公司近乎全线破产。人工智能又一次成为了欺骗与失望的代名词。

专家系统之后缺乏新的应用场景，资本界对人工智能发展缺乏耐心，再加上市场上又出现了资本界追捧的新宠儿——个人计算机，因而人工智能进入了第二次寒冬。

1.2.4　第三次浪潮

1997 年 5 月，IBM 公司的计算机“深蓝”战胜国际象棋世界冠军卡斯帕罗夫，成为首个在标准比赛时限内击败国际象棋世界冠军的计算机系统。2011 年，Watson（沃森）作为 IBM 公司开发的使用自然语言回答问题的人工智能程序参加美国智力问答节目，打败两位人类冠军，赢得了 100 万美元的奖金。2016 年 3 月 15 日，Google 人工智能 AlphaGo 与围棋世界冠军李世石的人机大战最后一场落下了帷幕。人机大战第 5 场经过长达 5 个小时的搏杀，以李世石认输结束，最终李世石与 AlphaGo 总比分定格在 1 比 4。这一次的人机对弈，主要是从科普的层面，让人工智能正式被世人所熟知。整个人工智能市场也像是被引燃了导火线，开始了新一轮爆发。

2006 年，Hinton 和他的学生在 Science 上发表论文，提出了深层神经网络概念。2012 年，Hinton 团队在 ImageNet 首次使用深度学习（Deep Learning）完胜其他团队。2015 年，何恺明等利用拥有 152 层的深度残差网络（ResNet）对 ImageNet 中超过 1400 万张图片进行训练，其识别错误率低至 3.57%，在图像识别领域第一次超过人类，并远优于经过训练的普通人（错误率 5.1%）。自此，深度学习算法开始被广泛运用在产品开发中。Facebook 成立人工智能实验室，探索深度学习领域，借此为用户提供更智能化的产品体验；Google 收购了语音和图像识别公司 DNNResearch，推广深度学习平台；百度创立了深度学习研究院；剑桥大学建立人工智能研究所等。2015 年，Google 开源了利用大量数据直接就能训练计算机来完成任务的第二代机器学习平台 TensorFlow，科学技术方面的研究一直在积极推进。

人机对战从形式上向大众推广了人工智能概念，深度学习又从技术层面上大幅提升了人工智能水平，人工智能迎来了春天，进入了一个新的爆发期。世界各国的政府和商业机构纷纷把人工智能列为未来发展战略的重要部分。由此，人工智能的发展迎来了第三次浪潮。值得指出的是，在这一波人工智能浪潮中，硬件的发展及云计算的兴起提供了算力保障，因特网上的大量数据给人工智能提供了“温床”，移动应用的天量数据给电商客户画像与精准营销提供了“燃料”，再加上物联网的海量数据，给人工智能应用提供了数据支撑，人工智能在很多具体应用场景中都将大有作为。虽然目前深度学习算法尚存在不足，但我们仍可以断定，在特定行业应用领域，“人工智能即使不是天使也是行业丽人”。

每一次产业革命都会给社会带来巨大的进步，同时会对既有的就业形势造成极大的冲击，人工智能的发展也不例外。作为高等教育的重要组成部分，职业教育为社会提供了大量技能型人才，不仅促进了社会经济的发展，还起到了社会稳定的作用。在人工智能技术革命来临之际，职业院校的师生应将其视作机遇而非威胁，尽早拥抱、适应新技术，而不是排斥新技术。

1.2.5　人工智能与深度学习

人工智能通常有两种不同的理解：强人工智能（也称通用人工智能）和弱人工智能（专用人工智能）。通用人工智能（Artificial General Intelligence，AGI）意指计算机可以像人类一样思考、学习、进步，可以完成人类可以完成的“任何”任务，甚至可以有情感，这也是普通大众想象中的人工智能。但是这种与人类智能相似的机器智能离我们还是非常遥远的。当前已取得良好应用的人工智能其实是指专用人工智能，即计算机可以在某一方面像人类一样学习，并通过训练可以做得比人更快、更好。比如通过机器学习让计算机产品分类，语音、图像识别等动作。但这些特定任务只能在特定领域内有效，超出这个范围，人工智能就毫无智能可言。比如强大的 AlphaGo 只能下围棋，它在中国象棋上的能力为零。

由于深度学习在近期内取得了较好的进展，大众容易将深度学习与人工智能画上等号。事实上，目前流行的深度学习是机器学习中应用前景良好的一个子集，但并不能代表人工智能，如图 1-6 所示。机器学习是实现人工智能的某种方法，是使用算法来学习现有数据，并对真实世界中的事件做出决策和预测。

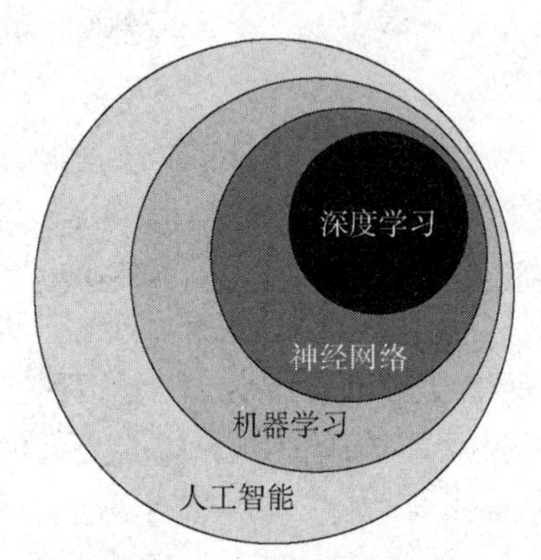

图 1-6　人工智能、机器学习与深度学习的关系

人工智能研究领域包括计算机视觉、语音处理、自然语言处理、服务机器人技术等相关外延。人工智能涉及的领域也十分广泛，比如语言学、行为科学、社会学、心理学、哲学、美学等，虽然其本身属于计算机科学领域，但范围又远远超出了计算机科学的研究范畴。可以说，人工智能独特的内涵和外延使其成为涵盖范围极广、研究难度极大的一门科学。机器学习是人工智能的核心技术与方法，而深度学习是机器学习方法在某些特定场景中的成功应用，也是神经网络的一个分支。

从历史发展的进程来看，从 1956 年达特茅斯会议以后，人工智能得到了长足的发展。1980 年起，机器学习开始蓬勃发展，2015 年起，深度学习在图像识别上开始超越人类，并在围棋比赛中碾压人类。

1.3　人工智能技术的应用

人工智能概念是以爆炸式、碾压式的姿态进入大众视野的。2016 年 3 月，谷歌公司的人工智能程序“阿尔法狗（AlphaGo）”以高超的运算能力和缜密的逻辑判断，4：1 战胜了世界围棋冠军李世石，给大众带来了极大的震撼。2017 年 10 月，新版本的 AlphaZero 在没有先验知识的前提下，通过自学三天就以 100：0 的比分碾压了上个版本的 AlphaGo，人工智能再次进入人们的视野，但这次大众不再激动——人们已被折服了。时至今日，人们已经毫不怀疑人工智能将给人类历史带来巨大变革，大众关心的已是人工智能到底能给我们带来哪些变革？强大的人工智能会成为造福人类的天使，还是会成为统治人类的魔鬼？

人工智能是一门新的技术科学，是研究、开发用于模拟、延伸和扩展人的智能（如学习、推理、思考、规划等）的理论、方法、技术及应用系统，主要包括探索计算机实现智能的原理，并生产出一种新的能以人类智能相似的方式做出反应的智能机器，该领域的研究包括机器人、语言识别、图像识别、自然语言处理和专家系统等。

人工智能从诞生以来，理论和技术日益成熟，应用领域也不断扩大。从当前来看，无论是各种智能穿戴设备，还是各种进入家庭的陪护、安防、学习机器人，智能家居、医疗系统，这些改变我们生活方式的新事物都是人工智能的研究与应用成果。随着数据量爆发性的增长及深度学习的兴起，人工智能已经并将继续在金融、汽车、零售及医疗等方面发挥极为重要的作用。人工智能在金融领域的智能风控、市场预测、信用评级等领域都有了成功的应用。谷歌、百度、特斯拉、奥迪等科技和传统巨头纷纷加入自动驾驶的研究，阿尔法巴（Alphabus）智能驾驶公交系统于 2017 年 12 月在深圳上线运行。医疗领域，人工智能算法被应用到新药研制，在提供辅助诊疗、癌症检测等方面都有突破性进展。在商业零售领域，人工智能将协助商店选址，自动客服、实时定价促销、搜索、销售预测、补货预测等。

人工智能产业链中包括基础层、技术层、应用层，如图 1-7 所示。

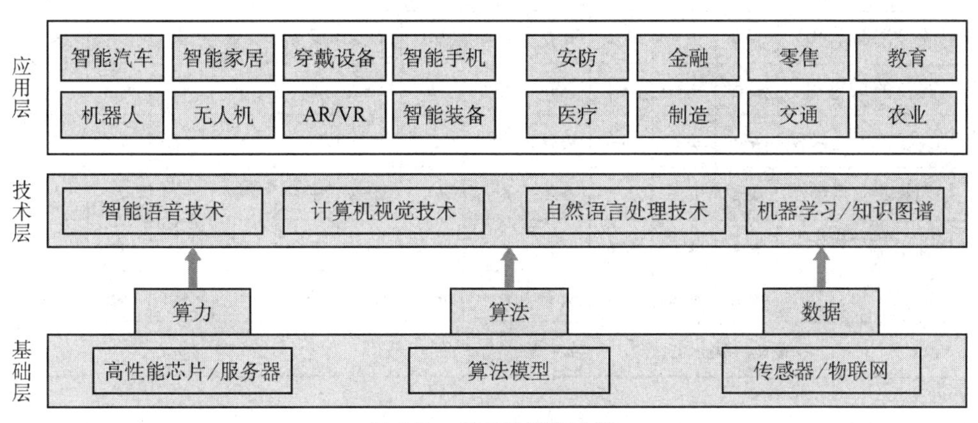

图 1-7　人工智能产业链

基础层的核心是数据的收集与运算，是人工智能发展的基础。基础层主要包括智能芯片、智能传感器等，为人工智能应用提供数据支撑及算力支撑。

技术层以模拟人的智能相关特征为出发点，构建技术路径。通常认为，计算机视觉、智能语音用以模拟人类的感知能力；自然语言处理、知识图谱用于模拟人类的认知能力。

应用层指的是人工智能在行业、领域中的实际应用。目前人工智能已经在多个领域中取得了较好的应用，包括安防、教育、医疗、零售、金融、制造业等。

人工智能已经在多个行业领域取得了巨大的成功，但在人工智能技术向各行各业渗透的过程中，由于使用场景复杂度的不同、技术发展水平的不同，而导致不同产品的成熟度也不同。比如在安防、金融、教育等行业的核心环节已有人工智能成熟产品，技术成熟度和用户心理接受度都较高；个人助理和医疗行业在核心环节已出现试验性的初步成熟产品，但由于场景复杂，涉及个人隐私和生命健康问题，当前用户心理接受度较低；自动驾驶和咨询行业在核心环节则尚未出现成熟产品，无论是技术方面还是用户心理接受度方面。都还没有达到足够成熟的程度。参照中科院发布的《2019 人工智能发展白皮书》，表 1-1 列出了不同行业在人工智能数据基础、技术基础、应用基础方面的对比。

表 1-1　各行业中人工智能基础及产品成熟度

各行业的 AI 基础	安防	金融	零售	交通	教育	医疗	制造	健康	通信	旅游	文娱	能源	地产
可获取的数据量	★★	★★	★★	★★	★★	★★	★	★☆	★☆	★	★	★	☆
数据历史积累程度	★★	★★	★☆	★☆	★☆	☆	★	★☆	★	★☆	☆	★☆	★☆
数据储存流程成熟度	★★	★★	★	☆	★☆	☆	★☆	★	★	★	☆	☆	☆
数据整洁度	★★	★★	☆	★☆	☆	★☆	★★	★☆	★☆	★☆	☆	★☆	★
数据记录与说明文档	★★	★★	★	☆	★★	★	★☆	★☆	★	★☆	★	★☆	★
工作流自动化程度	★★	★☆	☆	☆	★	☆	★★	★	★	★	☆	★☆	☆
IT 系统对 AI 友好度	★★	★☆	☆	☆	★	★☆	☆	★	☆	☆	☆	★	☆
AI 应用场景清晰程度	★★	★★	★★	★★	★★	★★	★☆	★★	★☆	★	★	★	☆
AI 运用准备的成熟度	★☆	★☆	★	☆	★☆	★	★	★☆	☆	★	★☆	☆	☆
AI 应用部署的历史经验	★☆	★☆	★	★☆	☆	☆	★☆	★	★	☆	☆	☆	☆
AI 解决方案供应商情况	★☆	★☆	★☆	★★	★☆	★☆	★☆	★★	★★	★☆	☆	☆	★☆
组织机构战略与文化	★★	★☆	★★	★★	★☆	★☆	★	★☆	★	★	★	★	★
总分	★★	★★	★★	★★	★★	★☆	★☆	★	★	★	★	★	★
★★：较成熟　　★☆：接近成熟　　★：有一定的基础　　☆：相对较弱													

从表 1-1 中可以看出，在人工智能技术向各行各业渗透的过程中，安防和金融行业的人工智能使用率最高，零售、交通、教育、医疗、制造、健康行业次之。安防行业一直围绕着视频监控在不断改革升级，在政府的大力支持下，我国已建成集数据传输和控制于一体的自动化监控平台，随着计算机视觉技术出现突破，安防行业便迅速向智能化前进。金融行业拥有良好的数据积累，在自动化的工作流与相关技术的运用上有不错的成效，组织机构的战略与文化也较为先进，因此人工智能技术也得到了良好的应用。零售行业在数据积累、人工智能应用基础、组织结构方面均有一定基础。交通行业则在组织基础与人工智能应用基础上优势明显，并已经开始布局自动驾驶技术。教育行业的数据积累虽然薄弱，但行业整体对人工智能持重点关注的态度，同时开始在实际业务中结合人工智能技术，因此未来发展可预期。医疗与健康行业拥有多年的医疗数据积累与流程化的数据使用过程，因此在数据与技术基础上有着很强的优势。制造行业虽然在组织机构上的基础相对薄弱，但拥有大量高质量的数据积累及自动化的工作流，为人工智能技术的介入提供了良好的技术铺垫。人工智能在各个领域的具体应用如图 1-8 所示。

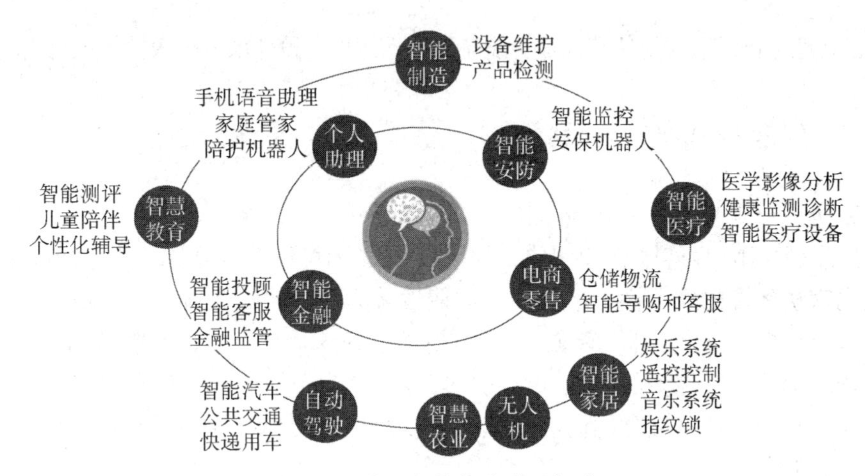

图 1-8　人工智能部分应用领域

虽然人工智能已经在多个领域中得到了广泛应用，但对个人或者中小企业来讲，要想独立进行人工智能的应用开发，并不是一件容易的事情，需要对算法及应用场景都有较深入的理解。好在当前部分优秀的人工智能开放平台给我们提供了较好的机会，我们并不一定需要理解算法，可以直接借助开放平台上的成熟模型来构建自己的应用。

截至 2019 年 9 月，国内共有 15 家知名企业建设国家级人工智能开放平台，如表 1-2 所示。教材摘选部分知名企业的人工智能开放平台，介绍它们开放出来的部分通用技能。

表 1-2　国内部分人工智能领军企业的开放平台

序号	公司	平台特性	人工智能开放平台地址
1	华为	基础软件	https://developer.huawei.com/consumer/cn/hiai
2	百度	自动驾驶	https://ai.baidu.com/
3	阿里	城市大脑	https://ai.aliyun.com/
4	腾讯	医疗影像	https://ai.qq.com/
5	科大讯飞	智能语音	https://www.xfyun.cn/
6	商汤科技	智能视觉	https://www.sensetime.com/
7	上海依图	视觉计算	
8	上海明略	智能营销	
9	中国平安	普惠金融	
10	海康威视	视频感知	
11	京东	智能供应链	
12	旷视	图像感知	
13	360 奇虎	安全大脑	
14	好未来	智慧教育	
15	小米	智能家居	

借助人工智能开放平台上提供的开放接口，即便是没有任何人工智能基础知识的爱好者，也能够开发一些人工智能基本应用。本教材将对人工智能方面的通用技术进行描述，并针对计算机

视觉、语音处理、自然语言处理等人工智能典型技术应用，设计部分代表性的项目实践。

1.3.1 智能家居与个人助理

智能家居主要是基于物联网技术，通过智能硬件、软件系统、云计算平台构成一套完整的家居生态圈。用户可以进行远程控制设备，设备间可以互联互通，并进行自我学习等，来整体优化家居环境的安全性、节能性、便捷性等。近几年随着智能语音技术的发展，智能音箱成为一个爆发点。小米、天猫、Rokid 等企业纷纷推出自身的智能音箱，不仅成功打开家居市场，也为未来更多的智能家居用品培养了用户习惯。但目前家居市场智能产品种类繁杂，如何打通这些产品之间的沟通壁垒，以及建立安全可靠的智能家居服务环境，是该行业下一步的发力点。

个人助理包括智能手机上的语音助理、语音输入、家庭管家和陪护机器人等。典型产品有：微软小娜、百度度秘、科大讯飞、Amazon Echo、Google Home 等。

与此相关的技术研究有：小米集团正在建设智能家居国家人工智能开放平台；科大讯飞正在建设智能语音国家人工智能开放平台。

1.3.2 智能安防

近些年来，中国安防监控行业发展迅速，视频监控数量不断增长，在公共和个人场景监控摄像头安装总数已经超过了 1.75 亿。而且，在部分一线城市，视频监控已经实现了全覆盖。不过，相对于国外而言，我国安防监控领域仍然有很大成长空间。

截至当前，安防监控行业的发展经历了 4 个发展阶段，分别为模拟监控、数字监控、网络高清和智能监控时代。每一次行业变革都得益于算法、芯片和零组件的技术创新，以及由此带动的成本下降。因而，产业链上游的技术创新与成本控制成为安防监控系统功能升级、产业规模增长的关键，也成为产业可持续发展的重要基础。

利用人工智能的视频分析技术，针对安全监控录像，可以：

（1）随时从视频中检测出行人和车辆。

（2）自动找到视频中异常的行为（比如醉酒的行人和逆向行驶的车辆），并及时发出带有具体地点信息的警报。

（3）自动判断人群的密度和人流的方向，提前发现过密人群带来的潜在危险，帮助工作人员引导和管理人流。

智能安防包括智能监控、安保机器人等。头部企业与典型产品包括海康威视、商汤科技、格灵深瞳、神州云海等。其中，海康威视正在建设视频感知国家人工智能开放平台，旷视科技正在建设图像感知国家人工智能开放平台，上海依图正在建设视觉计算国家人工智能开放平台，商汤科技正在建设智能视觉国家人工智能开放平台。

1.3.3 智慧医疗

人工智能在医疗中的应用为解决“看病难”的问题提供了新的思路，目前世界各国的诸多研究机构都投入很大的力量，开发对医学影像进行自动分析的技术。这些技术可以自动找到医学影像中的重点部位，并进行分析对比。人工智能分析的结果可以为医生诊断提供参考信息，从而有效地减少误诊或者漏诊。典型应用包括药物研发、医学影像、辅助治疗、健康管理、基因检测、智慧医院等领域。除此之外，有些新技术还能够通过多张医疗影像重建出人体内器官的三维模型，帮助医生设计手术方案，确保手术更加精准。

目前，在垂直领域的图像算法和自然语言处理技术已可基本满足医疗行业的需求，市场上出现了众多技术服务商，例如，提供智能医学影像技术的德尚韵兴，研发人工智能细胞识别医学诊断系统的智微信科，提供智能辅助诊断服务平台的若水医疗，统计及处理医疗数据的易通天下等。尽管智能医疗在辅助诊疗、疾病预测、医疗影像辅助诊断、药物开发等方面发挥重要作用，但由于各医院之间医学影像数据、电子病历等不流通，导致企业与医院之间合作不透明等问题，使得技术发展与数据供给之间存在矛盾。

智慧医疗包括医疗健康的监测诊断、智能医疗设备等。头部企业或典型产品包括 Enlitic、Intuitive Sirgical、碳云智能、Promontory 等。腾讯公司正在建设医疗影像国家人工智能开放平台。

1.3.4 电商零售

人工智能在零售领域的应用已经十分广泛，无人便利店、智慧供应链、客流统计、无人仓/无人车等都是当前热点。京东自主研发的无人仓，采用大量智能物流机器人进行协同与配合，通过人工智能、深度学习、图像智能识别、大数据应用等技术，让工业机器人可以进行自主的判断和行为，完成各种复杂的任务，在商品分拣、运输、出库等环节实现自动化。图普科技则将人工智能技术应用于客流统计，通过人脸识别客流统计功能，门店可以从性别、年龄、表情、新老顾客、滞留时长等维度建立到店客流的用户画像，为调整运营策略提供数据基础，帮助门店运营从匹配真实到店客流的角度提升转换率。

电商零售包括仓储物流、智能导购和客服等。头部企业或典型产品有阿里、京东、亚马逊。

1.3.5 智能金融

数据量巨大的金融行业是人工智能应用的“温床”。金融行业每天产生的数据量在各个行业中遥遥领先，并且与其他行业不同，金融行业对数据的依赖性十分高，大部分金融从业人员每天都要花费大量的时间对数据进行处理与分析，因此，金融数据往往标注准确且公开透明。目前，互联网化的金融行业每年产生的数据都在呈现指数型增长，海量的金融数据给以数据为基础进行深度学习的人工智能应用奠定了基础。

人工智能可以降低成本，抓住金融长尾市场（数量众多的个人及小微商户，高频且单笔金额较小）。目前除了一些新兴的互联网金融机构愿意为低净值的客户提供完善的投资与资产管理等业务，绝大多数传统金融机构将大量的资源投入到服务政府、大型企业及高净值客户中，因拉拢、征信及制定投资策略等高成本问题而主动放弃了长尾市场中的大量客户。从蚂蚁金服推出的余额宝火热增长可以看出，低净值客户的投资热情高涨，不简单满足于银行低利率的活期存款，而希望能够得到更多的金融服务。人工智能的应用可以大大降低成本，从而抓住更多的客户。

目前，人工智能领域在金融行业比较成熟的应用主要有智能投顾、智能量化交易、智能客服、大数据风控等，主要采用的方法有机器学习、自然语言处理、知识图谱和计算机视觉等，主要应用介绍如下。

1. 身份识别

以人工智能为内核，通过活体识别、图像识别、声纹识别、OCR 识别等技术手段，对用户身份进行验证，大幅降低核验成本。

2. 大数据风控

通过大数据、算力、算法的结合，搭建反欺诈、信用风险等模型，多维度控制金融机构的信用风险和操作风险，同时避免资产损失。

3. 智能投顾

智能投顾是 AI+投资顾问的结合体，指基于客户自身的理财需求、资产状况、风险承受能力、风险偏好等因素，运用现代投资组合理论，通过算法搭建数据模型，利用人工智能技术和网络平台提供理财顾问服务。根据美国金融监管局（FINRA）提出的标准，智能投顾的主要流程包括客户分析、资产配置、投资组合选择、交易执行、组合再选择、税收规划和组合分析。客户分析主要通过问询式调研和问卷调查等方式收集客户的相关信息，推断出客户的风险偏好及投资期限偏好等因素，再根据这些因素为客户量身定制完善的资产管理计划，并根据市场变化以及投资者偏好等变化进行自动调整。当前基于大数据和算法能力，对用户与资产信息进行标签化，精准匹配用户与资产，并给出投资建议。

智能金融包括智能投顾、智能客服、安防监控、金融监管等，典型产品包括蚂蚁金服、交通银行、大华股份、Kensho。中国平安正在建设普惠金融国家人工智能开放平台。

1.3.6 智慧教育

科大讯飞、乂学教育等企业早已开始探索人工智能在教育领域的应用。通过图像识别，可以进行机器批改试卷、识题答题等；通过语音识别可以纠正、改进发音；而人机交互可以进行在线答疑解惑等。人工智能和教育的结合一定程度上可以改善教育行业师资分布不均衡、费用高昂等问题，从工具层面给师生提供更有效率的学习方式，但当前还不能对教育内容产生较多实质性的影响。智慧教育包括智能评测、个性化辅导、儿童陪伴等，典型产品有学吧课堂、科大讯飞、云知声等。其中，好未来公司正在建设智慧教育国家人工智能开放平台。

1.3.7 智能客服

为了应对新的挑战，很多企业开始引入人工智能技术打造智能客服系统，智能客服可以像人一样和客户交流沟通。它可以听懂客户的问题，对问题的意义进行分析（比如客户是询问价格呢，还是咨询产品的功能呢），进行准确得体并且个性化的响应，从而提升客户的体验。对企业来说，这样的系统不仅能够提高回应客户的效率，还能自动地对客户的需求和问题进行统计分析，为之后的决策提供依据。目前，智能客服已经在多个行业领域得到应用，除了电子商务，还包括金融、通信、物流和旅游等。

智能客服能够降低人工成本，全天候、高效率地应对客户的咨询。智能客服已完全实现在金融领域中的应用，人工客服日渐减少，目前支付宝智能客服的自助率已经达到 97%，智能客服的解决率达到 78%，比人工客服的解决率还高出了 3 个百分点。

智能客服更多服务于简单话务，人工客服则向高端化转变。人工智能机器人在实时服务、快速高效、稳定精准等方面已经表现出了无可取代的优势。智能客服技术的快速发展，将使得简单话务被智能机器取代，人工服务向高端化、专业化转变，以顾问的身份帮助客户解决业务问题，维系客户关系。

基于自然语言处理能力和语音识别能力，拓展客服领域的深度和广度，大幅降低服务成本，提升服务体验。

1.3.8　智能制造

我国是工业大国，随着各种产品的快速迭代以及现代人对于定制化产品的强烈需求，工业制造系统必须变得更加“聪明”，而人工智能则是提升工业制造系统的最强动力。

质量监控是生产过程中的重要环节，一个质量不过关的零件如果流向市场，不仅会使消费体验大打折扣，更有可能导致严重的安全事故。因此，传统生产线上都安排了大量的检测工人用肉眼进行质量检测。这种人工检测方式不仅容易漏检和误判，更会给质检工人造成疲劳伤害。因此，很多工业产品公司开发使用人工智能的视觉工具，帮助工厂自动检测出形态各异的缺陷。另外，人工智能技术在工艺流程优化、物流传输优化等实际应用场景中也取得了较好的效果。

1.3.9　自动驾驶

当前自动驾驶研究的大幕已经拉开，有多家公司投入到了自动驾驶技术的研发当中。现在的自动驾驶汽车通过多种传感器，包括视频摄像头、激光雷达、卫星定位系统（北斗卫星导航系统 BDS、全球定位系统 GPS）等，来对行驶环境进行实时感知。智能驾驶系统可以对多种感知信号进行综合分析，通过结合地图和指示标志（比如交通灯和路牌），实时规划驾驶路线，并发出指令，控制汽车的运行。

物流行业通过利用智能搜索、推理规划、计算机视觉及智能机器人等技术，在运输、仓储、配送装卸等流程上已经进行了自动化改造，能够基本实现无人操作。比如，利用大数据对商品进行智能配送规划，优化配置物流供给、需求匹配、物流资源等。目前，物流行业大部分人力分布在“最后一公里”的配送环节，京东、苏宁、菜鸟争先研发无人车、无人机，力求抢占市场机会。

与自动驾驶相关的智能交通系统（Intelligent Traffic System，ITS）是通信、信息和控制技术在交通系统中集成应用的产物。ITS 应用最广泛的地区是日本，其次是美国、欧洲等地区。目前，我国在 ITS 方面的应用主要通过对交通中的车辆流量、行车速度进行采集和分析，可以对交通进行实时监控和调度，有效提高通行能力、简化交通管理、降低环境污染等。

自动驾驶涵盖智能汽车、公共交通、快递用车、工业应用等方面，头部企业与典型产品包括Google、Uber、特斯拉、亚马逊、奔驰、京东等。其中，百度公司正在建设自动驾驶国家人工智能开放平台，京东公司正在建设智能供应链国家人工智能开放平台。

1.4　人工智能开发环境

本教材除了介绍人工智能的概念与技术，还将指导读者编写简单的代码，以此来体验人工智能的应用。读者首先需要安装人工智能相关的开发环境。如果读者需要进行深入研究，则可以安装TensorFlow、PyTorch等当前较流行的深度学习框架。本教材作为人工智能普及读本，编程目的是引导读者体验人工智能的应用，不会进行算法调优的介绍及实践，因此只需要安装配置基础开发环境即可。

教材选用Python作为编程语言，Spyder作为开发环境，并采用Anaconda管理工具进行安装Windows操作系统下的开发环境。当然，读者也可以选用PyCharm作为开发环境，或者在Jupyter Notebook中进行实验。Anaconda中包含有一个开源的Python发行版本和一个包管理器Conda，还包含一些常用的库，如Numpy、SciPy、Matplotlib等常见的软件库，常见的科学计算类的库都包含在里面，可以满足Python编程过程中的常用需求。Python的大部分库在UNIX、Windows和Macintosh上都非常便捷且跨平台兼容。

Python编程语言受到广泛欢迎，它是一种高级的、解释性的、交互式的和面向对象的脚本语言，可读性强。Python的语法结构比其他语言少，并且不使用其他语言中常用的标点符号。当然，目前还有很多其他编程语言，如Lisp、Prolog、C++和Java等，也都可用于开发人工智能的应用程序。

需要指出的是，因为Python语言的简洁可读，以及Python在机器学习领域的广泛使用，因此本教材选用Python作为项目实践语言。教材配套实训项目主要是为了让读者能方便地体验到人工智能通用技术，读者如果对Python语言有更浓厚的兴趣，可以到下列两个较优秀的网址了解更多信息。

https://www.w3cschool.cn/python3/

https://www.python123.io/

项目1　搭建Hello AI开发环境

小张对人工智能很感兴趣，不仅想要深入学习相关理论和技术，还想进行项目开发实践。为了有利于人工智能知识学习、项目开发，首先需要搭建开发环境。本项目将完成人工智能开发环境的搭建工作。

对于从事人工智能应用开发的专业人士，可以选择在 Linux 操作系统下安装相关软件。作为对人工智能了解甚少的初学者，建议直接在 Windows 操作系统下进行 Python 开发环境的安装。

开发环境的搭建过程可扫描二维码，观看具体操作过程的讲解视频。

项目 1 搭建 HelloAI 开发环境

1. 安装配置 Anaconda

（1）下载 Anaconda

到官方网址（https://www.anaconda.com/distribution/#download-section）或者国内镜像（https://mirrors.tuna.tsinghua.edu.cn/anaconda/archive/），下载相关版本，本教材采用 Python 3.x 版本，如图 1-9 所示。

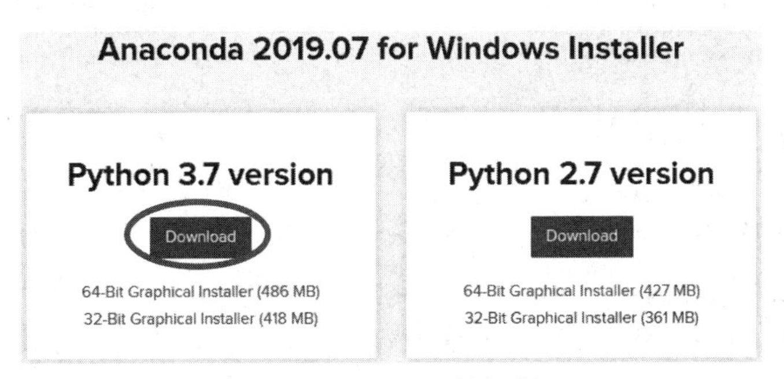

图 1-9 Anaconda 版本选择

（2）安装 Anaconda

下载完成后，双击“Anaconda”，基本采用默认选项进行安装即可。

注意：在进行到图 1-10 所示步骤时，请把两个选项全部勾选上。一是将 Anaconda 添加进环境变量，二是把 Anaconda 当成默认的 Python 3.x。

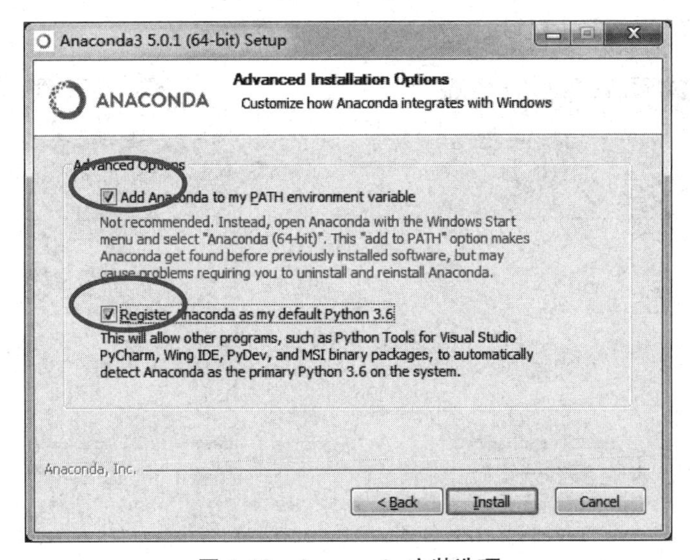

图 1-10 Anaconda 安装选项

2. 安装 Spyder

Anaconda 安装完成后，单击“开始”→“Anaconda3”，可以看到有 Spyder 子菜单。如果没有找到 Spyder 子菜单，则单击“开始”→“Anaconda3”→“Anaconda Navigator”，打开 Anaconda，在如图 1-11 所示的 Spyder 安装界面中单击“Install”按钮进行安装即可。安装完毕，可以单击图 1-12 中的“Launch”按钮，以启动 Spyder 编程环境。

图 1-11　Sypder 安装

图 1-12　Sypder 启动

3. 代码编写与编译调试

① 在 Spyder 开发环境中单击左上角的“File”→“New File”命令，新建项目文件，默认为 untitled0.py，如图 1-13 所示。单击左上角的“File”→“Save as”命令，将文件另存为 HelloAI.py，可采用默认路径存放。

② 在代码编辑窗口中输入一行代码，如图 1-14 所示。

```
print ("Hello AI! ")          # 本行用于输出固定的字符串
```

③ 单击工具栏中的运行▶按钮，编译执行程序，将输出一句“Hello AI!”信息。在 IPython console 窗口中可以看到运行结果，如图 1-15 所示。

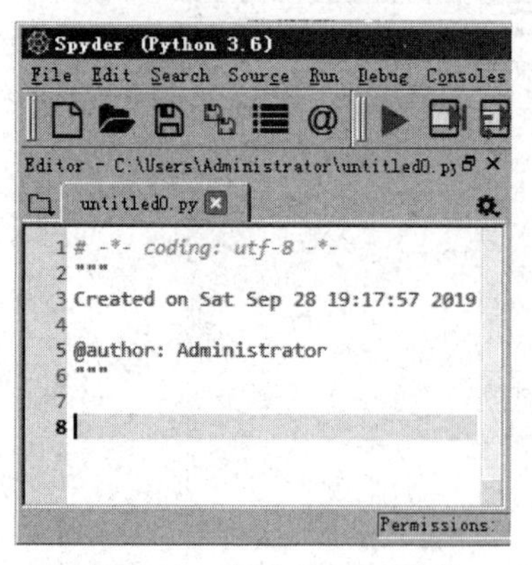

图 1-13　新建 Python 文件

图 1-14　文件命名并输入代码

```
In [1]: runfile('D:/Anaconda3/HelloPython.py', wdir='D:/Anaconda3')
Hello AI!
```

图 1-15　代码编辑执行效果

❓典型问题：程序编译出错，无法运行，提示：“SyntaxError: invalid character in

identifier”。

常见原因：使用了中文状态下的括号及分号（“　”），正确的输入应该是英文格式(" ")。更多常见问题可扫描二维码，参见更详细的描述。

本章小结

本章首先介绍了人工智能的概念，接着详细介绍了人工智能的发展历史，最后罗列出目前人工智能技术的常见应用，并对人工智能、机器学习、深度学习进行了对比。另外，本章还配备人工智能开发环境安装项目。通过本章的学习，读者能够理解人工智能的内涵及发展史，也对人工智能目前能做什么有一个比较清晰的轮廓。

习　题　1

一、选择题

1. 1997 年 5 月，著名的“人机大战”中，最终计算机以 3.5 比 2.5 的总分击败当时的国际象棋棋王卡斯帕罗夫，这台计算机被称为（　　）。

A. IBM　　B. 深蓝　　C. AlphaGo　　D. AlphaZero

2. 最早在达特茅斯会议上提出人工智能概念的科学家是哪一位？（　　）

A. 麦卡锡　　B. 图灵　　C. 明斯基　　D. 冯 • 诺依曼

3. 人工智能是研究及开发（　　）的理论、方法、技术及应用系统的一门新的技术科学。

A. 完全代替人的智能　　B. 具有完全智能

C. 和人脑一样思考问题　　D. 模拟、延伸和扩展人的智能

4. 人工智能的英文缩写 AI 是（　　）。

A. Automatic Intelligence　　B. Artificial Intelligence

C. Automatic Information　　D. Artificial Information

5. 要想让机器具有智能，必须让机器具有知识。因此，在人工智能中有一个研究领域，主要研究计算机如何获取知识和技能，实现自我完善，这门研究分支学科叫（　　）。

A. 专家系统　　B. 神经网络　　C. 机器学习　　D. 自然语言处理

二、填空题

1. 人工智能的主要研究领域有__________、__________、__________三大类。

2. 人工智能从概念到产业的爆发需要具备的要素分别是__________、__________、__________和场景。

三、简答题

1. 简述人工智能的发展历史。
2. 简述图灵测试的思想。
3. 举例描述你所接触到的生活中的人工智能应用。
4. 简述人工智能发展的四要素。

第2章　计算机视觉及应用

本章要点

本章详细介绍了计算机视觉的概念，计算机视觉在OCR文字识别、图像识别、人脸识别、人体分析等方面的常见应用。通过本章学习，读者应熟悉计算机视觉的常见应用，并能利用开放平台接口，实现计算机视觉方面的人工智能基本应用。

本章的体验项目为：☆公司文件文本化。

本章的实践项目为：★公司会展人流统计。

2.1　计算机视觉概念

计算机视觉（Computer Vision）是一门研究如何使机器“看”的科学，属于人工智能中的视觉感知智能范畴。参照人类的视觉系统，摄像机等成像设备是机器的“眼睛”，计算机视觉的作用就是要模拟人的大脑（主要是视觉皮层区）的视觉能力。从工程应用的角度来看，计算机视觉就是将从成像设备中获得的图像或者视频进行处理、分析和理解。由于人类获取的信息83%来自视觉，因此在计算机视觉上的理论研究与应用也成为人工智能最热门的方向。

计算机视觉主要是研究图像分类、语义分割、实例分割、目标检测、目标跟踪等技术，用于人脸识别等应用，并且已经在安防等领域取得了非常广泛的应用，如图2-1所示。

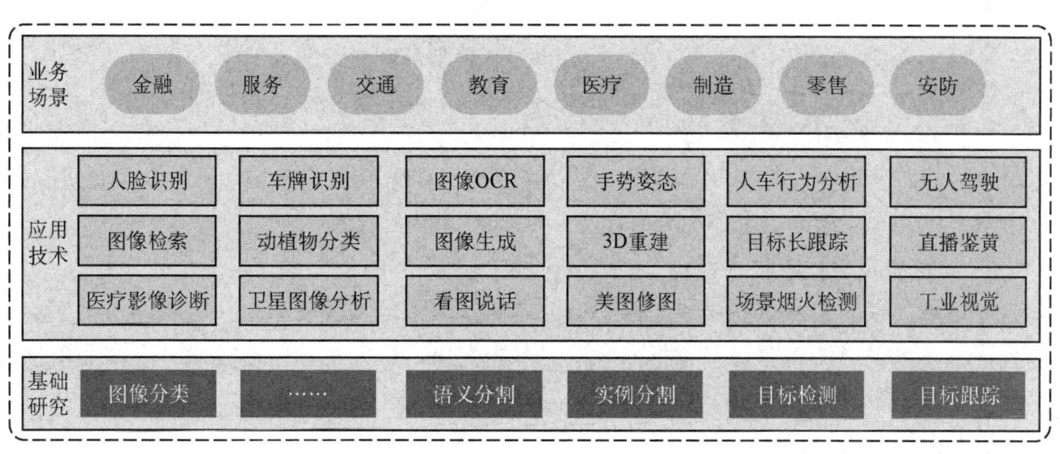

图2-1　计算机视觉技术与应用框架

计算机视觉的应用广泛，在医学方面，可以进行医疗成像分析，用来提高疾病的预测、诊断效率和治疗效果；在安防及监控领域，可用来指认嫌疑人，著名的“张学友多次助抓逃犯”就是很好的应用案例；在购物方面，消费者现在可以用智能手机拍摄下产品以获得更多信息。在未来，计算机视觉有望进入自主理解、分析决策的高级阶段，真正赋予机器“看”的能力，在无人车、智能家居等场景发挥更大的价值。下面介绍一些有关于计算机视觉的基础知识。

1. 计算机视觉处理流程

尽管计算机视觉任务众多，但大多数任务本质上可以建模为广义的函数拟合问题。即对任意输入的图像 x，需要学习一个函数 F，使用 $y=F(x)$。根据 y 的不同，计算机视觉任务大体可以分为两大类。如果 y 为类别标签，应用模式识别中的“分类”问题，如图像分类、物体识别、人脸识别等。这类任务的特点是输出 y 为有限种类的离散型变量。如果 y 为连续型变量或向量或矩阵，则对应模式识别中的“回归”问题，如距离估计、目标检测、语义分割、实例分割等。在深度模型兴起之前，传统的视觉模型处理流程如图 2-2 所示。

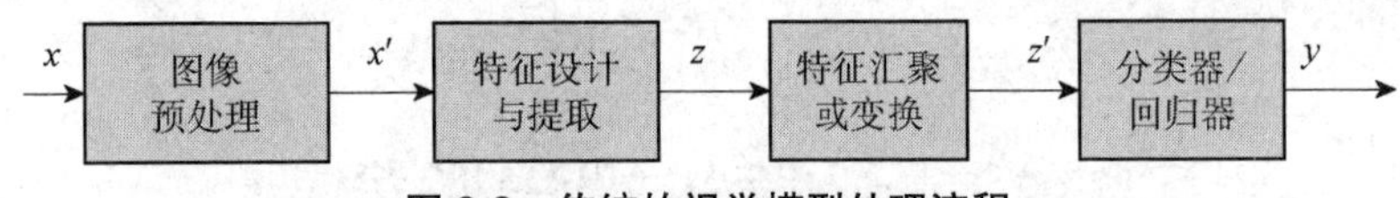

图 2-2　传统的视觉模型处理流程

从图 2-2 中可以看到，从输入的原始信息 x，到最后的输出信息 y，一般需要经过 4 个步骤的处理。

步骤 1：图像预处理，记为 p，$x'=p(x)$。图像预处理的主要目的是消除图像中无关的信息，恢复有用的真实信息，增强有关信息的可检测性、最大限度地简化数据，从而改进后续特征提取、图像分割、匹配和识别的可靠性。一般的预处理流程为：灰度化→几何变换→图像增强。

步骤 2：特征设计与提取，记为 q，$z=q(x')$。特征提取指的是使用计算机提取图像信息，决定每个图像的点是否属于一个图像特征。特征提取的结果是把图像上的点分为不同的子集，这些子集往往属于孤立的点、连续的曲线或者连续的区域。特征的好坏对泛化性能有至关重要的影响。

步骤 3：特征汇聚或变换，记为 h，$z'=h(z)$。特征变换是对前阶段提取的局部特征 z 进行统计汇聚或降维处理，从而得到维度更低、更利于后续分类或回归处理的特征 z'。

步骤 4：分类器/回归器的设计与训练，记为 g，$y=g(z')$。这一阶段是采用模式识别或机器学习方法，如支持向量机、决策树、最近邻分类、神经网络等算法，训练出合理的模型。

把上述 4 个步骤合并起来，可以看到 $y=F(x)=g(h(q(p(x))))$。

2. 计算机视觉核心技术

计算机视觉的基础研究包括图像分类、目标检测、图像语义分割、目标定位与跟踪等四大核心技术。当然也有研究者将图像识别单独列出，作为一项核心技术，下面简单描述这几个关键技术。

（1）图像分类

图像分类主要是基于图像的内容对图像进行标记，通常会有一组固定的标签，计算机视觉模型预测出最适合图像的标签。对于人类视觉系统来说，判别图像的类别是非常简单的，因为人类视觉系统能直接获得图像的语义信息。但对于计算机来说，它只能看到图像中的一组栅格状排列的数字，很难将数字矩阵转化为图像类别。

图像分类是计算机视觉中重要的基础问题，是物体检测、图像分割、物体跟踪、行为分析、人脸识别等其他高层视觉任务的基础。图像分类在许多领域都有着广泛的应用。如安防领域的人脸识别和智能视频分析等，交通领域的交通场景识别，互联网领域基于内容的图像检索和相册自动归类，医学领域的图像识别等。图像分类问题需要面临一些挑战，如视点变化、尺度变化、类内变化、图像变形、图像遮挡、照明条件和背景杂斑等。

得益于深度学习的推动，当前图像分类的准确率大幅度提升。在经典的数据集 ImageNet 上，训练图像分类任务常用的模型包括 AlexNet、VGG、GoogLeNet、ResNet、Inception-v4、MobileNet、MobileNetV2、DPN（Dual Path Network）、SE-ResNeXt、ShuffleNet 等。

（2）目标定位与跟踪

图像分类解决了是什么（what）的问题，如果还想知道图像中的目标具体在图像的什么位置（where），就需要用到目标定位技术。目标定位的结果通常是以包围盒的（Bounding Box）形式返回。

目标跟踪是指在给定场景中跟踪感兴趣的具体对象或多个对象的过程。简单来说，给出目标在跟踪视频第一帧中的初始状态（如位置、尺寸），自动估计目标物体在后续帧中的状态。传统的应用就是视频和真实世界的交互，在检测到初始对象之后进行观察。现在，目标跟踪在无人驾驶领域也很重要，例如，Uber 和特斯拉等公司的无人驾驶。

（3）目标检测

目标检测指的是用算法判断图片中是不是包含有特定目标，并且在图片中标记出它的位置，通常用边框或红色方框把目标圈起来。例如，查找图片中有没有汽车，如果找到了，就把它框起来。目标检测和图像分类不一样，目标检测侧重于目标的搜索，而且目标检测的目标必须要有固定的形状和轮廓。图像分类可以是任意的对象，这个对象可能是物体，也可能是一些属性或者场景。

对于人类来说，目标检测是一个非常简单的任务。然而，计算机能够“看到”的是图像被编码之后的数字矩阵，很难理解图像或是视频帧中出现了人或是物体这样的高层语义概念，也就更加难以定位目标出现在图像中哪个区域了。与此同时，由于目标会出现在图像或是视频帧中的任何位置，目标的形态千变万化，图像或视频帧的背景千差万别，诸多因素都使得目标检测对计算机来说是一个具有挑战性的问题。

在目标检测技术中，比较常用的是 SSD 模型、PyramidBox 模型、R-CNN 模型。

（4）图像语义分割

图像语义分割，顾名思义，是将图像像素按照表达的语义含义的不同进行分组/分割。图像语义是指对图像内容的理解，例如能够描绘出什么物体在哪里做了什么事情等；分割是指对图片中的每个像素点进行标注，标注属于哪一类别。图像语义分割近年来用在无人驾驶技术中分割街景，来避让行人和车辆，用在医疗影像分析中辅助诊断等。另外，像美颜等功能也需要用到图像分割。

分割任务主要分为实例分割和语义分割，实例分割是物体检测加上语义分割的综合体。在图像语义分割任务中，常用的模型包括 R-CNN、ICNet、DeepLab v3+。

3. 机器视觉

机器视觉是与计算机视觉有共性、有差异的技术，它们都用到了图像处理技术，但在实现原理及应用场景上又有很大的不同，机器视觉更多地应用在工业领域。

从实现原理上来看，机器视觉检测系统通过机器视觉产品（即图像摄取装置，分 CMOS 和 CCD 两种）将被检测的目标转换成图像信号，传送给专用的图像处理系统，根据像素分布和亮度、颜色等信息，转变成数字化信号，图像处理系统对这些信号进行各种运算来抽取目标的特征，如面积、数量、位置、长度，再根据预设的允许度和其他条件输出结果，包括尺寸、角度、个数、合格/不合格、有/无等，实现自动识别功能。

机器视觉广泛应用于食品和饮料、化妆品、建材和化工、金属加工、电子制造、包装、汽车制造等行业，其中大概 40%～50%集中在半导体及电子行业。具体如 PCB 印刷电路中的各类生产印刷电路板组装技术、设备；单、双面、多层线路板，覆铜板及所需的材料及辅料；辅助设施及耗材、油墨、药水药剂、配件；电子封装技术与设备；丝网印刷设备及丝网周边材料等。SMT 表面贴装中的 SMT 工艺与设备、焊接设备、测试仪器、返修设备及各种辅助工具及配件、SMT 材料、贴片剂、胶粘剂、焊剂、焊料及防氧化油、焊膏、清洗剂等；再流焊机、波峰焊机及自动化生产线设备。电子生产加工设备中的电子元件制造设备、半导体及集成电路制造设备、元器件成型设备、电子工模具。

2.2 OCR 及其应用

2.2.1 OCR 基本概念

1. OCR 的含义

OCR（Optical Character Recognition，光学字符识别）是计算机视觉中最常用的方向之一，目的是让计算机跟人一样能够看图识字。即针对印刷体字符，采用光学的方式将纸质文档中的文字转换成为黑白点阵的图像文件，并通过识别软件将图像中的文字转换成文本格式，供文字处理软件进一步编辑加工。

OCR 进行识别步骤一般是：文字检测→文字识别（定位、预处理、比对）→输出结果。即用电子设备（例如扫描仪、数码相机、摄像头等）检查纸上打印的字符，通过检测暗、亮的模式确定其形状，然后用字符识别方法将形状翻译成计算机文字。

OCR 识别不仅可以用于印刷文字、票据、身份证、银行卡等代替用户输入的场景，还能用于反作弊、街景标注、视频字幕识别、新闻标题识别、教育行业拍题等多种场景。

文字识别服务需要千万级别的训练数据，通过深度学习算法，在数千万 PV（Page View，访问量）的产品群中实践，再把实践出来的图用来训练，通过深入学习算法，不断优化模型。文字识别的后台深度学习框架通常也是使用卷积神经网络来实现的，数字识别也是一种最基本的 OCR 方式。

2. OCR 的特性

目前，百度、阿里、科大讯飞、华为等人工智能开放平台都提供了 OCR 文字识别服务。其主要应用有通用文字识别与垂直场景文字识别。

（1）通用文字识别

通用文字识别支持多场景下整体文字检测识别，支持任意场景、复杂任意版面识别，支持 10 多种语言多识别。在图片文字清晰、小幅度倾斜、无明显背光等情况下，各大平台的识别率高达 90%以上。

语种支持：中、英、日、韩、葡、德、法、意、西、俄等语言。

（2）垂直场景文字识别

在垂直场景文字识别中，只需要提供身份证、银行卡、驾驶证、行驶证、车辆、营业执照、彩票、发票、拍题、打车票等即可在垂直场景下提供文字识别服务。

2.2.2 OCR 常见应用

1. 金融行业应用

在金融行业中，OCR 技术可以帮助企业进行身份证、银行卡、驾驶证、行驶证、营业执照等证照识别操作，还可以进行财务年报、财务报表、各种合同等文档识别操作。

2. 广告行业应用

OCR 每天处理几千万的图像文字反作弊请求。文字识别可以帮助用户进行图像文字、视频文字反作弊，也就是识别图片上面的违规文字。OCR 反作弊已经在快手、YY、国美等企业进行应用，也在百度内部（图片搜索、广告、贴吧等）广泛使用。

3. 票据应用

在保险、医疗、电商、财务等需要大量票据录入工作等场景下，OCR 可以帮助用户快速地进行各种票据录入工作。其中，泰康、太保、中电信达等企业利用 OCR 技术进行了票据应用，取得了较好的效果。

4. 教育行业应用

在教育等场景下，可以使用 OCR 进行题目识别、题目输入、题目搜索等操作。作业帮和一些教育网站提供了拍照解题功能，可以拍照上传题目，得到解答，其中少不了 OCR 技术的应用。

5. 交通行业应用

基于图像技术识别道路标识牌、OCR 技术识别文字信息、提升地图数据生产效率与质量、助力高精地图基础数据生产，OCR 还能识别驾驶证、行驶证、车牌等证照，提高用户输入效率，增强用户体验。典型应用包括百度地图、地图车生活。

6. 视频行业应用

OCR 技术可以帮助用户识别视频字幕、视频新闻标题等文字信息，帮助客户进行视频标识、视频建档。

（1）视频中字幕建档

在某些需要对视频进行标注、分类、建档、商业广告插入的情境中，人工标注成本巨大，可以通过 OCR 技术极大地降低成本。

（2）视频中标题建档

在某些需要对视频中的新闻标题、专题文字进行标注整理等环节，也可以通过 OCR 技术来实现。

7. 翻译词典应用

首先基于 OCR 图像文字识别技术进行中外文识别，然后通过自然语言处理等技术实现拍照识别文字/翻译功能，可提供基于生僻字等文字识别服务，支持 20 000 大字库识别服务，也能帮助有生僻字识别需求的用户进行文字识别。典型应用包括百度翻译、百度词典等。

2.3 图像识别及其应用

图像识别可以应用在图像分类、图像检测、图像分割、图像问答等领域。下面介绍图像识别技术与深度学习框架、图像识别的应用场景领域、如何调用图像识别服务。

2.3.1 图像识别基础知识

1. 图像识别问题的类型

从机器学习的角度来看，图像识别的基本问题有分类、检测、回归等。以图 2-3 中的一张汽车图片为例，我们可以向人工智能系统提出以下问题：

（1）这张图中的车是什么汽车？这是计算机视觉中的分类问题。

（2）这张图中有没有车模？这是计算机视觉中的目标检测问题。

（3）这辆汽车值多少钱？这是一个回归问题。

图 2-3 汽车专题问答

2. 通用图像识别应用

让计算机代替人类说明图像的类别，在整理图像时，可快速判断图像的主体的类型，对图像分类非常有用。

3. 图像检测应用

图像检测是指计算机能识别图片里的主体，并能定位主体的位置。例如，无人驾驶应用了图像检测技术，车辆行驶时可以快速判断路上的其他车辆。

4. 图像分割应用

图像分割是指计算机能识别某一个像素点属于哪个语义区域，比如一张图片里包含摩托车、汽车和人，计算机能识别出某一像素点是属于摩托车、汽车的，还是人的。

5. 图像问答应用

图像问答是指对图片提问，计算机能识别图片中的内容和颜色等主题。例如，可根据不同场景图片提问“这张图是什么”“这个男人在干什么”“桌子上面有什么”等。

2.3.2　图像识别与深度学习

1. 图像的特征表示

图像识别早期的方法是，先提取图像的特征，再用分类函数进行处理。如一张汽车图片，先提取底层特征，包括直方图、轮廓、边角的特征等，再进行分类，但效果并不好。

随着技术的发展，进行了优化，先提取图像的特征，后进行中层特征表示，再用分段函数处理。中层特征表示有很多表示方式，如弹簧模型、磁带模型、金字塔模型等。

以此类推，在中层特征表示后，又添加了高层特征表示，计算机自己来提取特征。

2. 卷积神经网络

卷积神经网络会把一个图像分成不同的卷积核，每个卷积核会提取图像不同部分或不同类型的特征，再将特征综合在一起进行分类，得到更好的效果。

3. 图像训练数据

为达到好的效果，提升图像识别的精度，数据是非常重要的。为达到理想的效果，需上万个类别、千万级别的图片。

4. 更深更强的神经网络

（1）LeNet-5 模型是 Yann LeCun 教授于 1998 年提出的第一个成功应用于数字识别问题的卷积神经网络。

（2）Alex 是在 2012 年提出的 Alexnet 网络结构模型，可以成功处理上千类别上百万张的图片。

（3）GoogLeNet 是 2014 年 Christian Szegedy 提出的一种全新的深度学习结构，能更高效地利用计算资源，在相同的计算量下能提取到更多的特征，提升训练结果。

2.3.3　图像识别技术的应用

这里以百度图像识别的应用为例，介绍图像识别的应用。

1. 图像猜词

以百度图像猜词为例，其中包括 4 万个类别，其在技术上采用了深度卷积神经网络。

其应用包括百度的图像识别，为识图、图搜、图片凤巢提供视觉语义特征。

百度图像猜词构建了世界上最大的图像识别训练集合，总共有 10 万类别及 1 亿张图片，是最大公开数据集 Imagent 全库的 10 倍，识别精度居世界领先。

2. 识别植物

用手机拍照，上传植物图片，会显示出花名和对比图，还有花语诗词、植物趣闻等丰富内容。其中，微软识花、花伴侣、形色、识花君等是效果较好的应用软件。

3. 相册整理

百度理理相册是一款简单实用的相册管理兼图片处理 App，简单操作可批量管理手机内照片，具有图片瘦身、加密隐私图片、查找相似图片等人性化功能。

相册管理："理理相册"会自动帮你分析相册的场景，比如家、街道、花园，也可以自己设置图片类型。其搜索功能也很丰富。

相片处理："理理相册"可以弥补系统相册的不足，让照片得到最美观直接的呈现。可以调色（亮度，色阶渐变）、工具（裁剪，抠图，文字矫正）、滤镜（人像，复古，风景）、人像（瘦身，瘦脸，牙齿美白）、特效（画中画，倒影）、装饰（贴纸，边框，光效）、文字（水印，气泡），足够多的场景选择。

4. 鉴黄

以前的鉴黄手段都是通过人工来审查的，效率很低。通过图像识别技术，每天能检测百万量级色情视频和千万量级色情图片。

5. 未来发展

现有的图像识别技术还不能理解图像深层次想要表达的语义，这也是图像识别技术未来的发展方向。百度的智能出图（基于网民搜索意图和广告主推广意图智能出图）、基于图片内容的主体识别（在有限的区域内展现最有价值的内容）、图片低质量过滤（智能处理和过滤客户网站各类图片，选出高质量候选图片），都是较好的应用。

2.4 人脸识别及其应用

人脸识别问题的分类，包括图像分类、图像检测、图像分割、图像问答等应用。

2.4.1 人脸识别概念

1. 人脸检测

人脸检测也属于图像检测。人脸检测是对图片中的人脸进行定位。人脸检测的核心技术包括：

① 人体检测与追踪。

② 五官关键点检测。

③ 人脸像素解析。

④ 表情、性别、年龄、种族分析。

⑤ 活体检测与验证。

⑥ 人脸识别、检索。

2. 人脸关键点、跟踪、活体验证

人脸关键点检测也称为人脸关键点检测、定位或者人脸对齐，是指给定人脸图像，定位出人脸面部的关键区域位置，包括眉毛、眼睛、鼻子、嘴巴、脸部轮廓等。关键点通过 72 个关键点描述五官的位置，来进行人脸跟踪，普通配置的安卓手机可以做到实时跟踪。活体检测通过眨眼、张嘴、头部姿态旋转角变化，验证是否真人在操作，防止用静态图片欺骗计算机。

3. 人脸语义分割

人脸语义分割是计算机能识别某一个像素点属于哪个语义区域，人脸语义分割比图片分割更精细。如一段视频中有一人在说话，计算机能实时识别这个人脸部的各个区域，头发、眉毛、眼睛、嘴唇等，并对脸部进行美白、加唇彩等操作。

4. 人脸属性分析

人脸属性指的是根据给定的人脸判断其性别、年龄和表情等。把人脸各个区域识别出来后，可以做人脸属性分析，如判别人脸的性别、是否微笑、美丑程度、种族、年龄等。

5. 人脸识别

人脸识别可以验证图像是否为同一人，有以下两种验证类型。

① 验证两张图片中的人是否为同一人，人在不同妆容、不同年龄下会显示不同的状态。

② 1∶N 识别，检测人脸图片是人脸库中的谁的图片。

2015—2016 年人脸识别国际权威数据集 LFW 6000 对 1∶1 验证错误率，如表 2-1 所示。

表 2-1　2015—2016 年人脸识别国际权威数据集 LFW 6000 对 1∶1 验证错误率

公司	识别错误率	公司	识别错误率
Baidu IDL	0.23%	Face++	0.50%
Tencent	0.35%	Human	0.80%
Google	0.37%	Facebook	1.63%
香港中文大学	0.47%	MSRA	3.67%

表 2-1 显示，人类（Human）的错误率为 0.8%，大多数人工智能算法已经超越了人类的水平。

2.4.2　人脸识别应用

人脸识别已经在很多领域取得了非常广泛的应用，按应用的方式来划分，可以归为以下 4 类。

（1）人证对比：金融核身、考勤认证、安检核身、考试验证等。

（2）人脸识别：人脸闸机、VIP 识别、明星脸、安防监控等。

（3）人脸验证：人脸登录、密码找回、刷脸支付等。

（4）人脸编辑：人脸美化、人脸贴纸等。

1. 人脸美化应用

通过人脸美化和贴纸产品，能把人脸五官的关键点检测出来，然后进行瘦脸、放大眼睛、美白皮肤，并可加上一些小贴纸。

2. 人证对比

人证对比是把人脸图像和身份证上的人脸信息进行对比，来验证是否为本人。

这种系统一般是先进行人脸、证件的采集，在登录或其他场景中，用前端的拍照图片和后端的图片进行对比，来验证身份。

人脸闸机产品方案包括刷脸入园、入住、就餐，防止黄牛倒票、防止一票多人共用等。

3. 金融保险应用

互联网金融行业中通过对人脸的识别来开展办卡等业务，具体操作流程如图 2-4 所示，包括：

① 通过文字、语音引导，提高用户认知。

② 通过位置引导，提高检测成功率。

③ 通过产品策略，提高照片质量。

④ 通过惯性动作，降低交互成本，确保是“活人”且是本人。

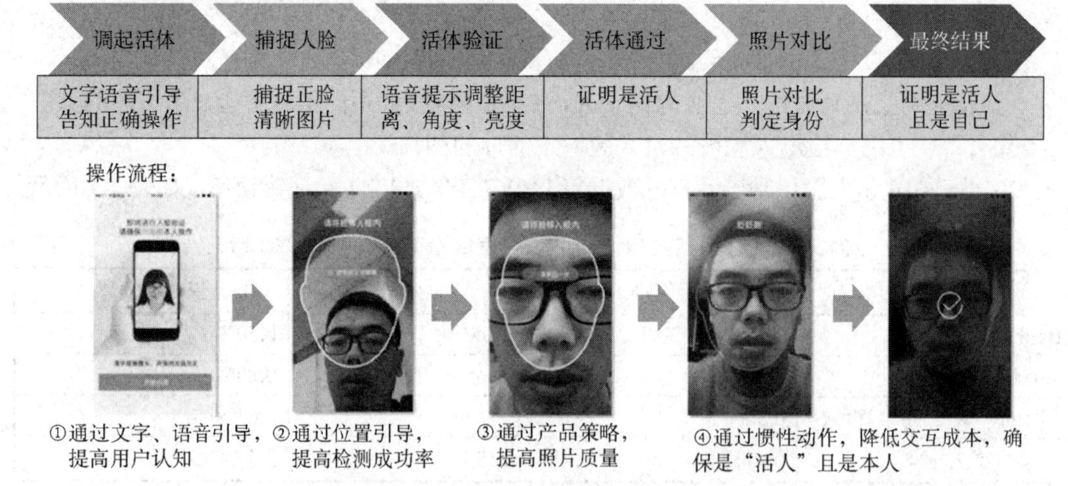

图 2-4　金融行业中的人脸识别流程（图片来源：百度 AI 平台）

采用动作配合式活体，在客户端做质量和活体检测，业务自动审核率 90%。

从保险公司的角度来看，商业保险极为敏感，如果不设立一定的门槛，骗保、造假事件很容易发生，因此保险公司的业务中包括投保、回执、保全、回放等几个方面。

（1）投保：符合条件的投保客户线下或线上手动输入客户信息，不符合条件的投保客户寻求代理人。

（2）回执：线下客户保单签字，分支机构扫描、录入，并存入总部系统。

（3）保全：基于保单客户贷款，客户信息变更，受益人变更等均为线下完成。

（4）回访：线下客户填写回访问卷，保险人员当日取回，保险人员隔日邮寄。

从客户的角度来看，买保险最麻烦的问题就是拿着身份证、户口本及一系列材料去保险公司“证明自己是自己”。特别是在理赔的时候，更是处处需要交证明，体验感很差，以至于很多时候，繁杂的审核已经成为了客户不太愿意购买商业保险的重要原因之一。

有了人脸识别技术，首先它方便快捷，可以缩短流程。比如老人行动不便，无法到社保中心、保险公司进行现场身份确认，通过人脸识别的方式可以节约时间成本。以前买保险为了更换一个手机号就得跑一趟柜台，还得提供各式各样的身份证件以此验明真身，但是通过人脸识别可以减少过去很多复杂的流程。

其次，人脸识别的安全性也更高，身份验证可以做到准确无误。避免子女打着已逝的老人名义继续骗保等恶劣情况的发生。过去保险行业时常出现冒用身份或者是虚假身份证明的情况，但是采用人脸识别、活体检测技术会杜绝这类情况的发生。投保过程中，只需要客户本人进行身份信息录入，通过人脸识别判断是否为本人，不符合条件的客户无法找代理人进行投保，降低伪保率。这样既减少用户的时间成本，也降低保险公司的人力、时间成本。

另外，保险公司借助人脸识别技术之后便可以建起完整的体验闭环，将人脸识别应用到更加复杂的服务之中。因为人脸识别技术不仅仅可以运用在用户购买保险的过程中，在未来可以运用在其他业务环节里。未来无论是投保、核保、保全、理赔等，都可以直接在手机上完成，提高用户和保险公司双方的效率。

4. 安防交通应用

（1）景区人脸闸机

人脸闸机服务实现了景区门禁智能化管理，满足景区各类场景下游客的入园门禁和服务验证需求，大幅提升了景区效率与游客体验。

（2）高铁站人脸闸机

刷脸进站，采用的是相当精准的人脸识别技术。在终端的上方有一个摄像头，下面有一个车票读码器和身份证读取器，在系统插入身份证和蓝色实名制磁卡车票，扫描自己面部信息，与身份证芯片里的高清照片进行比对，验证成功后即可进站，就算是化了妆戴了美瞳也完全没有影响，照样成功识别，全过程最快仅需 5 秒钟。

5. 公安交警

（1）抓拍交通违法

目前已经有多个城市启动了人脸抓拍系统，红灯亮起后，若有行人仍越过停止线，系统会自动抓拍 4 张照片，保留 15 秒视频，并截取违法人头像。该系统与公安系统中的人口信息管理平台联网，因此能自动识别违法人身份信息。

（2）抓捕逃犯

通过预先录入在逃人员的图像信息，当逃犯出现在布控范围内，摄像头捕捉到逃犯的面部信息，之后通过和后端数据库进行比对，确认他和数据库中的逃犯是同一个人，系统就会发出警告信息。

2.5　人体分析及应用

人体行为分析是指通过分析图像或视频的内容，达到对人体行为进行检测和识别的目的。人体行为分析在多个领域都有重要应用，如智能视频监控、人机交互、基于内容的视频检索等。根据发生一个行为需要的人的数量，人体行为分析任务可以分类为单人行为分析、多人交互行为分析、群体行为分析等。根据行为分析的应用场合和目的的不同，人体行为分析又包括行为分类和行为检测两大类。行为分类是指将视频或图片归入某些类别；行为检测是指检索分析是否发生了某种特定动作。

人体分析是指基于深度学习的人体识别架构，准确识别图像或视频中的人体相关信息，提供人体检测与追踪、关键点定位、人流量统计、属性分析、人像分割、手势识别等能力，并对打架、斗殴、抢劫、聚众等自定义行为设置报警规则进行报警。在安防监控、智慧零售、驾驶监测、体育娱乐方面有广泛的应用。以下对人体分析相关应用展开叙述。

1. 人体关键点识别

人体关键点识别能对于输入的一张图片（可正常解码，且长宽比适宜），检测图片中的所有人体，输出每个人体的 14 个主要关键点，包含四肢、脖颈、鼻子等部位，以及人体的坐标信息和数量。

2. 人体属性识别

人体属性识别能对于输入的一张图片（要求可正常解码，且长宽比适宜），检测图像中的所有人体并返回每个人体的矩形框位置，识别人体的静态属性和行为，共支持 20 种属性，包括：性别、年龄阶段、服饰（含类别/颜色）、是否戴帽子、是否戴眼镜、是否背包、是否使用手机、身体朝向等。可用于公共安防、园区监控、零售客群分析等业务场景。

3. 人流量统计

人流量统计功能可以统计图像中的人体个数和流动趋势，分为静态人数统计和动态人数统计。

静态人数统计：适用于 3m 以上的中远距离俯拍，以头部为识别目标统计图片中的瞬时人数；无人数上限，广泛适用于机场、车站、商场、展会、景区等人群密集场所。

动态人流量统计：面向门店、通道等出入口场景，以头肩为识别目标，进行人体检测和追踪，根据目标轨迹判断进出区域方向，实现动态人数统计，返回区域进出人数。

4. 手势识别

手势识别是通过数学算法来识别人类手势的一个技术，目的是让计算机理解人类的行为。手势识别一般是指识别脸部和手的运动。通过识别、理解用户的简单手势，用户就可以来控制或与设备交互。手势识别的核心技术为手势分割、手势分析及手势识别。在百度开放接口中，手势识别功能可以识别图片中的手部位置，可以识别出 23 种常见手势类型。

5. 人像分割

人像分割是指将图片中的人像和背景进行分离，分成不同的区域，用不同的标签进行区分，俗称“抠图”。人像分割技术在人脸识别、3D 人体重建及运动捕捉等实际应用中具有重要的作用，其可靠性直接影响后续处理的效果。在百度开放平台中，人像分割能精准识别图像中的人体轮廓边界，适应多个人体、复杂背景。可将人体轮廓与图像背景进行分离，返回分割后的二值图像，实现像素级分割。

6. 安防监控

实时定位追踪人体，进行多维度人群统计分析。可以监测人流量，预警局部区域人群过于密集等安全隐患；也可以识别危险、违规等异常行为（如公共场所跑跳、抽烟），及时管控，规避安全事故。其主要服务是基于人流量统计和人体属性识别。

7. 智慧零售

智慧零售是统计商场、门店出入口人流量，识别入店及路过客群的属性特征，收集消费者画像，分析消费者行为轨迹，支持客群导流、精准营销、个性化推荐、货品陈列优化、门店选址、进销存管理等应用。其主要服务是基于人流量统计和驾驶行为分析。

8. 驾驶监测

驾驶监测是针对出租车、货车等各类营运车辆，实时监控车内情况；识别驾驶员抽烟、使用手机等危险行为，及时预警，降低事故发生率；快速统计车内乘客数量，分析空座、超载情况，节省人力，提升安全性。其主要服务是基于人流量统计和驾驶行为分析。

9. 体育娱乐

体育娱乐是根据人体关键点信息，分析人体姿态、运动轨迹、动作角度等，辅助训练、健身，提升教学效率；视频直播平台，可增加身体道具、手势特效、体感游戏等互动形式，丰富娱乐体验。其主要服务是基于人体关键点识别、人像分割、手势识别。

☆ OCR 识别体验：公司文件文本化

1. 项目描述

小张是公司的档案管理人员，每天要处理很多文件及单据，将纸质文件上的内容摘录到 Word 文件中，或是将发票、账单等固定格式单据上的数据或信息录到 Excel 文件中。小张盼望着有一款软件，能将纸质文件上的文字拍照或扫描下来，并且通过这款软件自动生成文字，直接复制到 Word 中，或者自动提取数据或信息到 Excel 文件中。

本项目将利用百度人工智能开放平台的 OCR 功能，将公司的扫描文件或图片上的文字识别出来。读者可以继续自行尝试，将固定格式文件，如身份证、发票等图片上的内容分项提取出来。

项目实施的详细过程可以通过扫描二维码，观看具体操作过程的讲解视频。

项目准备　附录 A-2 注册人工智能开放平台　　OCR 识别体验公司文件文本化

2. 相关知识

体验要求：

- 网络通信正常。

- 环境准备。机房安装 Spyder 等 Python 编程环境。
- SDK 准备。按照附录 A-2 的要求，安装过百度人工智能开放平台的 SDK。
- 账号准备。按照附录 A-2 的要求，注册过百度人工智能开放平台的账号。

3. 项目设计

- 创建应用以获取应用编号 AppID、AK、SK。
- 准备本地或网络图片。
- 在 Spyder 中新建文字识别项目 OCR。
- 代码编写及编译运行。

4. 项目过程

（1）创建应用以获取应用编号 AppID、AK、SK

① 在百度 AI 开放平台页面的左侧有相应的应用，是百度机器学习，是语音技术，是云呼叫中心，是人脸识别，是文字识别，是自然语言处理。

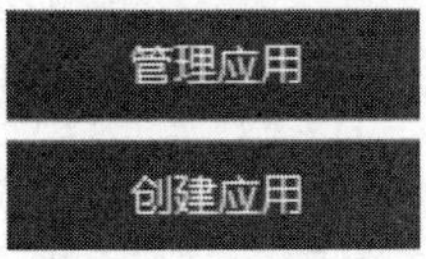

图 2-5　创建应用

本项目需要用到文字识别，因此，单击标记，进入如图 2-5 界面。

② 单击“创建应用”按钮，进入“创建新应用”界面，如图 2-6 所示。

创建新应用

* 应用名称：文字识别

图 2-6　“创建新应用”界面

应用名称：文字识别。

应用描述：我的文字识别。

其他选项采用默认值。

③ 单击“立即创建”按钮，进入如图 2-7 所示界面。

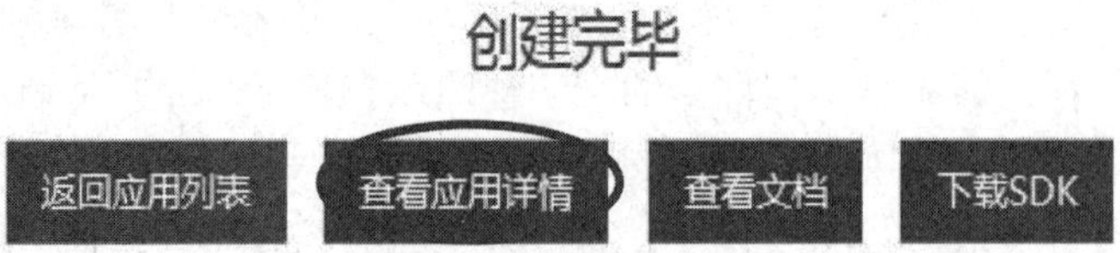

创建完毕

返回应用列表　查看应用详情　查看文档　下载SDK

图 2-7　创建完毕界面

单击“查看应用详情”按钮，可以看到 AppID 等三项重要信息，如表 2-2 所示。

表 2-2　应用详情

应用名称	AppID	API Key	Secret Key
文字识别	17149894	XD6sbUZUAso8en8XGYNh1qbn	*******显示

④ 记录下 AppID、API Key 和 Secret Key 的值。

（2）素材准备

读者可以准备一幅包含文字的图片。虽然文字识别 OCR 有自动适应稍有倾斜的图片的功能，但建议先使用标准的图片。

（3）在 Spyder 中新建图像分类项目 BaiduPicture

在 Spyder 开发环境中选择左上角的“File”→“New File”命令，新建项目文件，默认文件名为 untitledp.py。

继续在左上角选择“File”→“Save as”命令，保存为“BaiduPicture.py”文件，文件路径可采用默认值。

（4）代码编写及编译运行

在代码编辑器中输入参考代码如下：

```
# 1. 从 aip 中导入相应文字识别模块 AipOcr
from aip import AipOcr

# 2.复制粘贴你的 AppID、AK、SK 等 3 个常量，并以此初始化对象
APP_ID = '你的 APPID '
API_KEY = '你的 AK'
SECRET_KEY = '你的 DK'

aipOcr = AipOcr (APP_ID, API_KEY, SECRET_KEY)

# 3.定义本地（本教材将资源放置在 D 盘 data 文件夹下）或远程图片路径，打开并读取数据
filePath = 'D: \data\\WordTest.png'
image = open (filePath, 'rb') .read ()

# 4.直接调用通用文字识别接口，以 JSON 格式返回 result
result=aipOcr.basicGeneral (image)
# 5.输出
print (result)                # 本行可以详细设置显示方式，输出经过预处理的结果
```

当然，项目输出结果可能并没有达到预期效果，我们还需要进行一些处理。其中“#5.”部分可以分别做一些个性化设置。比如在调用接口之前设置一些参数，或者在输出结果时进行预处理。

```
# 5.输出经过预先处理的结果
Mywords = result ['words_result']        # 在 result 结果中，抽取出文字信息，放到
                                          Mywords 中
Outputwords = ''
N = len (Mywords)                         # 获得 Mywords 中的段落个数 N
for i in range (N):                       # 对 N 段落个数
  Outputwords+=Mywords[i]['words']
print (Outputwords)                       # 输出经过处理的文字内容
```

5. 项目测试

单击工具栏中的 ▶ 按钮，编译执行程序，将输出识别出来的文字信息。项目运行结果可以在“IPython console”窗口中看到，原始图片及文字识别结果分别如图 2-8 和图 2-9 所示。

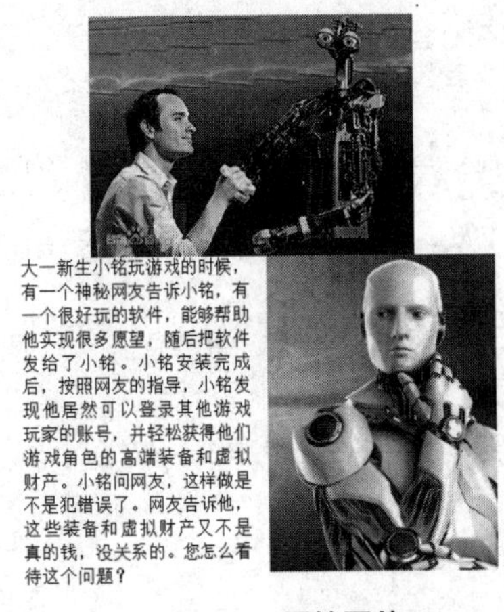

图 2-8　原始图片

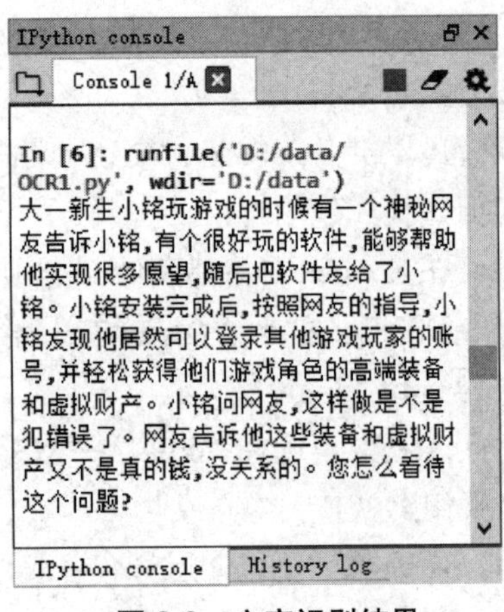

图 2-9　文字识别结果

6. 项目小结

本项目利用百度人工智能开放平台实现了图片转文字的功能。在此基础上，我们可以进一步探索：能否识别一些生活中常见的图片，并以规范的格式输出？比如说发票上的数据、身份证上的信息等。

▶ **拓展思考 1**：如果手头有大量的标准化纸质单据或图片（如增值税发票、身份证等）需要识别出各个单项的值，将来可以录入 Excel 表格，你觉得应该如何实现？

▶ **拓展思考 2**：如果手头上的单据需要录入 Excel 表格，但是这种单据不是标准化的，你能解决这个问题吗？

项目 2　公司会展人流统计

1. 项目描述

小张是公司的营销人员，经常参加各种展览会，布置公司的展品。但是他有个遗憾：想知道各个展品对客户们的吸引力，但是却无从下手。有心坐在展品前慢慢统计人数，但却没这么多精力。于是他找到了公司技术人员小军，请他来出谋划策。

项目准备　附录 A-2 注册人工智能开放平台

项目 2　公司会展人流统计

小军给出的方案是：在每个展品前布置一个摄像头，记录下往来人员，并借用人工智能开放平台的接口来识别和统计图像当中的人体个数。本项目完成静态统计功能，有兴趣的读者可以尝试追踪和去重功能，即可传入监控视频抓拍图片序列，实现动态人数统计和跟踪功能。

项目实施的详细过程可以通过扫描二维码，观看具体操作过程的讲解视频。

2. 相关知识

项目要求：

➢ 网络通信正常。

➢ 环境准备：安装 Spyder 等 Python 编程环境。

➢ SDK 准备：按照附录 A-2 的要求，安装过百度人工智能开放平台的 SDK。

➢ 账号准备：按照附录 A-2 的要求，注册过百度人工智能开放平台的账号。

3. 项目设计

➢ 创建应用以获取应用编号 AppID、AK、SK。

➢ 准备本地或网络图片。

➢ 在 Spyder 中新建人体分析项目 BaiduBody。

➢ 代码编写及编译运行。

4. 项目过程

（1）创建应用以获取应用编号 AppID、AK、SK

① 在百度 AI 开放平台页面左侧有相应的应用，是百度机器学习，是语音技术，是云呼叫中心，是人脸识别，是文字识别，是图像识别，是人体分析，是自然语言处理。

本项目要进行人体分析，因此单击人体分析标记，进入创建应用界面。

② 单击“创建应用”按钮，进入“创建新应用”界面，如图 2-10 所示。

创建新应用

* 应用名称：人体分析

* 应用类型：游戏娱乐

图 2-10　创建新应用

应用名称：人体分析。

应用描述：我的人体分析。

其他选项采用默认值。

③ 单击“立即创建”按钮，进入如图 2-11 所示界面。

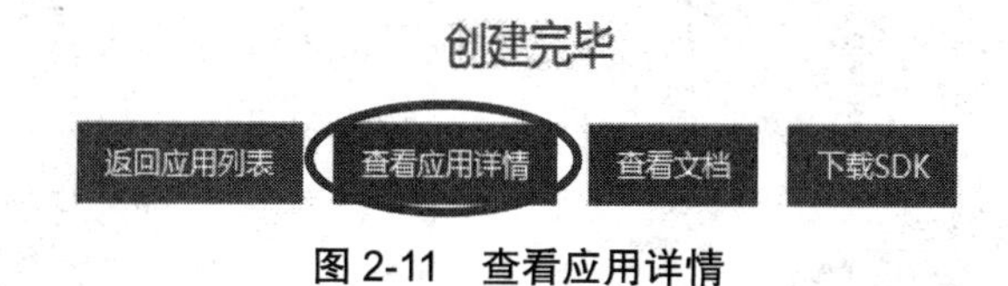

图 2-11　查看应用详情

单击“查看应用详情”按钮，可以看到 AppID 等三项重要信息，如表 2-3 所示。

表 2-3 应用详情

应用名称	AppID	API Key	Secret Key
文字识别	17365296	GuckOZ5in7y2wAgvauTGm6jo	*******显示

④ 记录下 AppID、API Key 和 Secret Key 的值。

（2）准备素材

读者可以准备一幅人流密集的图片，也可以从网上下载图片，如图 2-12 所示。

（3）在 Spyder 中新建图片分类项目 BaiduBody

在 Spyder 开发环境中选择左上角的“File”→“New File”命令，新建项目文件，默认文件名为 untitled0.py，继续在左上角选择“File”→“Save as”命令，保存为“HumanNum.py”文件，文件路径可采用默认值。

（4）代码编写及编译运行

在代码编辑器中输入参考代码如下：

```
# 1. 从 aip 中导入人体检测模块 AipBodyAnalysis
from aip import AipBodyAnalysis

# 2.复制粘贴你的 AppID、AK、SK 等 3 个常量，并以此初始化对象
APP_ID = '你的 APPID'
API_KEY = '你的 AK'
SECRET_KEY = '你的 SK'

client = AipBodyAnalysis(APP_ID, API_KEY, SECRET_KEY)

# 3.定义本地( 在 D 盘 data 文件夹下 )或远程图片路径，打开并读取数据
filePath = "D:\data\\Bodyimage.png"
image = open(filePath, 'rb').read()

# 4.直接调用图像分类中的人体识别接口，并输出结果
result = client.bodyNum(image)

# 5 输出处理结果
print(result)
```

5. 项目测试

在工具栏中单击▶按钮，编译执行程序，将输出人数统计信息。在“IPython console”窗口中可以看到运行结果如图 2-13 所示，person_num 的值为 5。

图 2-12　原始图片（百度 AI 平台）

```
In [15]: runfile('D:/data/HumanProperty.py', wdir='D:/data')
{'person_num': 5, 'log_id': 1213079911608747669}
```

图 2-13　人数统计结果

6. 项目小结

本项目利用百度人工智能开放平台实现了人数统计的功能。在此基础上，读者可以进一步探索：能否识别人员年龄、性别等其他信息？

事实上，人体分析模块 AipBodyAnalysis 可以识别性别、年龄阶段、服饰（含类别/颜色）、是否戴帽子、是否戴眼镜、是否背包、是否使用手机、身体朝向等信息。只要修改代码中的 client.bodyNum( )方法，将其修改为 client.bodyAttr( )方法，读者应该能很轻松地实

现其他更丰富的功能。

另外，如果需要更复杂的应用，比如需要实现人体追踪功能时，可以使用 client.bodyTracking( )方法，调整输入参数即可。

本 章 小 结

本章详细介绍了人工智能中最热门的研究方向，即计算机视觉方向，详细介绍了计算机视觉的概念、应用。本章还配备相应的项目，读者不仅可以学习到图像处理技术及应用，还能自己动手，体验计算机视觉的具体应用。通过本章的学习，读者能够了解计算机视觉技术及典型应用。

习 题 2

一、选择题

1. 文字识别的英文 OCR，是哪个缩写？（　　）

A. Optical Character Recognition　　B. Oval Character Recognition

C. OpticalChapter Recognition　　D. Oval Chapter Recognition

2. 百度 OCR 服务的 Python SDK 中，提供服务的类名称是（　　）。

A. BaiduOcr　　B. OcrBaidu　　C. AipOcr　　D. OcrAip

3. 某 HR 有公司特制的纸质个人信息表，希望通过文字识别技术快速录入计算机，最好可以采用百度的（　　）服务。

A. 通用文字识别　　B. 表格文字识别

C. 名片识别　　D. 自定义模板文字识别

4. 在一堆有关动物的图片中，需要选择出所有包含狗的图片，并框选出狗在图片中的位置，这类问题属于（　　）。

A. 图像分割　　B. 图像检测　　C. 图像分类　　D. 图像问答

5. 在一堆有关动物的图片中，根据不同动物把图片放到不同组，这类问题属于（　　）。

A. 图像分割　　B. 图像检测　　C. 图像分类　　D. 图像问答

6. 在一堆有关动物的图片中，把动物和周围的背景分离，单独把动物图像抠出来，这类问题属于（　　）。

A. 图像分割　　B. 图像检测　　C. 图像分类　　D. 图像问答

7. 在一堆有关动物的图片中，针对每个图片回答是什么动物在做什么，这类问题属于（　　）。

A. 图像分割　　B. 图像检测　　C. 图像分类　　D. 图像问答

8. 特别适合于图像识别问题的深度学习网络是（　　）。

A. 卷积神经网络　　B. 循环神经网络

C. 长短期记忆神经网络　　D. 编码网络

9. 百度图像识别服务的 Python SDK 中，提供服务的类名称是（　　）。

A. BaiduImageClassify　　B. ImageClassifyBaidu

C. AipImageClassify　　D. ImageClassifyAip

10. 某美食网站，希望把网友上传的美食图片进行更好地分类并展示给用户，最好可以采用百度的（　　）服务。

A. 通用物体识别　　B. 菜品识别

C. 动物识别　　D. 植物识别

11. 在通过手机进行人脸认证的时候，经常需要用户完成眨眼、转头等动作。这里采用了人脸识别的（　　）技术。

A. 人脸检测　　B. 人脸分析　　C. 人脸语义分割　　D. 活体检测

12. 通过人脸图片，迅速判断出人的性别、年龄、种族、是否微笑等信息。这属于人脸识别中的（　　）技术。

A. 人脸检测　　B. 人脸分析　　C. 人脸语义分割　　D. 活体检测

13. 很多景区开放人脸检票时，经常需要比对当前游客是否已经买票。这里用到了（　　）技术。

A. 人脸搜索　　B. 人脸分析　　C. 人脸语义分割　　D. 活体检测

14. 百度人脸识别服务的 Python SDK 中，提供服务的类名称是（　　）。

A. AipFace　　B. FaceAip　　C. BaiduFace　　D. FaceBaidu

15. 通过监控录像，实时监测机场、车站、景区、学校、体育场等公共场所的人流量，及时导流，预警核心区域人群过于密集等安全隐患。这里可以借助（　　）技术。

A. 人流量检测　　B. 人体关键点识别

C. 人体属性识别　　D. 人像分割

16. 视频直播或者拍照过程中，结合用户的手势（如点赞、比心），实时增加相应的贴纸或特效，丰富交互体验。这里可以采用（　　）技术来实现。

A. 人体关键点识别　　B. 手势识别

C. 人脸语义分割　　D. 人像分割

17. 在体育运动训练中，根据人体关键点信息，分析人体姿态、运动轨迹、动作角度等，辅助运动员进行体育训练，分析健身锻炼效果，提升教学效率。这里可以采用（　　）技术来实现。

A. 人体关键点识别　　B. 手势识别

C. 人脸语义分割　　D. 人像分割

18. 百度人脸识别服务的 Java SDK 中，提供服务的类名称是（　　）。

A. AipBody　　B. AipBodyAnalysis

C. BaiduBody　　D. BaiuBodyAnalysis

二、填空题

1. 我们可以调用的技能包括通用物体识别、人脸对比、人脸检测与属性分析、人体关键点识别等。通过手机进行美颜功能时，可以对人脸进行美白、涂唇彩等，可以借助人脸识别的____________、____________技术。

2. 在计算机视觉中，有关于人物的技术有人脸检测、人体关键点识别、人体属性识别、人像分割等。通过监控录像，实时监测定位人体，判断特殊时段、核心区域是否有人员入侵，并识别特定的异常行为，及时预警管控。这里可以借助____________、____________、____________技术。

三、简答题

1. 结合你的日常生活，想一下文字识别有哪些应用？
2. 根据你的了解，写出至少 3 个你身边的图像识别应用。
3. 根据你的了解，写出至少 3 个你身边的人脸识别应用。
4. 根据你的了解，写出至少 3 个你身边的人体识别应用。

第 3 章　语音处理及应用

本章要点

本章详细介绍语音处理的概念，以及语音识别、语音合成等方面的常见应用。通过本章学习，读者应了解语音唤醒、声纹识别的概念，熟悉语音识别与语音合成的常见应用，并能利用开放平台接口，实现语音处理方面的人工智能基本应用。

本章的体验项目为：☆客户回复音频化（利用语音合成功能将文本转化成人声）。

本章的实践项目为：★会议录音文本化（利用语音识别功能将音频转化成文本）。

3.1　语音处理的概念

语音处理（Speech Signal Processing）是一门研究如何对语音进行理解、如何将文本转换成语音的学科，属于感知智能范畴。从人工智能的视角来看，语音处理就是要赋予机器"听"和"说"的智能。从工程的视角来看，所谓理解语音，就是用机器自动实现人类听觉系统的功能；所谓文本转换成语音，就是用机器自动实现人类发音系统的功能。类比人的听说系统，录音机等设备就是机器的"耳朵"，音箱等设备就是机器的"嘴巴"，语音处理的目标就是要实现人类大脑的听觉能力和说话能力。

语音处理技术是研究语音发声过程、语音信号的统计特性、语音的自动识别、机器合成及语音感知等各种处理技术的总称，其主要方向包括语音识别、语音合成、语音增强、语音转换、情感语音 5 个方面的应用技术，也有研究者将语义理解作为语音处理的技术之一，如图 3-1 所示。目前，语音技术已经在多个行业取得了良好的应用。

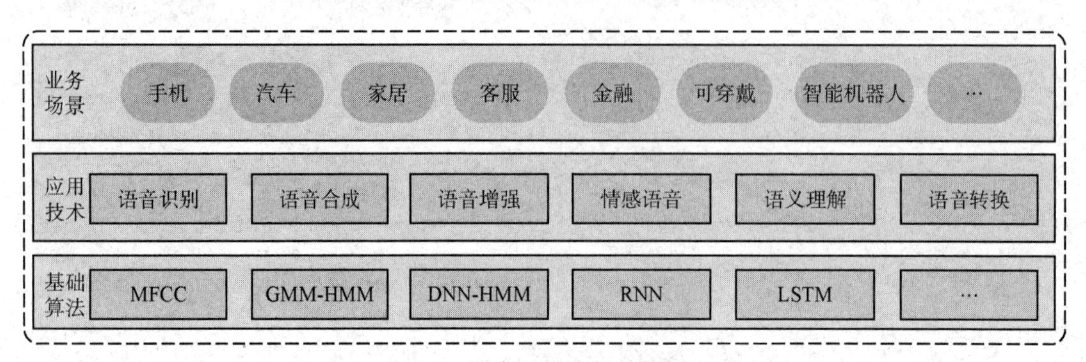

图 3-1　语音处理技术应用框架

一个完整的语音处理系统，包括前端的信号处理、中间的语音语义识别和对话管理，以及后期的语音合成。本书所讲的语音处理主要包括语音识别、语音合成两个部分。语音识别，是把语音转化为文字，并对其进行识别、认知和处理。语音合成是指通过机械的、电子的方法产生人造语音的技术。语音处理中的主要技术点包括以下几个。

- 前端处理：人声检测、回声消除、唤醒词识别、麦克风阵列处理、语音增强等。
- 语音识别：特征提取、模型自适应、声学模型、语言模型、动态解码等。
- 语义识别和对话管理：更多属于自然语言处理的范畴。
- 语音合成：文本分析、语言学分析、音长估算、发音参数估计等。

语音处理的应用包括电话外呼、医疗领域听写、语音书写、计算机系统声控、电话客服、导航等。人们期望着在不久的将来，语音处理能真正做到像正常人类一样，与他人流畅沟通，自由交流。当然，离实现这样的目标还有相当长的路。

语音信号处理真正意义上的研究可以追溯到 1876 年贝尔电话的发明，该技术首次用声电、电声转换技术实现了远距离的语音传输。1939 年美国杜德莱（Dudley）提出并研制成功第一个声码器，从此奠定了语音产生模型的基础，这一发明在语音信号处理领域具有划时代的意义。19 世纪 60 年代，亥姆霍兹应用声学方法对元音和歌唱进行了研究，从而奠定了语音的声学基础。1948 年美国 Haskins 实验室研制成功“语音回放机”，该仪器可以把手工绘制在薄膜片上的语谱图自动转换成语音，并进行语音合成。20 世纪 50 年代对语言产生的声学理论开始有了系统论述。随着计算机的出现，语音信号处理的研究得到了计算机技术的帮助，使得过去受人力、时间限制的大量的语音统计分析工作，得以在计算机上进行。在此基础上，语音信号处理不论在基础研究方面，还是在技术应用方面，都取得了突破性的进展。下面分别论述语音处理中的语音识别与语音合成。

3.1.1　语音识别的概念

语音识别（Speech Recognition）是实现语音自动控制的基础，是利用计算机自动对语音信号的音素、音节或词进行识别的技术总称。

语音识别可按不同的识别内容进行分类，有音素识别、音节识别、词或词组识别；也可以按词汇量分类，有小词汇量（50 个词以下）、中词量（50～500 个词）、大词量（500 个词以上）及超大词量（几十至几万个词）。按照发音特点分类，可以分为孤立音、连接音及连续音的识别。按照对发音人的要求分类，有认人识别（即只对特定的发话人识别）和不认人识别（即不分发话人是谁都能识别）。显然，最困难的语音识别是大词量、连续音和不识人同时满足的语音识别。

语音识别起源于 20 世纪 50 年代的“口授打字机”梦想，科学家在掌握了元音的共振峰变迁问题和辅音的声学特性之后，相信从语音到文字的过程是可以用机器实现的，即可以把普通的读音转换成书写的文字。语音识别的理论研究已经有 60 多年，但是转入实际应用却是在数字技术、集成电路技术发展之后，现在已经取得了许多实用的成果。

语音识别过程一般包含特征提取、声学模型、语言模型、语音解码和搜索算法四大部分，如图 3-2 所示。其中特征提取是把要分析的信号从原始信号中提取出来，为声学模型提供合适的特征向量。为了更有效地提取特征，还需要对语音进行预处理，包括对语音的幅度标称化、频响校正、分帧、加窗和始末端点检测等内容。声学模型是可以识别单个音素的模型，是对声学、语音学、环境的变量、说话人性别、口音等要素的差异的知识表示，利用声学模型进行语音声学参数分析，包括对语音共振峰频率、幅度等参数，以及对语音的线性预测参数等的分析。语言模型则根据语言学相关的理论，结合发音词典，计算该声音信号对应可能词组序列的概率。语音解码和搜索算法的主要任务是由声学模型、发音词典和语言模型构成的搜索空间中寻找最佳路径。解码时需要用到声学得分及语言得分，其中声学得分由声学模型计算得到、语言得分由语言模型计算得到。

声学模型和语言模型主要利用大量语料进行统计分析，进而建模得到。发音字典包含系统所能处理的单词的集合，并标明了其发音。通过发音字典得到声学模型的建模单元和语言模型建模单元间的映射关系，从而把声学模型和语言模型连接起来，组成一个搜索的状态空间，用于解码器进行解码工作。

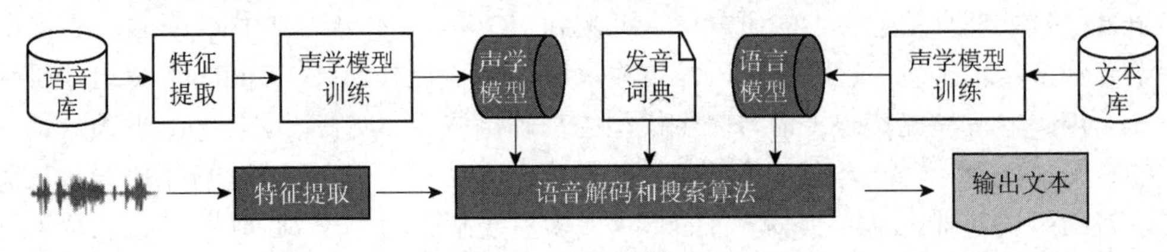

图 3-2　语音识别过程

与语音识别相近的概念是声纹识别。声纹识别是生物识别技术的一种，也称为说话人识别，包括说话人辨认（Speaker Identification）和说话人确认（Speaker Verification）。声纹识别就是把声信号转换成电信号，再用计算机进行识别。不同的任务和应用会使用不同的声纹识别技术，如缩小刑侦范围时可能需要辨认技术，而银行交易时则需要确认技术。跟人脸识别相似，声纹识别也有两类，即说话人辨认和说话人确认。前者用以判断某段语音是若干人中的哪一个所说的，是“多选一”问题；而后者用以确认某段语音是否是指定的某个人所说的，是“一对一判别”问题。

3.1.2　语音合成的概念

语音合成，又称文语转换（Text to Speech，TTS）技术，是通过机械的、电子的方法产生人造语音的技术，能将任意文字信息实时转化为标准流畅的语音朗读出来，相当于给机器装上了人工嘴巴。它涉及声学、语言学、数字信号处理、计算机科学等多个学科技术，是中文信息处理领域的一项前沿技术，解决的主要问题就是如何将文字信息转化为可听的声音信息，也即让机器像人一样开口说话。我们所说的“让机器像人一样开口说话”与传统的声音回放设备（系统）有着本质的区别。传统的声音回放设备（系统），如磁带录音机，是通过预先录制声音然后回放来实现“让机器说话”的。这种方式无论是在内容、存储、传输或者方便性、及时性等方面，都存在很大的限制。而通过计算机语音合成，则可以在任何时候将任意文本转换成具有高自然度的语音，从而真正实现让机器“像人一样开口说话”。

在语音合成过程中，总共有三个步骤，分别是语言处理、韵律处理、声学处理，如图 3-3 所示。

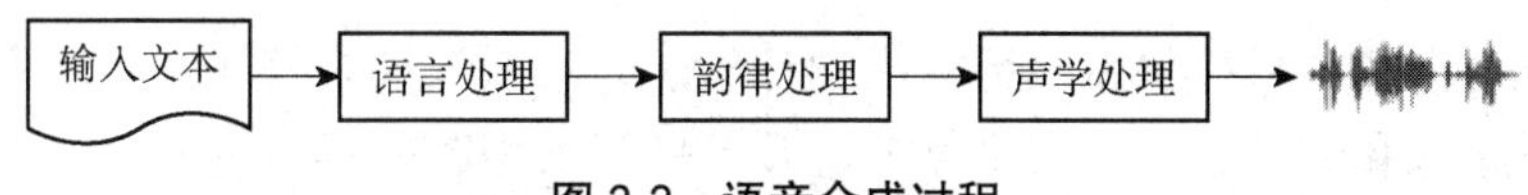

图 3-3　语音合成过程

第一步是语言处理，在文语转换系统中起着重要的作用，主要模拟人对自然语言的理解过程，包括文本规整、词的切分、语法分析和语义分析，使计算机对输入的文本能完全理解，并给出后两部分所需要的各种发音提示。

第二步是韵律处理，为合成语音规划出音段特征，如音高、音长和音强等，使合成语音能正确表达语意，听起来更加自然。

第三步是声学处理，根据前两部分处理结果的要求输出语音，即合成语音。

3.2　语音处理的应用

3.2.1　语音识别的应用

语音识别已经取得了广泛的应用，按照识别范围或领域来划分，可以分为封闭域识别应用和开放域识别应用。

1. 封闭域识别应用

在封闭域识别应用中，识别范围为预先指定的字/词集合。也就是说，算法只在开发者预先设定的封闭域识别词的集合内进行语音识别，对范围之外的语音会拒识。比如，对于简单指令交互的智能家居和电视盒子，语音控制指令一般只有“打开窗帘”“打开中央台”“关灯”“关闭电灯”等；或者语音唤醒功能“Alexa”“小度小度”等。但是，一旦涉及程序员们在后台配置识别词集合之外的命令，如“给大伙来跳一个舞呗”，识别系统将拒识这段语音，不会返回相应的文字结果，更不会做相应的回复或者指令动作。

语音唤醒，有时也称为关键词检测（Keyword Spotting），也就是在连续不断的语音中将目标关键词检测出来，一般目标关键词的个数比较少（1~2 个居多，特殊情况也可以扩展到更多的几个）。

因此，可将其声学模型和语言模型进行裁剪，使得识别引擎的运算量变小；并且可将引擎封装到嵌入式芯片或者本地化的 SDK 中，从而使识别过程完全脱离云端，摆脱对网络的依赖，并且不会影响识别率。业界厂商提供的引擎部署方式包括云端和本地化（如芯片，模块和纯软件 SDK）。

产品形态：流式传输——同步获取。

典型的应用场景：不涉及多轮交互和多种语义说法的场景，如智能家居等。

2. 开放域识别应用

在开放域识别应用中，无须预先指定识别词集合，算法将在整个语言大集合范围中进行识别。为适应此类场景，声学模型和语音模型一般都比较大，引擎运算量也较大。如果将其封装到嵌入式芯片或者本地化的 SDK 中，耗能较高并且影响识别效果。

因此，业界厂商基本上都只以云端形式（云端包括公有云形式和私有云形式）提供服务。至于本地化形式，只提供带服务器级别计算能力的嵌入式系统（如会议字幕系统）。

按照音频录入和结果获取方式来划分，开放域识别中产品形态可分为以下 3 种。

① 产品形态 1：流式上传——同步获取，应用/软件会对说话人的语音进行自动录制，并将其连续上传至云端，说话人在说完话的同时能实时地看到返回的文字。

语音云服务厂商的产品接口，会提供音频录制接口和格式编码算法，供客户端边录制边上传，并与云端建立长连接，同步监听并获取中间（或者最终完整）的识别结果。

对于时长的限制，由语音云服务厂商自定义，一般有小于 1 分钟和小于 5 小时两种，两者有可能会采用不同的模型。时长限制小于 5 小时的模型会采用长短期记忆网络（Long Short Term Memory network，LSTM）来进行建模。

典型应用场景：主要应用于输入场景，如输入法、会议/法院庭审时的实时字幕上屏；也可以用在与麦克风阵列和语义结合的人机交互场景，如具备更自然交互形态的智能音响。比如用户说“请转发这篇文章”，在无配置的情况下，识别系统也能够识别这段语音，并返回相应的文字结果。

② 产品形态 2：已录制音频文件上传——异步获取，音频时长一般小于 3 小时。用户需自行调用软件接口，或是硬件平台预先录制好规定格式的音频，并使用语音云服务厂商提供的接口进行音频上传，上传完成之后便可以断开连接。用户通过轮询语音云服务器或者使用回调接口进行结果获取。

由于长语音的计算量较大，计算时间较长，因此，采取异步获取的方式可以避免由于网络问题带来的结果丢失。也因为语音转写系统通常是非实时处理的，这种工程形态也给了识别算法更多的时间进行多遍解码。而长时的语料，也给了算法使用更长时的信息进行长短期记忆网络建模。在同样的输入音频下，此类型产品形态牺牲了一部分实时率，消耗了更多的资源，但是却可以得到最高的识别率。在时间允许的使用场景下，“非实时已录制音频转写”无疑是最值得推荐的产品形态。

典型应用场景：已经录制完毕的音/视频字幕配置；实时性要求不高的客服语音质检和审查场景等。

③ 产品形态 3：已录制音频文件上传——同步获取用户原创内容（User Generated Content，UGC）的语音内容，音频时长一般小于 1 分钟。用户需自行预先录制好规定格式的音频，并使用语音云服务厂商提供的接口进行音频上传。此时，客户端与云端建立长连接，同步监听并一次性获取完整的识别结果。

典型应用场景：作为前两者的补充，适用于无法用音频录制接口进行实时音频流上传，或者结果获取的实时性要求比较高的场景。

3.2.2 语音合成的应用

语音合成满足将文本转化成拟人化语音的需求，打通人机交互闭环。它提供多种音色选择，支持自定义音量、语速，为企业客户提供个性化音色定制服务，让发音更自然、更专业、更符合场景需求。语音合成广泛应用于语音导航、有声读物、机器人、语音助手、自动新闻播报等场景，提升人机交互体验，提高语音类应用构建效率。语音合成技术的应用广泛，可以从以下三个方面罗列。

1. App 应用类

当前的手机上大多有电子阅读应用，比如 QQ 阅读这样的读书应用能自动朗读小说；滴滴出行、高德导航等汽车导航播报类的 App，运用语音合成技术来播报路况信息；以 Siri 为代表的语音助手能自动问答。

语音合成技术在银行、医院的信息播报系统，汽车导航系统及自动应答呼叫中心等都有广泛应用。

2.智能服务类

智能服务类产品包括智能语音机器人、智能音响应用等。智能语音机器人产品遍布各行各业，比如银行、医院的导航机器人，需要甜美又亲切的声音；教育行业的早教机器人，需要呆萌又可爱的声音；而营销类型的外呼机器人，对于不同的话术场景需要定制不同的声音。智能音响在不知不觉中已经慢慢融入我们的生活中了，不仅可以点播歌曲、播报新闻、讲故事，或者是了解天气预报，它还可以对智能家居设备进行控制，比如打开窗帘、设置冰箱温度、关闭空调、提前让热水器升温等。

3. 特殊领域

还有一些特殊领域非常需要语音合成，比如对于视障人士来讲，以往只能依赖双手来获取信息。而有了视障阅读功能，他们的生活质量得到了极大的提高，毕竟听书要比摸书高效、精准得多，同时又解放了双手。另外，针对文娱领域的特殊虚拟人设，可以打造特殊语音形象，用于特殊人设的语音表达。

拓展阅读：　两个易混淆概念

在语音处理中，有两个概念比较容易混淆，这里重点阐述。

1. 离线 VS 在线

在软件从业人员的认知中，离线是指识别过程（语音识别软件）可以在本地运行，在线是指识别过程需要连接到云端来解决问题。他们的关注点是识别引擎是在本地还是在云端进行。

而在语音识别中，所谓的离线与在线分别指的是异步（非实时）与同步（实时），也即离线是指“将已录制的音频文件上传——异步获取”非实时方式；在线指的是“流式上传——同步获取”的实时方式。

由于不同行业对离线/在线有不同的认知，容易产生不必要的理解歧义，因而在语音识别及其他人工智能相关产品中，建议更多地使用异步（非实时）与同步（实时）等词来阐述相关产品。

2. 语音识别 VS 语义识别

语音识别将声音转化成文字，属于感知智能。语义识别提取文字中的相关信息和相应意图，再通过云端大脑决策，使用执行模块进行相应的问题回复或者反馈动作，属于认知智能。先有感知，后有认知，因此，语音识别是语义识别的基础。

由于语音识别与语义识别经常相伴出现，容易给从业人员造成困扰，因此，从业者很少使用“语义识别”的说法，更多地表达为“自然语言处理（Natural Language Processing，NLP）”等概念。

☆ 语音合成体验：客服回复音频化

1. 项目描述

小晖是公司的客服，每天要回复很多客户的电话，嗓子受到了很大的影响。她盼望着：如果有一款合适的软件，能够将需要回复的文字转换成我的说话声音（音频），播放给客户，那该多方便呀！

本项目将利用百度人工智能开放平台进行语音合成，将输入的一段文字，或者是存在文本文件中的文字，转换成MP3格式的语音文件。

项目准备　附录A-2注册人工智能开放平台

语音合成体验　客服回复音频化

项目实施的详细过程可以通过扫描二维码，观看具体操作过程的讲解视频。

2. 相关知识

体验要求：

- 网络通信正常。
- 环境准备：机房安装Spyder等Python编程环境。
- SDK准备：按照附录A-2的要求，安装过百度人工智能开放平台的SDK。
- 账号准备：按照附录A-2的要求，注册过百度人工智能开放平台的账号。

3. 项目设计

- 创建应用以获取应用编号AppID、AK、SK。
- 准备本地或网络文本文件，用来合成语音文件。
- 在Spyder中新建语音合成项目BaiduVoice。
- 代码编写及编译运行。

4. 项目过程

（1）创建应用以获取应用编号AppID、AK、SK

本项目要用到的是语音识别，因此单击语音技术标记，进入“创建应用”界面，如图3-4所示。

管理应用

创建应用

图3-4　创建应用

① 单击“创建应用”按钮，进入“创建新应用”界面，如图3-5所示。

图3-5　“创建新应用”界面

应用名称：语音合成。

应用描述：我的语音合成。

其他选项采用默认值。

② 单击“立即创建”按钮，进入如图 3-6 所示界面。

图 3-6　创建完毕

单击“查看应用详情”按钮，可以看到 AppID 等 3 项重要信息，如表 3-1 所示。

表 3-1　应用详情

应用名称	AppID	API Key	Secret Key
文字识别	17149894	XD6sbUZUAso8en8XGYNh1qbn	*******显示

③ 记录下 AppID、API Key（简称 AK）和 Secret Key（简称 SK）的值。

（2）准备素材

准备一段文字，或者将文字储存在一个文本文件中。

（3）在 Spyder 中新建语音识别项目 BaiduVoice

在 Spyder 开发环境中选择左上角的“File”→“New File”命令，新建项目文件，默认文件名为 untitled0.py。继续选择左上角的“File”→“Save as”命令，保存“BaiduVoice.py”文件，文件路径可采用默认值。

（4）代码编写及编译运行

在代码编辑器中输入参考代码如下：

```
# 1. 从 aip 中导入相应的语音模块 AipSpeech
from aip import AipSpeech

# 2.复制粘贴你的 AppID、AK、SK 3 个常量，并以此初始化对象
""" 你的 APPID AK SK """
APP_ID = '17181021'
API_KEY = '16YjmjjrwUt4x3NHmuXKsxZg'
SECRET_KEY = '2SkFkmGMttTbz5sQWVX7NMAZW8itH8mN'

client = AipSpeech (APP_ID, API_KEY, SECRET_KEY)

# 3.准备文本及存放路径
Text = '庆祝无锡职业技术学院 60 周年校庆'      # 文字部分，也可以从磁盘读取，或者是图片
                                              中识别出来的文字
filePath = "D: \data\\MyVoice.mp3"        # 音频文件存放路径

# 4 语音合成
result  = client.synthesis (Text, 'zh', 1)   # 可以做一些个性化设置，如选择音量，
                                              发音人，语速等

# 5 识别正确返回语音二进制代码，错误则返回 dict（相应的错误码）
if not isinstance (result, dict):
    with open (filePath, 'wb') as f:         # 以写的方式打开 MyVoice.mp3 文件
        f.write (result)                      # 将 result 内容写入 MyVoice.mp3 文件
```

5. 项目测试

在相应文件夹中，找到MyVoice.mp3音频文件，播放该文件，试听音频文件中所说的话，是否为预期结果。

如果文本已经存放在磁盘上，可做如下设置：

```
# 3.准备文本及存放路径 VoiceText.txt 中有一段文字
TextPath = 'D: \data\\VoiceText.txt'
Text = open (TextPath) .read()# 打开文件、读取文件，未作关闭处理
```

当然，也可以作一些个性化设置，如设置音量、语调、发音人等：

```
# 4.语音合成
result  = client.synthesis (Text, 'zh', 1, {      # ‘zh’为中文
    'vol': 5, # volumn 合成音频文件的准音量
    'pit': 8, # 语调音调，取值 0-9，默认为 5 中语调
    'per': 3, # person 发音人选择，0 女生，1 男生，3 情感合成-度逍遥，4 情感合成-度丫
              丫，默认为普通女声
}) # 可以做一些个性化设置，如选择音量，发音人，语速等
```

另外，如果合成的声音需要直接播放的话，可以添加一些代码。

方法一：直接调用操作系统本身的播放功能，其不足之处是可能会弹出播放器。

```
# 1.语音合成
import os  # 调用操作系统本身的功能

# 6.语音播放
os.system ('D: /Data/ MyVoice.mp3')
```

方法二：使用Python3的playsound播放模块。其不足之处是如果播放完后想重新播放或者对原音频进行修改，可能会提示拒绝访问。

首先安装相应的包。

```
pip install playsound
```

其次需要添加如下两段代码：

```
# 1.语音合成
from playsound import playsound

# 6.语音播放
playsound ('D: /Data/ MyVoice.mp3')
```

方法三：使用Pygame模块。Pygame是跨平台Python模块，是专为电子游戏设计的，包含图像、声音的处理。其不足之处是在播放时可能会有声音速度的变化。

首先安装相应的包。

```
pip install pygame
```

其次需要添加如下两段代码：

```
# 1.语音合成
from pygame import mixer  # Load the required library
```

```
# 6.语音播放
mixer.init()
mixer.music.load('D: /Data/ MyVoice.mp3')
mixer.music.play()
```

6. 项目小结

本次项目利用百度语音模块实现了文本转语音（TTS）的功能。

❓如果改变部分参数，比如说选择不同的发音人，会有什么效果？

❓你能将本项目中识别出来的文字转化为语音吗？

项目 3　会议录音文本化（语音识别）

1. 项目描述

小静是公司的助理，经常需要记录公司的会议进程，并形成会议纪要。她盼望着：如果有一款合适的软件，能够将大家的发言转换成文本文字，那该多方便呀！

本项目将利用百度人工智能开放平台进行语音识别。原始PCM的录音参数必须符合16kHz采样率、16bit位深、单声道，支持的格式有 pcm（不压缩）、wav（不压缩，pcm 编码）、amr（压缩格式）。如果原始录音的格式或者参数不符合要求，则需先进行格式转换（见附录 A-3）。

项目实施的详细过程可以通过扫描二维码，观看具体操作过程的讲解视频。

项目准备　附录 A-2 注册人工智能开放平台

项目准备　附录 A-3 利用 FFmpeg 转换格式

项目 3 会议录音文本化

2. 相关知识

- 网络通信正常。
- 环境准备：安装 Spyder 等 Python 编程环境。
- SDK 准备：按照附录 A-2 的要求，安装过百度人工智能开放平台的 SDK。
- 账号准备：按照附录 A-2 的要求，注册过百度人工智能开放平台的账号。

3. 项目设计

- 创建应用以获取应用编号 AppID、AK、SK。
- 准备本地或网络语音文件（如果非 pcm 格式，则需要先进行格式转换，见附录 A-3）。
- 在 Spyder 中新建语音识别项目 BaiduSpeech。
- 代码编写及编译运行。

4. 项目过程

（1）创建应用以获取应用编号 AppID、AK、SK 本项目要用到的是语音识别，因此单击语音技术标记，进入如图 3-7 所示界面。

① 单击“创建应用”按钮，进入“创建新应用”界面，如图 3-8 所示。

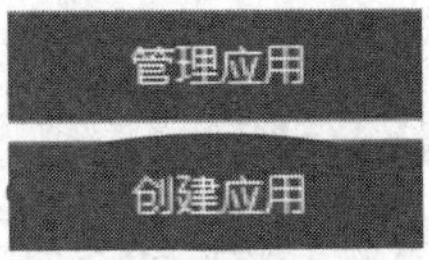

图 3-7　创建应用

图 3-8　创建新应用

应用名称：语音识别。

应用描述：我的语音识别。

其他选项采用默认值。

② 单击“立即创建”按钮，进入如图 3-9 所示界面。

创建完毕

图 3-9　创建成功

单击“查看应用详情”按钮，可以看到 AppID 等 3 项重要信息，如表 3-1 所示。

③ 记录下 AppID、API Key（简称 AK）和 Secret Key（简称 SK）的值。

（2）准备素材

识别语音文件时，建议采用 PCM 格式。如果读者手头的语音文件为其他格式，如 wav，MP3 等，则需要先进行格式转换，详见附录 A-3 利用 FFmpeg 软件进行音频格式转换。

（3）在 Spyder 中新建语音识别项目 BaiduSpeech

在 Spyder 开发环境中选择左上角的“File”→“New File”命令，新建项目文件，默认文件名为 untitled0.py。继续选择左上角的“File”→“Save As”命令，保存“BaiduSpeech.py”文件，文件路径可采用默认值。

（4）代码编写及编译运行

在代码编辑器中输入参考代码如下：

```
# 1. 从 aip 中导入相应语音模块 AipSpeech
from aip import AipSpeech

# 2.复制粘贴你的 AppID AK SK 3 个常量，并以此初始化对象
APP_ID = '你的 APPID '
API_KEY = '你的 AK'
SECRET_KEY = '你的 DK'
client = AipSpeech（APP_ID, API_KEY, SECRET_KEY）

# 3.定义本地（在 D 盘 data 文件夹下）或远程语音文件，打开并读取数据
filePath = 'D: \data\\SpeechTest.pcm'
```

```
SpeechData = open (filePath, 'rb') .read()

# 4.识别语音
SpeechResult = client.asr (SpeechData, 'pcm', 16000) # pcm为文件格式，16000为
                                                       音频采样率

# 5 输出识别结果
print (SpeechResult)          # 可以做一些设置，以更好地观察输出信息
```

5. 项目测试

单击工具栏中的▶按钮，在“IPython console”窗口中可以看到运行结果如图 3-10 所示。

```
In [23]: runfile('D:/Anaconda3/Example2_BaiduSpeech_wav.py',
wdir='D:/Anaconda3')
{'corpus_no': '6735229210713077852', 'err_msg': 'success.',
'err_no': 0, 'result': ['大家好今天我们要完成百度语音识别的实验'],
'sn': '685647221861568167752'}
```

图 3-10　项目 3 运行结果

6. 项目小结

本次项目利用百度人工智能开放平台实现了语音识别的功能。读者可以尝试着修改一些参数，查看效果。当然，项目结果的输出格式有可能并没有达到预期效果，读者可以参照文字识别 OCR 项目的#4 部分代码，对输出结果进行处理。

本 章 小 结

本章介绍了人工智能技术中语音处理的概念，以及语音识别、语音合成的技术及应用。本章还配备相应的项目，读者不仅可以学习到语音处理的概念，而且能自己动手，体验语音合成、语音识别。通过本章的学习，读者能够了解语音处理的典型应用，也可以对人工智能的其他应用有更多的畅想。

习　题　3

一、选择题

1. 对语言语音的特征（类似中文中的声母韵母）进行提取建模的模型，称为（　　）。

A. 语言模型　　B. 声学模型　　C. 语音模型　　D. 声母模型

2. 在人机系统进行语音交互的时候，经常需要一开始呼叫系统的名字，系统才能开始对话。这类技术被称为（　　）。

A. 语音识别　　B. 语音合成　　C. 语音放大　　D. 语音唤醒

3. 用户在正常交谈中，语音对话系统被错误唤醒的指标，被称为（　　）。

A. 错误拒绝率　　B. 错误接受率　　C. 功耗损失率　　D. 错误唤醒率

4. 在众多语音对话中，识别出说话人是谁的技术，被称为（　　）。

A. 语音识别　　B. 语音合成　　C. 语音唤醒　　D. 声纹识别

5. 百度语音技术服务的 Python SDK 中，提供服务的类名称是（　　）。

A. AipSpeech　　B. SpeechAip　　C. BaiduSpeech　　D. SpeeshBaidu

6. 百度语音识别服务中，（　　）格式的音频文件是不支持的。

A. mp3（压缩格式）　　B. pcm（不压缩）

C. wav（不压缩，pcm 编码）　　D. amr（压缩格式）

二、填空题

1. 我们可以使用语音唤醒、语音识别、语音合成、语音放大等功能。在与机器进行语音对话的过程中，会用到____________、____________、____________等智能语音技术。

2. 在简单易记、日常少用、单一音节、易于唤醒等特征中，你认为____________的唤醒词并不值得推荐。

三、简答题

1. 根据你的了解，写出至少 3 个你身边的语音识别应用。

2. 根据你的了解，写出至少 3 个你身边的语音合成应用。

第 4 章　自然语言处理及应用

本章要点

本章详细介绍了自然语言处理的概念及应用、知识图谱的概念与应用。通过本章学习，读者应熟悉语音识别与语音合成的常见应用，并能利用开放平台接口，实现语音处理方面的人工智能基本应用。

本章的实践项目为：利用自然语言处理，分析用户对产品评价中的情感。

本章的体验项目为：☆用户评价情感分析

本章的实践项目为：★客户意图理解

4.1　自然语言处理的概念

自然语言处理（Natural Language Processing，NLP），是指用计算机对自然语言的形、音、义等信息进行处理，即对字、词、句、篇章的输入、输出、识别、分析、理解、生成等的操作和加工。自然语言处理的具体表现形式包括机器翻译、文本摘要、文本分类、文本校对、信息抽取等。自然语言处理的几个核心环节包括知识的获取与表达、自然语言理解、自然语言生成等，也相应出现了知识图谱、对话管理、机器翻译等研究方向。其应用场景包括商品搜索、商品推荐、对话机器人、机器翻译、舆情监控，广告、金融风控等，如图 4-1 所示。

语言是人类区别其他动物的本质特性。在所有生物中，只有人类才具有语言能力。人类的多种智能都与语言有着密切的关系。人类的逻辑思维以语言为形式，人类的绝大部分知识也是以语言文字的形式记载和流传下来的。

自然语言是指汉语、英语、法语等人们日常使用的语言，是自然而然地随着人类社会发展演变而来的语言，而不是人造的语言，它是人类学习、生活的重要工具。概括来说，自然语言是指人类社会约定俗成的，区别于人工语言，也就是程序设计语言、机器语言，如 C++、Java、Python 等。由于人工语言在设计之初就考虑到这些含糊、歧义的风险性，因此，人工语言虽然在长度和规则上都会有一定的冗余，但保证了无二义性。

自然语言处理是计算机科学领域与人工智能领域中的一个重要方向。它研究能实现人与计算机之间用自然语言进行有效通信的各种理论和方法。自然语言处理是一门融语言学、计算机科学、数学于一体的科学。因此，这一领域的研究将涉及自然语言，即人们日常使用的语言，所以它与语言学的研究有着密切的联系，但又有重要的区别。自然语言处理并不是一般地研究自然语言，而在于研制能有效地实现自然语言通信的计算机系统，特别是其中的软件系统，因而它是计算机科学的一部分。

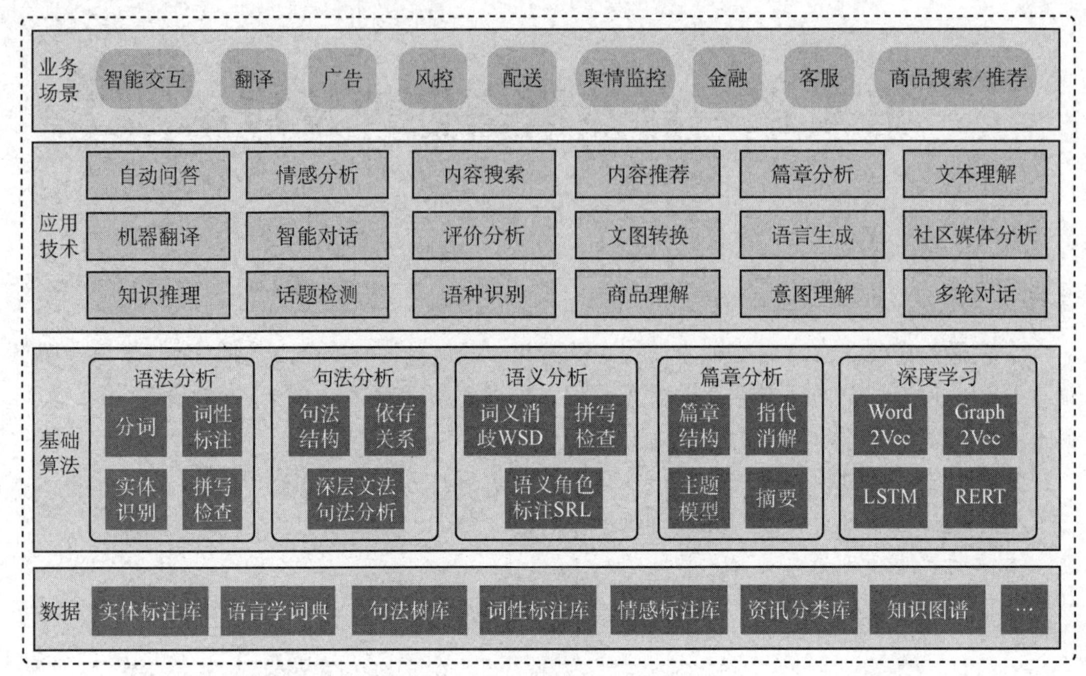

图 4-1　自然语言处理技术体系

实现人机间的信息交流，是人工智能界、计算机科学和语言学界所共同关注的重要问题。用自然语言与计算机进行通信，这是人们长期以来所追求的。因为它既有明显的实际意义，同时也有重要的理论意义，即人们可以用自己最习惯的语言来使用计算机，而无须再花大量的时间和精力去学习不怎么自然和习惯的各种计算机语言。但实现人机间自然语言通信，意味着要使计算机既能理解自然语言文本的意义，也能以自然语言文本来表达给定的意图、思想等。前者称为自然语言理解，后者称为自然语言生成。因此，自然语言处理大体包括了自然语言理解和自然语言生成两个部分。比尔·盖茨认为，“自然语言理解是人工智能皇冠上的明珠”。

4.1.1　自然语言处理发展历史

最早的自然语言理解方面的研究工作是机器翻译。1949 年，美国人威弗首先提出了机器翻译设计方案。20 世纪 60 年代，国外对机器翻译曾有大规模的研究工作，耗费了巨额费用，但人们当时显然是低估了自然语言的复杂性，语言处理的理论和技术均不成熟，所以进展不大。当时主要的做法是存储两种语言的单词、短语对应译法的大辞典，翻译时一一对应，技术上只是调整语言的相应顺序。但日常生活中，语言的翻译远不是如此简单，很多时候还要参考某句话前后的意思。

大约 20 世纪 90 年代开始，自然语言处理领域发生了巨大的变化。这种变化的两个明显的特征是：

① 对系统的输入，要求研制的自然语言处理系统能处理大规模的真实文本，而不是如以前的研究性系统那样，只能处理很少的词条和典型句子。只有这样，研制的系统才有真正的实用价值。

② 对系统的输出，鉴于真实地理解自然语言是十分困难的，对系统并不要求能对自然语言文本进行深层的理解，但要能从中抽取有用的信息。例如，对自然语言文本自动提取索引词、过滤、检索，自动提取重要信息，进行自动摘要等。

由于强调了“大规模”和“真实文本”，下面两方面的基础性工作也得到了重视和加强。

① 大规模真实语料库的研制。大规模的经过不同深度加工的真实文本的语料库，是研究自然语言统计性质的基础。没有它们，统计方法只能是无源之水。

② 大规模、信息丰富的词典的编制工作。随着计算机可用词典的单词规模从几万逐渐上升到十几万乃至几十万个，单词的搭配信息逐渐丰富完善，计算机对自然语言处理的能力得到了极大的提高。

4.1.2　自然语言处理的一般流程

在自然语言处理时，通常有 7 个步骤，分别是获取语料、语料预处理、特征工程、特征选择、模型选择、模型训练、模型评估。也有的学者弱化模型选择和模型评估这两个步骤。

第一步：获取语料

语料，即语言材料。语料是语言学研究的内容。语料是构成语料库的基本单元。所以，人们简单地用文本作为替代，并把文本中的上下文关系作为现实世界中语言的上下文关系的替代品。我们把一个文本集合称为语料库（Corpus），当有几个这样的文本集合的时候，我们称为语料库集合（Corpora）。按语料来源，我们将语料分为以下两种。

（1）已有语料

很多业务部门、公司等组织随着业务发展，都会积累大量的纸质或者电子文本资料。那么，对于这些资料，在允许的条件下我们稍加整合，把纸质的文本全部电子化就可以作为我们的语料库。

（2）网上下载、抓取语料

如果现在个人手里没有数据怎么办呢？这个时候，我们可以选择获取国内外标准开放数据集，比如国内的中文汉语有搜狗语料、人民日报语料；也可以借助八爪鱼等开源爬虫工具，从网上抓取特定数据，准备模型训练。

第二步：语料预处理

在一个完整的中文自然语言处理工程应用中，语料预处理大概会占到整个工作量的50%～70%，所以开发人员大部分时间就在进行语料预处理。可通过数据洗清、分词、词性标注、去停用词四个大的方面来完成语料的预处理工作。

（1）数据清洗

数据清洗，是保留有用的数据，删除噪音数据，包括对于原始文本提取标题、摘要、正文等信息，对于爬取的网页内容，去除广告、标签、HTML、JS 代码和注释等。由于当前能获取到的数据中，超过 80%的是非结构化的，因此数据清洗是必不可少的。常见的语料清洗方式有：人工去重、对齐、删除和标注等。

（2）分词操作

分词操作是将文本分成词语。中文语料数据有短文本形式，比如句子、文章摘要、段落等；或者是长文本形式，如整篇文章组成的一个集合。一般来说，句子和段落之间的字、词语是连续的，有一定含义。而进行文本挖掘分析时，通常希望文本处理的最小单位粒度是词或者词语，所以这个时候就需要分词操作来将文本全部切分成词语。

常见的分词算法有：基于字符串匹配的分词方法、基于理解的分词方法、基于统计的分词方法和基于规则的分词方法，每种方法下面对应许多具体的算法。

当前中文分词算法的主要难点有歧义识别和新词识别，比如，“羽毛球拍卖完了”，可以切分成“羽毛/球拍/卖完/了”，也可切分成“羽毛球/拍卖/完/了”，如果不依赖上下文其他的句子，恐怕很难知道如何去理解。

（3）词性标注

词性标注就是给词语标上词类标签，比如名词、动词、形容词等，这是一个经典的序列标注问题。词性标注可以为后续的文本处理融入更多有用的语言信息，在情感分析、知识推理场景中是非常必要的。

常见的词性标注方法有基于规则的、基于统计的方法。其中基于统计的方法有基于最大熵的词性标注、基于统计最大概率输出词性和基于 HMM（Hidden Markov Model，隐马尔可夫模型）的词性标注。

（4）去停用词

停用词一般指对文本特征没有任何贡献作用的字词，比如标点符号、语气、人称等一些词。在信息检索中，为节省存储空间和提高搜索效率，在处理自然语言数据（或文本）之前或之后会自动过滤掉某些字或词，这些字或词即被称为 Stop Words（停用词）。在一般性的文本处理中，分词之后，接下来一步就是去停用词。但是对于中文来说，去停用词操作不是一成不变的，停用词词典是根据具体场景来决定的，比如，在情感分析中，语气词、感叹号是应该保留的，因为它们对表示语气程度、感情色彩有一定的贡献和意义。

第三步：特征工程

做完语料预处理之后，接下来需要考虑如何把分词之后的字和词语表示成计算机能够计算的类型。显然，如果要计算，我们至少需要把中文分词的字符串转换成数字，确切地说应该是数学中的向量。词袋模型和词向量分别是两种常用的表示模型。

词袋模型（Bag Of Word，BOW），即不考虑词语原本在句子中的顺序，直接将每一个词语或者符号统一放置在一个集合（如 list），然后按照计数的方式对出现的次数进行统计。统计词频这只是最基本的方式，TF-IDF 是词袋模型的一个经典用法。

词向量是将字、词语转换成向量矩阵的计算模型。目前为止最常用的词表示方法是 One-hot，这种方法把每个词表示为一个很长的向量。这个向量的维度是词表大小，其中绝大多数元素为 0，只有一个维度的值为 1，这个维度就代表了当前的词。Google 团队的 Word2Vec，是当前非常流行的词向量模型。

第四步：特征选择

在一个实际问题中，构造好的特征向量，是要选择合适的、表达能力强的特征。文本特征一般都是词语，具有语义信息，使用特征选择能够找出一个特征子集，其仍然可以保留语义信息；但通过特征提取找到的特征子空间，将会丢失部分语义信息。所以特征选择是一个很有挑战的过程，更多地依赖于经验和专业知识，并且有很多现成的算法来进行特征的选择。

第五步：模型训练

选择好特征后，需要进行模型选择，即选择怎样的模型进行训练。常用的模型有机器学习模型，如 KNN、SVM、Naive Bayes、决策树、K-means、GBDT 等；也可以采用深度学习模型，如 RNN、CNN、LSTM、Seq2Seq、FastText、TextCNN 等。其中谷歌在 2018 年发布了 BERT 模型，在机器阅读理解顶级水平测试 SQuAD1.1 中表现出惊人的成绩，在全部两个衡量指标上全面超越人类。可以预见的是，BERT 将为自然语言处理带来里程碑式的改变，也是 NLP 领域近期最重要的进展。

第六步：模型训练

当选择好模型后，则进行模型训练，其中包括了模型微调等。在模型训练的过程中要注意过拟合、欠拟合问题，不断提高模型的泛化能力。如果使用了神经网络进行训练，要防止出现梯度消失和梯度爆炸问题。

过拟合问题指的是模型学习能力太强，以至于把噪声数据的特征也学习到了，导致模型泛化能力下降，在训练集上表现很好，但是在测试集上表现很差。常见的解决方法有增大训练数据的数量、增加正则化项、人工筛选特征、使用特征选择算法、采用 Dropout 方法等。

欠拟合问题指的是模型不能够很好地拟合数据，表现在模型过于简单。常见的解决方法有：添加其他特征项；增加模型复杂度，比如神经网络加更多的层、线性模型通过添加多项式，使模型泛化能力更强；减少正则化参数，正则化是用来防止过拟合的，但是现在模型出现了欠拟合，则需要减少正则化参数。

第七步：模型评估

为了让训练好的模型对语料具备较好的泛化能力，在模型上线之前还要进行必要的评估。模型的评价指标主要有错误率、精准度、准确率、召回率、F1 值、ROC 曲线、AUC 曲线等，这里不展开描述。

4.1.3　自然语言处理中的难点

无论实现自然语言理解，还是自然语言生成，都远不是人们原来想象得那么简单。从现有的理论和技术现状看，通用的、高质量的自然语言处理系统，仍然是较长期的努力目标。造成困难的根本原因是，自然语言文本和对话的各个层次上广泛存在各种各样的歧义性或多义性（Ambiguity）。

一个中文文本从形式上看是由汉字（包括标点符号等）组成的一个字符串。由字可组成词，由词可组成词组，由词组可组成句子，进而由一些句子组成段、节、章、篇。无论在上述的各种层次：字（符）、词、词组、句子、段等，还是在下一层次向上一层次转变中，都存在着歧义和多义现象，即形式上一样的一段字符串，在不同的场景或不同的语境下，可以理解成不同的词串、词组串等，并有不同的意义。一般情况下，它们中的大多数都是可以根据相应的语境和场景的规定而得到解决的，即从总体上说，并不存在歧义。因此人们在平时并不感到自然语言歧义，能用自然语言进行正确交流。为了消解歧义，需要大量的知识并进行推理。如何将这些知识较完整地加以收集和整理出来？又如何找到合适的形式，将它们存入计算机系统中去？以及如何有效地利用它们来消除歧义？都是工作量极大且十分困难的工作。这不是少数人短时期内可以完成的，还有待长期的、系统的工作。

一个中文文本或一个汉字串（含标点符号等）可能有多个含义，它是自然语言理解中的主要困难和障碍。反过来，一个相同或相近的意义同样可以用多个中文文本或多个汉字串来表示。因此，自然语言的形式（字符串）与其意义之间是一种多对多的关系，这也正是自然语言的魅力所在。但从计算机处理的角度看，必须消除歧义，即要把带有潜在歧义的自然语言输入转换成某种无歧义的计算机内部表示，这正是自然语言理解中的中心问题。

歧义现象的广泛存在使得消除它们需要大量的知识和推理，这就给基于语言学的方法、基于知识的方法带来了巨大的困难，因而几十年来以这些方法为主流的自然语言处理研究，一方面在理论和方法方面取得了很多成就，但在处理大规模真实文本的系统研制方面，成绩并不显著。研制的一些系统大多数是小规模的、研究性的演示系统。

目前存在的问题有两个方面：一方面，迄今为止的语法都限于分析一个孤立的句子，上下文关系和谈话环境对本句的约束和影响还缺乏系统的研究，因此分析歧义、词语省略、代词所指、同一句话在不同场合或由不同的人说出来所具有的不同含义等问题，尚无明确规律可循，需要加强语用学的研究才能逐步解决。另一方面，人理解一个句子不是单凭语法，还运用了大量的有关知识，包括生活知识和专门知识，这些知识无法全部储存在计算机里。因此一个书面理解系统只能建立在有限的词汇、句型和特定的主题范围内；计算机的储存量和运转速度大大提高之后，才有可能适当扩大范围。

译文质量是机译系统成败的关键，但上述问题成为自然语言理解在机器翻译应用中的主要难题，导致了当今机器翻译系统的译文质量离理想目标仍相差甚远。中国数学家、语言学家周海中教授曾在经典论文《机器翻译五十年》中指出：要提高机译的质量，首先要解决的是语言本身的问题而不是程序设计问题；单靠若干程序来做机译系统，肯定是无法提高机译质量的；另外，在人类尚未明了大脑是如何进行语言的模糊识别和逻辑判断的情况下，机译要想达到“信、达、雅”的程度是不可能的。

自然语言中有很多含糊的语词，比如“如果张军来到了无锡，就请他吃饭”“咬死了猎人的狗”，在理解的时候都容易产生歧义。下面列举几个常见的歧义及模糊。

1. 词法分析歧义

例如：给毕业和尚未毕业的同学。

给/毕业/和尚/未毕业的同学。

给/毕业/和/尚未/毕业的同学。

这里的“和”字就可能有多种搭配方式。这时就需要分词（Word Segmentation）技术，将连续的自然语言文本，切分成具有语义合理性和完整性的词汇序列。

2. 语法分析歧义

例如：咬死了猎人的狗。

咬死了/猎人的狗。

咬死了猎人/的狗。

这显然是句法结构的层次划分的不同造成的，两个理解具有不同的句法结构，因此是一个标准的句法问题，需要结合上下文才能进一步划分。当然，类似于“咬死了猎人的鸡”和“咬死了猎人的老虎”等句子，在理解的时候就很少会有歧义了。

3. 语义分析歧义

例如：开刀的是他父亲。

（接受）开刀的是他父亲。

（主持）开刀的是他父亲。

上述两种理解方式显然有很大的差异，这是由语义不明确造成的歧义。通常需要在上下文中提供更多的相关知识，才能消除歧义。

4. 指代不明歧义

例如：今天晚上10点有国足的比赛，他们的对手是泰国队。在过去几年跟泰国队的较量中，他们处于领先，只有一场惨败1∶5。

指代消解要做的就是分辨文本中的“他们”指的到底是“国足”还是“泰国队”。在本例中，“他们”比较明确，指的是国足，将“他们”用“国足”代入即可。

但也可能会碰到下面的情况：

小王回到宿舍，发现老朱和他的朋友坐在那里聊天。

这句话中的“他”很难辨别，这就是指代不明引起的歧义。

5. 新词识别

例如，实体词“捉妖记”，旧词“吃鸡”。

命名实体（人名、地名）、新词，专业术语称为未登录词，也就是那些在分词词典中没有收录，但又确实能称为词的那些词。最典型的是人名，人可以很容易理解。在句子“王军虎去广州了”中，“王军虎”是个词，因为是一个人的名字，但要是让计算机去识别就困难了。如果把“王军虎”作为一个词收录到字典中去，全世界有那么多名字，而且每时每刻都有新增的人名，收录这些人名本身就是一项既不划算又耗资巨大的工程。即使这项工作可以完成，还是会存在问题的，例如，在句子“王军虎头虎脑的”中，“王军虎”还能不能算词？除了人名，还有机构名、地名、产品名、商标名、简称、省略语等都是很难处理的问题，而且这些又正好是人们经常使用的词，因此，对于搜索引擎来说，分词系统中的新词识别十分重要。新词识别准确率已经成为评价一个分词系统好坏的重要标志之一。

6. 有瑕疵的或不规范的输入

例如，语音处理时遇到外国口音或地方口音；或者在文本的处理中处理拼写、语法或者光学字符识别（OCR）的错误。

7. 语言行为与计划的差异

句子常常并不只是字面上的意思，例如，“你能把盐递过来吗”，一个好的回答应当是把盐递过去；在大多数上下文环境中，“能”将是糟糕的回答，虽说回答“不”或者“太远了我拿不到”也是可以接受的。再者，如果一门课程在去年没开设，对于提问“这门课程去年有多少学生没通过？”回答“去年没开这门课”要比回答“没人没通过”好。

4.2 自然语言处理的应用

自然语言处理在机器翻译、垃圾邮件分类、信息抽取、文本情感分析、智能问答、个性化推荐、知识图谱、文本分类、自动摘要、话题推荐、主题词识别、知识库构建、深度文本表示、命名实体识别、文本生成、语音识别与合成等方面都有着很好的应用，如图 4-1 所示。

4.2.1 机器翻译

机器翻译（Machine Translation）是指运用机器，通过特定的计算机程序将一种书写形式或声音形式的自然语言，翻译成另一种书写形式或声音形式的自然语言。机器翻译是一门交叉学科（边缘学科），组成它的三门子学科分别是计算机语言学、人工智能和数理逻辑，各自建立在语言学、计算机科学和数学的基础之上。

目前，文本翻译最为主流的工作方式依然是以传统的统计机器翻译和神经网络翻译为主。Google、Microsoft 与国内的百度、有道等公司都为用户提供了免费的在线多语言翻译系统。速度快、成本低是文本翻译的主要特点，而且应用广泛，不同行业都可以采用相应的专业翻译。但是，这一翻译过程是机械的和僵硬的，在翻译过程中会出现很多语义语境上的问题，仍然需要人工翻译来进行补充。

语音翻译可能是目前机器翻译中比较富有创新意识的领域，目前百度、科大讯飞、搜狗推出的机器同传技术主要在会议场景出现，演讲者的语音实时转换成文本，并且进行同步翻译，低延迟显示翻译结果，希望在将来能够取代人工同传，使人们以较低成本实现不同语言之间的有效交流。

图像翻译也有不小的进展。谷歌、微软、Facebook 和百度均拥有能够让用户搜索或者自动整理没有识别标签照片的技术。除此之外，还有视频翻译和 VR 翻译也在逐渐应用中，但是目前的应用还不太成熟。

4.2.2 垃圾邮件分类

当前，垃圾邮件过滤器已成为抵御垃圾邮件问题的第一道防线。但是人们在使用电子邮件时还是会遇到如下一些问题：不需要的电子邮件仍然被接收，或者重要的电子邮件被过滤掉。事实上，判断一封邮件是否是垃圾邮件，首先用到的方法是“关键词过滤”，如果邮件存在常见的垃圾邮件关键词，就判定为垃圾邮件。但这种方法效果很不理想，首先是正常邮件中也可能有这些关键词，非常容易误判；二是垃圾邮件也会进化，通过将关键词进行变形，很容易规避关键词过滤。

自然语言处理通过分析邮件中的文本内容，能够相对准确地判断邮件是否为垃圾邮件。目前，贝叶斯（Bayesian）垃圾邮件过滤是备受关注的技术之一，它通过学习大量的垃圾邮件和非垃圾邮件，收集邮件中的特征词生成垃圾词库和非垃圾词库，然后根据这些词库的统计频数计算邮件属于垃圾邮件的概率，以此来进行判定。

4.2.3　信息抽取

信息抽取（Information Extraction，IE）是把文本里包含的信息进行结构化处理，变成表格一样的组织形式。输入信息抽取系统的是原始文本，输出的是固定格式的信息点。信息点从各种各样的文档中被抽取出来，然后以统一的形式集成在一起，这就是信息抽取的主要任务。信息以统一的形式集成在一起的好处是方便检查和比较。信息抽取技术并不试图全面理解整篇文档，只是对文档中包含相关信息的部分进行分析，至于哪些信息是相关的，那将由系统设计时规定的领域范围而定。

互联网是一个特殊的文档库，同一主题的信息通常分散存放在不同网站上，表现的形式也各不相同。利用信息抽取技术，可以从大量的文档中抽取需要的特定事实，并用结构化形式储存。优秀的信息抽取系统将把互联网变成巨大的数据库。例如在金融市场上，许多重要决策正逐渐脱离人类的监督和控制，基于算法的交易正变得越来越流行，这是一种完全由技术控制的金融投资形式。由于很多决策都受到新闻的影响，因此需要用自然语言处理技术来获取这些明文公告，并以一种可被纳入算法交易决策的格式提取相关信息。例如，公司之间合并的消息可能会对交易决策产生重大影响，将合并细节（包括参与者、收购价格）纳入到交易算法中，给决策者带来巨大的利润影响。

4.2.4　文本情感分析

文本情感分析又称意见挖掘、倾向性分析等。简单而言，是对带有情感色彩的主观性文本进行分析、处理、归纳和推理的过程。互联网（如博客和论坛以及社会服务网络如大众点评）上产生了大量的用户参与的，对于诸如人物、事件、产品等有价值的评论信息。这些评论信息表达了人们的各种情感色彩和情感倾向性，如喜、怒、哀、乐，或批评、赞扬等。基于这些因素，网络管理员可以通过浏览这些主观色彩的评论来了解大众舆论对于某一事件的看法；企业可以分析消费者对产品的反馈信息，或者检测在线评论中的差评信息等。

4.2.5　智能问答

随着互联网的快速发展，网络信息量不断增加，人们需要获取更加精确的信息。传统的搜索引擎技术已经不能满足人们越来越高的需求，而智能问答技术成为了解决这一问题的有效手段。智能问答系统以一问一答形式，精确地定位网站用户所需要的提问知识，通过与网站用户进行交互，为网站用户提供个性化的信息服务。

智能问答系统在回答用户问题时，首先要正确理解用户所提出的问题，抽取其中关键的信息，在已有的语料库或者知识库中进行检索、匹配，将获取的答案反馈给用户。这一过程涉及了包括词法句法语义分析的基础技术，以及信息检索、知识工程、文本生成等多项技术。

根据目标数据源的不同，问答技术大致可以分为检索式问答、社区问答以及知识库问答三种。检索式问答和社区问答的核心是浅层语义分析和关键词匹配，而知识库问答则正在逐步实现知识的深层逻辑推理。

4.2.6 个性化推荐

个性化推荐是根据用户的兴趣特点和购买行为，向用户推荐用户感兴趣的信息和商品的。现在的应用领域更为广泛，比如今日头条的新闻推荐，购物平台的商品推荐，直播平台的主播推荐，知乎上的话题推荐等。

在电子商务方面，推荐系统依据大数据和历史行为记录，提取出用户的兴趣爱好，预测出用户对给定物品的评分或偏好，实现对用户意图的精准理解，同时对语言进行匹配计算，实现精准匹配。再利用电子商务网站向客户提供商品信息和建议，帮助用户决定应该购买什么产品，模拟销售人员帮助客户完成购买过程。

在新闻服务领域，通过用户阅读的内容、时长、评论等偏好，以及社交网络甚至是所使用的移动设备型号等，综合分析用户所关注的信息源及核心词汇，进行专业的细化分析，从而进行新闻推送，实现新闻的个人定制服务，最终提升用户黏性。

4.3 知识图谱及其应用

4.3.1 知识图谱的概念

知识图谱（Knowledge Graph），在图书情报界称为知识域可视化或知识领域映射地图，是显示知识发展进程与结构关系的一系列不同的图形，用可视化技术描述知识资源及其载体，挖掘、分析、构建、绘制和显示知识及它们之间的相互联系，如图 4-2 所示。

具体来说，知识图谱是通过将应用数学、图形学、信息可视化技术、信息科学等学科的理论和方法，与计量学引文分析、共现分析等方法结合，并利用可视化的图谱，形象地展示学科的核心结构、发展历史、前沿领域及整体知识架构，达到多学科融合目的的现代理论。它把复杂的知识领域通过数据挖掘、信息处理、知识计量和图形绘制而显示出来，揭示知识领域的动态发展规律，为学科研究提供切实的、有价值的参考。迄今为止，其实际应用在发达国家已经逐步拓展并取得了较好的效果，但在我国仍属研究的起步阶段。

谷歌的知识图谱首先应用在搜索引擎上，有着一些特性。即：用户搜索次数越多，范围越广，搜索引擎就能获取越多信息和内容；赋予字串新的意义，而不只是单纯的字串；融合了所有的学科，以便于用户搜索时的连贯性；为用户找出更加准确的信息，做出更全面的总结，并提供更有深度的相关信息；把与关键词相关的知识体系系统化地展示给用户；用户只需登录 Google 旗下 60 多种在线服务中的一种，就能获取在其他服务上保留的信息和数据；Google 从整个互联网汲取有用的信息，让用户能够获得更多相关的公共资源。

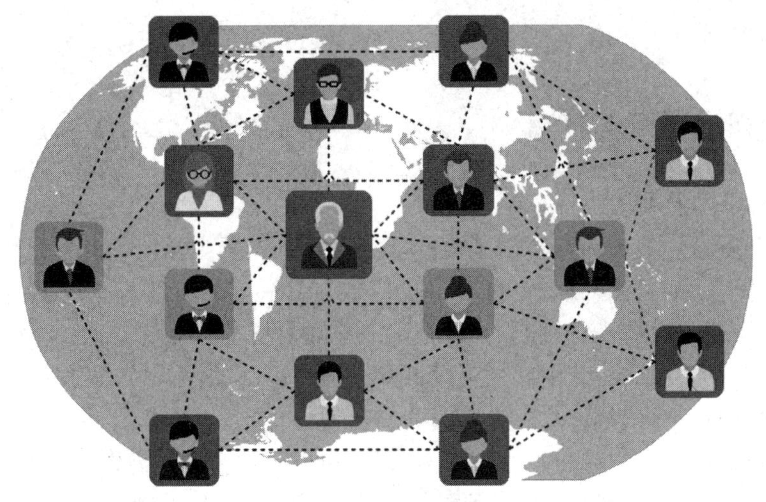

图 4-2　知识图谱

谷歌公司的 Knowledge Graph 从以下三方面提升 Google 搜索效果。

1. 找到最想要的信息

用户的语言很可能是模棱两可的，即一个搜索请求可能代表多重含义，知识图谱会将信息全面展现出来，让用户找到自己最想要的那种含义。现在，Google 能够理解这其中的差别，并可以将搜索结果范围缩小到用户最想要的那种含义。

2. 提供最全面的摘要

有了知识图谱，Google 可以更好地理解用户搜索的信息，并总结出与搜索话题相关的内容。例如，当用户搜索“玛丽·居里”时，不仅可看到居里夫人的生平信息，还能获得关于其教育背景和科学发现方面的详细介绍，如图 4-3 所示。此外，知识图谱也会帮助用户了解事物之间的关系。

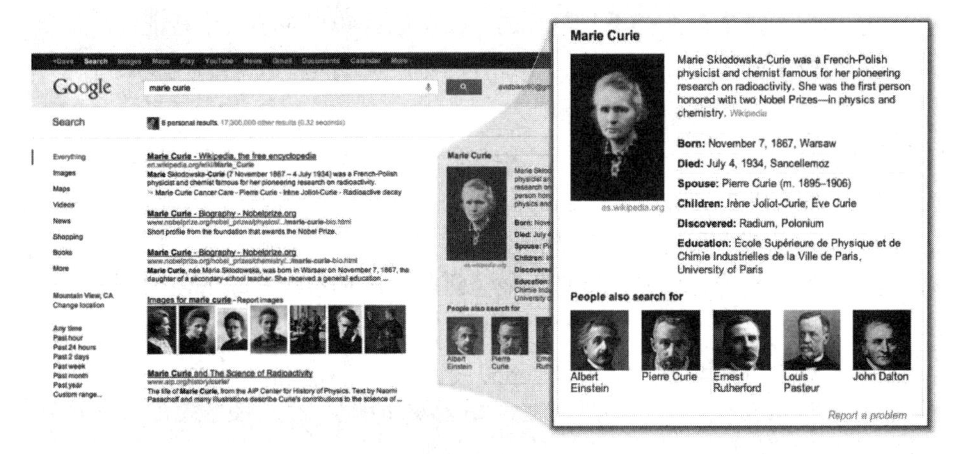

图 4-3　谷歌知识图谱举例

3. 让搜索更有深度和广度

由于知识图谱构建了一个与搜索结果相关的完整的知识体系，所以用户往往会获得意想不到的发现。在搜索中，用户可能会了解到某个新的事实或新的联系，促使其进行一系列的全新搜索查询。

4.3.2 知识图谱的特点

1. 知识图谱无处不在

说到人工智能技术，人们首先会联想到深度学习、机器学习技术；谈到人工智能应用，人们很可能会马上想起语音助理、自动驾驶等，各行各业都在研发底层技术和寻求 AI 场景，却忽视了当下最时髦也很重要的 AI 技术——知识图谱。

当我们进行搜索时，搜索结果右侧的联想，来自于知识图谱技术的应用。我们几乎每天都会接收到各种各样的推荐信息，从新闻、购物到吃饭、娱乐。

个性化推荐作为一种信息过滤的重要手段，可以依据我们的习惯和爱好推荐合适的服务，也来自于知识图谱技术的应用。搜索、地图、个性化推荐、互联网、风控、银行……越来越多的应用场景，都越来越依赖知识图谱。

2. 知识图谱与人工智能的关系

知识图谱用节点和关系所组成的图谱，为真实世界的各个场景直观地建模。通过不同知识的关联性形成一个网状的知识结构，对机器来说就是图谱。

形成知识图谱的过程本质是在建立认知、理解世界、理解应用的行业或者说领域。每个人都有自己的知识面，或者说知识结构，本质就是不同的知识图谱。正是因为有获取和形成知识的能力，人类才可以不断进步。

知识图谱对于人工智能的重要价值在于，知识是人工智能的基石。机器可以模仿人类的视觉、听觉等感知能力，但这种感知能力不是人类的专属，动物也具备感知能力，甚至某些感知能力比人类更强，比如，狗的嗅觉。

而认知及语言是人类区别于其他动物的能力，同时，知识也使人类不断地进步，不断地凝练、传承知识，是推动人类不断进步的重要基础。知识对于人工智能的价值就在于，让机器具备认知能力。构建知识图谱这个过程的本质，就是让机器形成认知能力，去理解这个世界。

3. 图数据库

知识图谱的图存储在图数据库（Graph Database）中，图数据库以图论为理论基础，图论中图的基本元素是节点和边，在图数据库中对应的就是节点和关系。用节点和关系所组成的图，为真实世界直观地建模，支持百亿量级甚至千亿量级规模的巨型图的高效关系运算和复杂关系分析。

目前市面上较为流行的图数据库有 Neo4j、Orient DB、Titan、Flock DB、Allegro Graph 等。不同于关系型数据库，一修改便容易“牵一发而动全身”，图数据库可实现数据间的“互联互通”。与传统的关系型数据库相比，图数据库更擅长建立复杂的关系网络。

图数据库将原本没有联系的数据连通，将离散的数据整合在一起，从而提供更有价值的决策支持。

4. 知识图谱的价值

知识图谱用节点和关系所组成的图谱，为真实世界的各个场景直观地建模，运用“图”

这种基础性、通用性的“语言”，“高保真”地表达这个多姿多彩世界的各种关系，并且非常直观、自然、直接和高效，不需要中间过程的转换和处理——这种中间过程的转换和处理，往往把问题复杂化，或者遗漏掉很多有价值的信息。

在风控领域中，知识图谱产品为精准揭露“欺诈环”、“窝案”、“中介造假”、“洗钱”和其他复杂的欺诈手法，提供了新的方法和工具。尽管没有完美的反欺诈措施，但通过超越单个数据点并让多个节点进行联系，仍能发现一些隐藏信息，找到欺诈者的漏洞，通常这些看似正常不过的联系（关系），常常被我们忽视，但又是最有价值的反欺诈线索和风险突破口。

尽管各个风险场景的业务风险不同，其欺诈方式也不同，但都有一个非常重要的共同点——欺诈依赖于信息不对称和间接层，且它们可以通过知识图谱的关联分析被揭示出来，高级欺诈也难以“隐身”。

凡是有关系的地方都可以用到知识图谱，事实上，知识图谱已经成功俘获了大量客户，且客户数量和应用领域还在不断增长中，包括沃尔玛、领英、阿迪达斯、惠普、FT 金融时报等知名企业和机构。

目前知识图谱产品的客户行业，分类主要集中在：社交网络、人力资源与招聘、金融、保险、零售、广告、物流、通信、IT、制造业、传媒、医疗、电子商务和物流等领域。在风控领域中，知识图谱类产品主要应用于反欺诈、反洗钱、互联网授信、保险欺诈、银行欺诈、电商欺诈、项目审计作假、企业关系分析、罪犯追踪等场景中。

相比传统数据存储和计算方式，知识图谱的优势显现在以下几个方面。

（1）关系的表达能力强

传统数据库通常通过表格、字段等方式进行读取，而关系的层级及表达方式多种多样，且基于图论和概率图模型，可以处理复杂多样的关联分析，满足企业各种角色关系的分析和管理需要。

（2）像人类思考一样去做分析

基于知识图谱的交互探索式分析，可以模拟人的思考过程去发现、求证、推理，业务人员自己就可以完成全部过程，不需要专业人员的协助。

（3）知识学习

利用交互式机器学习技术，支持根据推理、纠错、标注等交互动作的学习功能，不断沉淀知识逻辑和模型，提高系统智能性，将知识沉淀在企业内部，降低对经验的依赖。

（4）高速反馈

图式的数据存储方式，相比传统存储方式，数据调取速度更快，图库可计算超过百万潜在的实体的属性分布，可实现秒级返回结果，真正实现人机互动的实时响应，让用户可以做到即时决策。

5. 知识图谱的主要技术

（1）知识建模

知识建模，即为知识和数据进行抽象建模，主要包括以下 5 个步骤：

- 以节点为主体目标，实现对不同来源的数据进行映射与合并（确定节点）。
- 利用属性来表示不同数据源中针对节点的描述，形成对节点的全方位描述（确定节点属性、标签）。

- 利用关系来描述各类抽象建模成节点的数据之间的关联关系，从而支持关联分析（图设计）。
- 通过节点链接技术，实现围绕节点的多种类型数据的关联存储（节点链接）。
- 使用事件机制描述客观世界中动态发展，体现事件与节点间的关联，并利用时序描述事件的发展状况（动态事件描述）。

（2）知识获取

从不同来源、不同结构的数据中进行知识提取，形成知识再存入到知识图谱，这一过程我们称为知识获取。针对不同种类的数据，会利用不同的技术进行提取：

- 从结构化数据库中获取知识——D2R。难点在于复杂表数据的处理。
- 从链接数据中获取知识——图映射。难点在于数据对齐。
- 从半结构化（网站）数据中获取知识——使用包装器。难点在于方便的包装器定义方法，包装器自动生成、更新与维护。
- 从文本中获取知识——信息抽取。难点在于结果的准确率与覆盖率。

（3）知识融合

如果知识图谱的数据源来自不同数据结构的数据源，在系统已经从不同的数据源把不同结构的数据提取知识之后，接下来要做的是把它们融合成一个统一的知识图谱，这时候需要用到知识融合的技术（如果知识图谱的数据均为结构化数据，或某种单一模式的数据结构，则无须用到知识融合技术）。

知识融合主要分为数据模式层融合和数据层融合，分别用到如下技术。

- 数据模式层融合：概念合并、概念上下位关系合并、概念的属性定义合并。
- 数据层融合：节点合并、节点属性融合、冲突检测与解决（如某一节点的数据来源有豆瓣短文、数据库、网页爬虫等，需要将不同数据来源的同一节点进行数据层的融合）。

由于行业知识图谱的数据模式通常采用自顶向下（由专家创建）和自底向上（从现有的行业标准转化，从现有高质量数据源（如百科）转化）结合的方式，在模式层基本都经过人工的校验，保证了可靠性，因此，知识融合的关键任务在数据层的融合。

（4）知识存储

图谱的数据存储既需要完成基本的数据存储，同时也要能支持上层的知识推理、知识快速查询、图实时计算等应用，因此，需要存储以下信息：三元组（由开始节点、关系、结束节点三个元素组成）知识的存储、事件信息的存储、时态信息的存储、使用知识图谱组织的数据的存储。

其关键技术和难点就在于：

- 大规模三元组数据的存储。
- 知识图谱组织的大数据的存储。
- 事件与时态信息的存储。
- 快速推理与图计算的支持。

（5）知识计算

知识计算主要是在知识图谱中知识和数据的基础上，通过各种算法，发现其中显式的或隐含的知识、模式或规则等，知识计算的范畴非常大，主要牵涉以下三个方面。

- 图挖掘计算：基于图论的相关算法，实现对图谱的探索和挖掘。

- 本体推理：使用本体推理进行新知识发现或冲突检测。
- 基于规则的推理：使用规则引擎，编写相应的业务规则，通过推理辅助业务决策。

（6）图挖掘和图计算

知识图谱之上的图挖掘和计算主要分为以下 6 类：

- 图遍历，知识图谱构建完之后可以理解为是一张很大的图，即怎么去查询遍历这个图呢？要根据图的特点和应用的场景进行遍历。
- 图里面经典的算法，如最短路径。
- 路径的探寻，即给定两个实体或多个实体去发现它们之间的关系。
- 权威节点的分析，这在社交网络分析中用得比较多。
- 族群分析。
- 相似节点的发现。

4.3.3 知识图谱的应用

知识图谱的应用场景很多，除了问答、搜索和个性化推荐，在不同行业不同领域也有广泛应用，以下列举几个目前比较常见的应用场景。

1. 信用卡申请反欺诈图谱

银行信用卡的申请欺诈包括个人欺诈、团伙欺诈、中介包装、伪冒资料等，是指申请者使用本人身份或他人身份或编造、伪造虚假身份进行申请信用卡、申请贷款、透支欺诈等欺诈行为。

欺诈者一般会共用合法联系人的一部分信息，如电话号码、联系地址、联系人手机号等，并通过它们的不同组合创建多个合成身份。比如，3 个人仅通过共用电话和地址两个信息，可以合成 9 个假名身份，每个合成身份假设有 5 个账户，总共约 45 个账户。假设每个账户的信用等级为 20 000 元，那么银行的损失可能高达 900 000 元。由于拥有共用的信息，欺诈者通过这些信息构成欺诈环。

2. 企业知识图谱

目前金融证券领域，应用主要侧重于企业知识图谱。企业数据包括：企业基础数据、投资关系、任职关系、企业专利数据、企业招投标数据、企业招聘数据、企业诉讼数据、企业失信数据、企业新闻数据等。

利用知识图谱融合以上企业数据，可以构建企业知识图谱，并在企业知识图谱之上利用图谱的特性，针对金融业务场景有一系列的图谱应用，举例如下。

- 企业风险评估：基于企业的基础信息、投资关系、诉讼、失信等多维度关联数据，利用图计算等方法构建科学、严谨的企业风险评估体系，有效规避潜在的经营风险与资金风险。
- 企业社交图谱查询：基于投资、任职、专利、招投标、涉诉关系以目标企业为核心向外层层扩散，形成一个网络关系图，直观立体地展现企业关联信息。
- 企业最终控制人查询：基于股权投资关系寻找持股比例最大的股东，最终追溯至某自然人或国有资产管理部门。

- 企业之间路径发现：在基于股权、任职、专利、招投标、涉诉等关系形成的网络关系中，查询企业之间的最短关系路径，衡量企业之间的联系密切度。
- 初创企业融资发展历程：基于企业知识图谱中的投融资事件发生的时间顺序，记录企业的融资发展历程。
- 上市企业智能问答：用户可以通过输入自然语言问题，系统直接给出用户想要的答案。

3. 交易知识图谱

金融交易知识图谱在企业知识图谱之上，增加交易客户数据、客户之间的关系数据及交易行为数据等，利用图挖掘技术，包括很多业务相关的规则，来分析实体与实体之间的关联关系，最终形成金融领域的交易知识图谱。

在银行交易反欺诈方面，可以从身份证、手机号、设备指纹、IP 等多重维度对持卡人的历史交易信息进行自动化关联分析，关联分析出可疑人员和可疑交易。

4. 反洗钱知识图谱

对于反洗钱或电信诈骗场景，知识图谱可精准追踪卡卡间的交易路径，从源头的账户、卡号、商户等关联至最后收款方，识别洗钱、套现路径和可疑人员，并通过可疑人员的交易轨迹，层层关联，分析得到更多可疑人员、账户、商户或卡号等实体。

5. 信贷/消费贷知识图谱

对于互联网信贷、消费贷、小额现金贷等场景，知识图谱可从身份证、手机号、紧急联系人手机号、设备指纹、家庭地址、办公地址、IP 等多重维度对申请人的申请信息，进行自动化关联分析，通过关系并结合规则，识别图中异常信息，有效判别申请人信息的真实性和可靠性。

6. 内控知识图谱

在内控场景的经典案例里，中介人员通过制造或利用对方信息的不对称，将企业存款从银行偷偷转移，在企业负责人不知情的情况下，中介已把企业存在银行的全部存款转移并消失不见。通过建立企业知识图谱，可将信息实时互通，发现一些隐藏信息，寻找欺诈漏洞，找出资金流向。

☆ 自然语言处理体验：用户评价情感分析

1. 项目描述

小芳是公司的产品设计师，她非常关心用户对产品的体验，因此，常常去网上翻论坛看帖子。她希望有一款工具，能自动分析论坛上对产品的评价是正面的还是负面的。当然她也知道，论坛上的产品评价，目前还是需要别人通过爬虫来抓取的。因此，目前的需求是能对一段产品评价做出情感分析，比如，“客服还不错，东东用起来很方便，就是物流非常慢”，先肯定优点，后面转折指出问题，这是负面评价吗？

本项目将利用百度人工智能开放平台进行文字情感分析。

项目实施的详细过程可以通过扫描二维码，观看具体操作过程的讲解视频。

项目准备　附录 A-2 注册人工智能开放平台

NLP 体验用户评价情感分析

2. **相关知识**

体验要求：

- 网络通信正常。
- 环境准备：已安装 Spyder 等 Python 编程环境。
- SDK 准备：按照附录 A-1 的要求，安装过百度人工智能开放平台的 SDK。
- 账号准备：按照附录 A-1 的要求，注册过百度人工智能开放平台的账号。

3. **项目设计**

- 创建应用以获取应用编号 AppID、AK、SK。
- 准备一段文字。
- 在 Spyder 中新建情感分析项目 BaiduSentiment。
- 代码编写及编译运行。

4. **项目过程**

（1）创建应用以获取应用编号 AppID、AK、SK

① 本项目要用到情感分析，因此，单击自然语言处理标记，进入“创建应用”界面，如图 4-4 所示。

图 4-4　创建应用

② 单击“创建应用”按钮，进入“创建新应用”界面，如图 4-5 所示。

图 4-5　创建新应用

应用名称：情感倾向分析。

应用描述：我的语音识别。

其他选项采用默认值。

③ 单击“立即创建”按钮，进入如图 4-6 所示界面。

创建完毕

返回应用列表　查看应用详情　查看文档　下载SDK

图 4-6　创建完毕

单击“查看应用详情”按钮，可以看到 AppID 等 3 项重要信息，如表 4-1 所示。

表 4-1 应用详情

应用名称	AppID	API Key	Secret Key
文字识别	17339971	gtNLAL5FyOB44ftZB6ml6ZGw	*******显示

④ 记录下 AppID、API Key 和 Secret Key 的值。

（2）准备素材

进行情感分析时，读者可以准备文本文件，也可以直接准备一段文字。

（3）在 Spyder 中新建情感分析项目 BaiduSentiment

在 Spyder 开发环境中选择左上角的“File”→“New File”命令，新建项目文件，默认文件名为 untitled0.py。继续选择左上角的“File”→“Save as”命令，保存“BaiduSentiment.py”文件，文件路径可采用默认值。

（4）代码编写及编译运行

在代码编辑器中输入参考代码如下：

```
# 1. 从 aip 中导入相应自然语言处理模块 AipNlp
from aip import AipNlp

# 2.复制粘贴你的 AppID、AK、SK 等 3 个常量，并以此初始化对象
APP_ID = '17339971'
API_KEY = 'gtNLAL5FyOB44ftZB6ml6ZGw'
SECRET_KEY = 'ZynW7FHVLKkYPAyEtAeVqGBawU8biqj7'

client = AipNlp (APP_ID, API_KEY, SECRET_KEY)

# 3.字义数据
text = "客服还不错，东东用起来很方便，就是物流有点慢"

# 4.直接调用情感倾向分析接口，并输出结果
result =client.sentimentClassify (text);    # sentimentClassify 方法用于情感
                                              分类

# 5 输出处理结果
print (result)
```

5. 项目测试

单击工具栏中的▶按钮，在“IPython console”窗口中可以看到运行结果如图 4-7 所示。

```
In [1]: runfile('D:/Anaconda3/BaiduNLP.py', wdir='D:/Anaconda3')
{'log_id': 3171295799980993325, 'text': '客服还不错，东东用起来很方便，就是物流有点慢',
'items': [{'positive_prob': 0.902355, 'confidence': 0.783012, 'negative_prob':
0.0976448, 'sentiment': 2}]}
```

图 4-7 用户情感分析结果

positive_prob=0.902355，正面情感的概率达到 90%以上，表明用户的情感倾向是积极的。

6. 项目小结

本项目利用百度人工智能开放平台实现了情感的功能。除了 sentimentClassify 方

法，读者还可以尝试调用自然语言处理中的其他方法，了解自然语言处理的更多开放功能。

如果将“就是物流有点慢”改成“就是物流非常慢”，再看一下会是什么结果呢？事实上，我们将可以得到如图 4-8 所示的输出结果。

```
In [3]: runfile('D:/Anaconda3/BaiduNLP.py', wdir='D:/Anaconda3')
{'log_id': 371970706797134973, 'text': '客服还不错，东东用起来很方便，就是物流非常慢',
'items': [{'positive_prob': 0.84856, 'confidence': 0.663467, 'negative_prob':
0.15144, 'sentiment': 2}]}
```

图 4-8　调整文本输出结果

positive_prob=0.84856，表明这时用户的情感倾向仍然是积极的，但是相对上一段评价而言，积极程度有所变弱。

项目 4　客户意图理解

1. 项目描述

在对话系统中，需要理解客户的意图，并从知识库中搜索出最适合的答案，回复给客户。其中最困难的就是对客户的意图进行理解，因为如果连客户的意图都不能理解，就更谈不上正确回答了。本次项目将利用百度智能对话系统定制平台 UNIT（Understanding and Interaction Technology），进行天气查询系统中的用户意图识别。

项目实施的详细过程可以通过扫描二维码，观看具体操作过程的讲解视频。

项目准备　附录 A-2 注册人工智能开放平台

项目 4 客户意图理解

2. 相关知识

项目要求：

- 网络通信正常。
- 环境准备：安装 Spyder 等 Python 编程环境。
- SDK 准备：按照附录 A-2 的要求，安装过百度人工智能开放平台的 SDK。
- 账号准备：按照附录 A-2 的要求，注册过百度人工智能开放平台的账号。

3. 项目设计

创建一个简单的对话技能，如天气查询，需要以下 4 个步骤。

- 创建技能。
- 配置意图及词槽。
- 配置训练数据。
- 训练模型。

4. 项目过程

（1）创建技能

在地址栏中输入 https://ai.baidu.com/unit/home，打开网页，单击“进入 UNIT”按钮，注册成为百度 UNIT 开发者。注册完成后，单击“我的技能”→“新建技能”命令创建自己的技能，如图 4-9 所示。

图 4-9　创建我的技能

然后在打开的图 4-10 中选择“对话技能”→“下一步”按钮，取名为“查天气”。单击【创建技能】按钮完成技能创建。

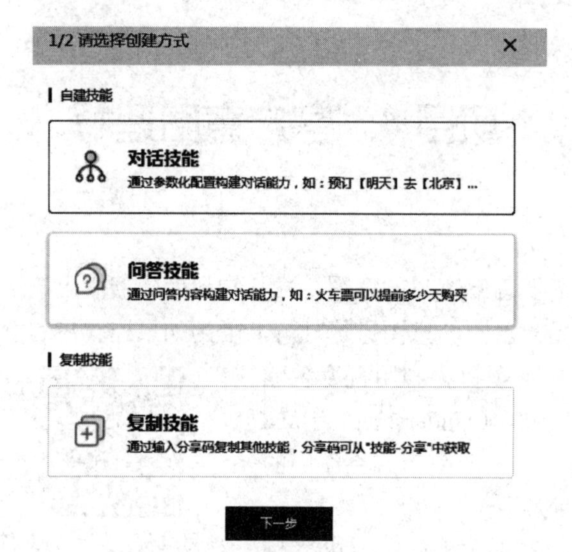

图 4-10　创建查天气的技能

（2）配置意图及词槽

① 在图 4-11 中单击“查天气”选项，进入“意图管理”界面。

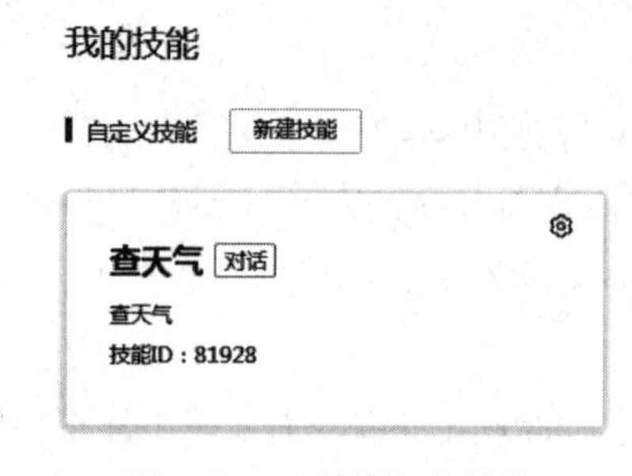

图 4-11　完善查天气技能

② 单击“新建对话意图”按钮。

设置意图名称：WEATHER

设置意图别名：查天气

③在打开的“新建对话意图”页面中，可以添加词槽，这里添加如图 4-12 所示的几个词槽信息。注：UNIT 提供了强大的系统词槽，并在不断丰富中，词槽的词典值可以一键选用系统提供的词典，也可以自己添加自定义词典。

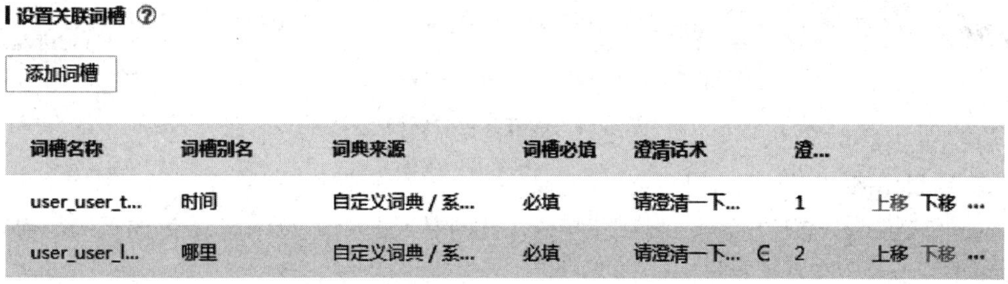

设置关联词槽
添加词槽
词槽名称
词槽别名
词典来源
词槽必填
澄清话术
澄...
user_user_t...
时间
自定义词典 / 系...
必填
请澄清一下...
1
上移
下移
user_user_l...
哪里
自定义词典 / 系...
必填
请澄清一下...
2
上移
下移

图 4-12　设置词槽

（3）配置训练数据

简单而言，根据规则将一句话拆解成不同的部分标注好，再训练出对话模型，这样 UNIT 就可以理解用户的对话了。当对话样本数据量不够多的时候，训练模板可以帮助快速搭建一个对话模型；当有大量对话样本数据量时，可以使用对话模板+对话样本，使对话模型更加强大。

在左边的菜单栏中单击“训练数据”→“对话模板”，新增一个对话模板，添加时间、地点、词槽，还有文本“天气”，作为三个模板片段，如图 4-13 所示。

对话模板列表
添加对话模板
选择意图：
WEATHER
必须匹配
模板片段
顺序
模板片段：
否
[D:user_user_loc]
0
否
[D:user_user_time]
0
是
天气
0
新增一行
插入词槽
user_user_loc
user_user_time
插入特征词
新建特征词

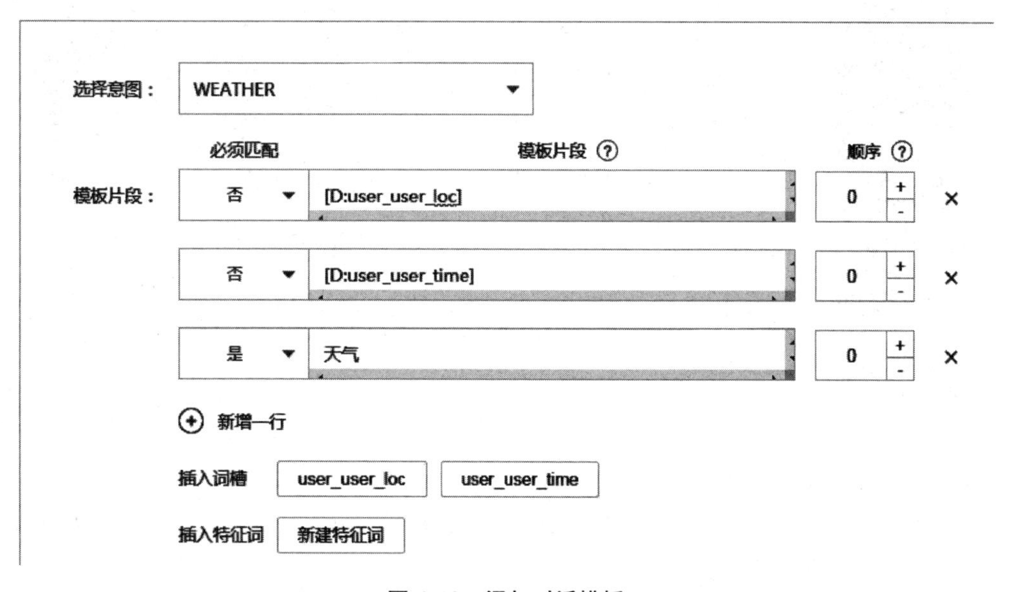

图 4-13　添加对话模板

（4）训练模型

选择左侧导航栏中的“技能训练”，单击“训练并生效新模型”按钮，如图 4-14 所示。

模型列表 ⑦　　训练并生效新模型

版本	描述	训练时间	训练进度 ⑦	操作
v1		2019-09-25 21:11:27	• 训练中	生效到沙盒

版本	描述	训练时间	训练进度 ⑦	操作	
v1		2019-09-25 21:11:27	• 训练完成	模型生效中	删除

图 4-14　训练并生效新模型

5. 项目结果

在“查天气”技能下方单击“测试”，并在打开的对话框中输入“明天上海的天气如何？”，如图 4-15 所示。

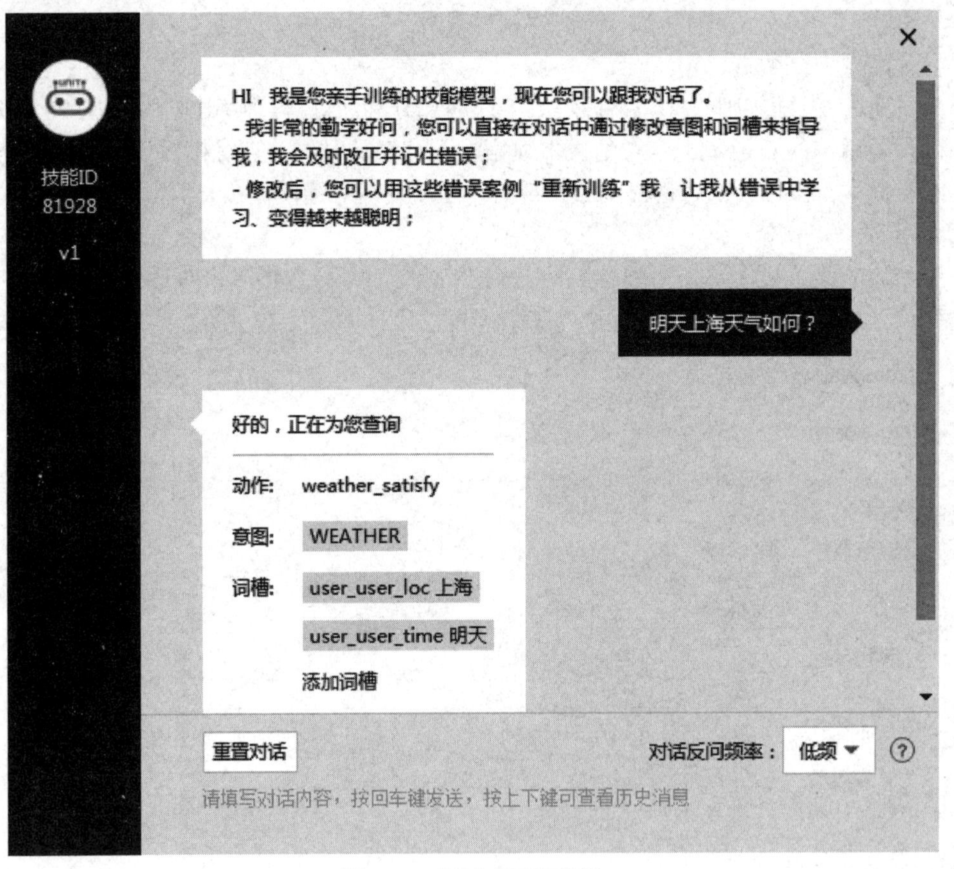

图 4-15　测试查天气技能

对话机器人能识别出用户的意图是 WEATHER，也就是要查询天气。机器人也识别出了两个具体的词槽及相应的取值。比如词槽 user_user_time（时间）的取值为“明天”；词槽 user_user_loc（地点）的取值为“上海”。

6. 项目小结

本次项目通过百度 UNIT 平台设置了对话机器人。当然，目前的机器人还仅限于能理解人的意图，并没有继续按人的意图进行回复。

本章小结

本章介绍了人工智能技术中自然语言处理的概念及应用。本章还配备相应的项目，读者不仅可以学习到人工智能技术及应用，而且能自己动手，体验人工智能技术。通过本章的学习，读者能够了解自然语言处理的典型应用，也可以对人工智能的其他应用有更多的畅想。

习 题 4

一、选择题

1. 对自然语言中的交叉歧义问题，通常通过（ ）技术解决。

A. 分词　　B. 命名实体识别
C. 词性标注　　D. 词向量

2. 识别自然语言文本中具有特定意义的实体（人名、地名、机构、时间、作品等）的技术称为（ ）。

A. 分词　　B. 命名实体识别
C. 词性标注　　D. 词向量

3. 在聊天系统中，系统需要识别用户输入的句子是否符合语言表达习惯，并引导输入错误的用户是否需要澄清自己的需求。这个过程中主要会用到（ ）。

A. 分词　　B. 命名实体识别
C. 词性标注　　D. 语言模型

4. 某电商网站，收集了众多用户点评，需要快速整理并帮助用户了解产品具体评价，辅助消费决策提升交互意愿。这里最合适的是使用百度的（ ）服务。

A. 分词　　B. 短文本相似度
C. 评论观点抽取　　D. DNN 语言模型

5. 对于小语种的翻译系统，因为缺少对应的双语语料，我们可以采用（ ）构建翻译系统。

A. 基于枢轴语言的翻译方法　　B. 基于神经网络的翻译方法
C. 基于统计的翻译方法　　D. 基于实例的翻译方法

6. 百度机器翻译服务中，翻译文本的编码格式是（ ）。

A. ASCII　　B. GB2312　　C. UTF-8　　D. UTF-16

7. 对语言文本语料进行建模，表达语言的概率统计的模型，称为（ ）。

A. 语言模型　　B. 声学模型　　C. 语音模型　　D. 声母模型

8. 百度语音技术服务的 Python SDK 中，提供服务的类名称是（ ）。

A. NlpAip　　B. AipNlp　　C. NlpBaidu　　D. BaiduNlp

二、填空题

1. 自然语言处理包括分词、命名实体识别、词性标注、依存句法分析等。为了正确解释句法成分，防止结构歧义问题，需要用到的自然语言技术包括________________、________________。

2. 翻译方式有基于规则的翻译方法、基于神经网络的翻译方法、基于统计的翻译方法、基于实例的翻译方法。对于一些热词、新词，以及俗语和习惯用语，最合适的翻译方法是基于________________的翻译方法。

三、简答题

1. 根据你的了解，写出至少 3 个你身边的自然语言处理方面的应用。

2. 请写出 3 个知识图谱的应用。

第5章　智能机器人

本章要点

本章简要介绍了智能机器人的概念、特点及应用，同时分别介绍了服务机器人、工业机器人、无人驾驶汽车的特点与应用，以及智能机器人的发展方向。通过本章学习，读者应了解各类智能机器人的大致原理，了解智能机器人的概念、分类，以及智能机器人将来的重点发展方向。

本章的实践项目为：★智能问答系统。

5.1　智能机器人简介

智能机器人在生活中随处可见，扫地机器人、陪伴机器人……这些机器人不管是跟人语音聊天，还是自主定位导航行走、安防监控等，都离不开人工智能技术的支持。智能机器人之所以叫智能机器人，就是因为它有相当发达的“大脑”。在“大脑”中起作用的是中央处理器，这种计算机跟操作它的人有直接的联系。最主要的是，这样的计算机可以完成按目的安排的动作。正因为这样，我们才说这种机器人才是真正的机器人，尽管它们的外表可能有所不同。

智能机器人是基于人工智能技术，把计算机视觉、语音处理、自然语言处理、自动规划等技术及各种传感器进行整合，使机器人拥有判断、决策的能力，能在各种不同的环境中处理不同的任务。

智能机器人凭借其发达的大脑，在指定环境内按照相关指令智能执行任务，在一定程度上取代人力，提升体验。扫地机器人、陪伴机器人、迎宾机器人等智能机器人在生活中随处可见，这些机器人能跟人语音聊天、能自主定位导航行走、能进行安防监控等，从事着一些脏、累、烦、险、精的工作。

构成智能机器人的基础可分为硬件系统与软件系统，包括三大核心技术，分别是定位与导航系统、人机交互系统和环境交互系统。智能机器人的技术与应用框架如图 5-1 所示。

5.1.1　智能机器人的定义

机器人是 20 世纪出现的新名词，1920 年，捷克剧作家 Capek 在其《罗萨姆万能机器人公司》剧本中首次提出 Robot 单词，在捷克语言中的原意为“强制劳动的奴隶机器”。

1942 年，科学家兼作家阿西莫夫（Asimov）提出了机器人学的三原则：

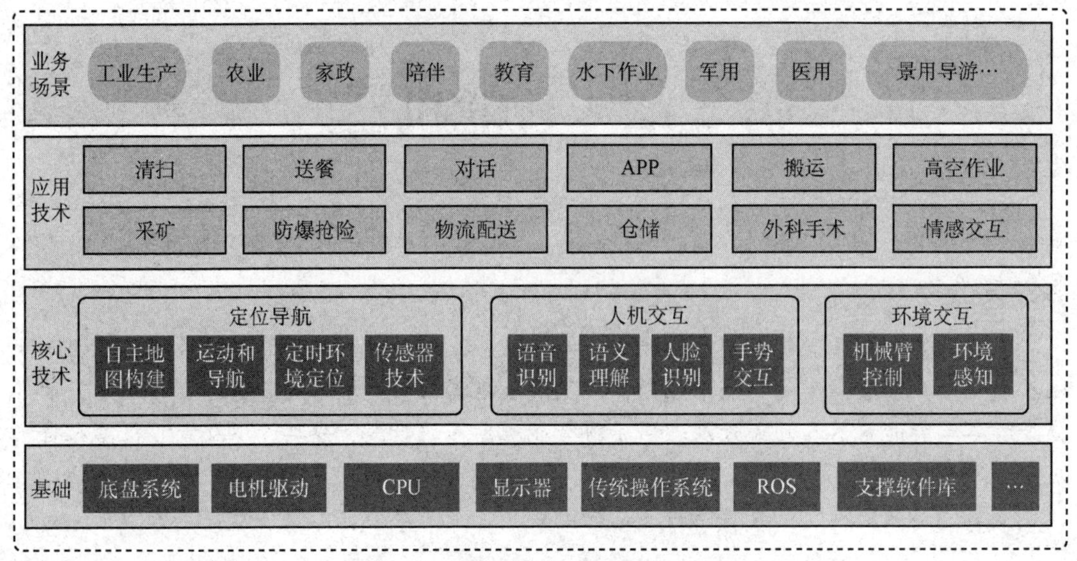

图 5-1　智能机器人核心技术与应用

第一，机器人必须不危害人类，也不允许它眼看着人将受到伤害而袖手旁观。

第二，机器人必须绝对服从人类，除非这种服从有害于人。

第三，机器人必须保护自身不受伤害，除非为了保护人类或是人类命令它做出牺牲。

当然，对于智能机器人，尚未有一致的定义。国际标准化组织（ISO）对机器人的定义是：具有一定程度的自主能力，可在其环境内运动以执行预期任务的可编程执行机构。而国内的部分专家的观点是：只要能对外部环境做出有意识的反应，都可以称为智能机器人，如小米的小爱同学、苹果的 Siri 等，虽然没有人形外表，也不能到处行走，但也可以称为是智能机器人。

我们从广泛意义上理解所谓的智能机器人，它给人的最深刻的印象是一个独特的进行自我控制的“活物”。其实，这个自控“活物”的主要器官并没有像真正的人那样微妙而复杂。

智能机器人具备形形色色的内部信息传感器和外部信息传感器，如视觉、听觉、触觉、嗅觉。除具有感受器，它还有效应器，作为作用于周围环境的手段，这就是筋肉，或称自整步电动机，它们使手、脚、鼻子、触角等动起来。由此也可知，智能机器人至少要具备三个要素：感觉要素，反应要素和思考要素。

1. 感觉要素

感觉要素指的是智能机器人感受和认识外界环境，进而与外界交流的能力。感觉要素包括视觉、听觉、嗅觉、触觉，利用摄像机、图像传感器、超声波传感器、激光器等内部信息传感器和外部信息传感器来实现功能。感觉要素是对人类的眼、鼻、耳等五官及肢体功能的模拟。

2. 反应要素

反应要素也称为运动要素，是智能机器人能够对外界做出反应性动作，完成操作者表达的命令，主要是对人类的四肢功能的模拟。运动要素通过机械手臂、吸盘、轮子、履带、支脚等来实现。

3. 思考要素

思考要素是智能机器人根据感觉要素所得到的信息，对下一步采用什么样的动作进行思考。智能机器人的思考要素是三个要素中的关键，是对人类大脑功能的模拟，也是人们要赋予机器人的必备要素。思考要素包括判断、逻辑分析、理解等方面的智力活动。

5.1.2 智能机器人的分类

由于智能机器人在各行各业都有不同的应用，很难对它们进行统一分类。可以从机器人的智能程度、形态、使用途径等不同的角度对智能机器人进行分类。

1. 按智能程度分类

智能机器人根据其智能程度的不同，可分为传感型、交互型、自主型智能机器人三类。

（1）传感型智能机器人

传感型智能机器人又称外部受控机器人，机器人的本体上没有智能单元，只有执行机构和感应机构，它具有利用传感信息（包括视觉、听觉、触觉、力觉和红外、超声及激光等）进行传感信息处理、实现控制与操作的能力。它受控于外部计算机，在外部计算机上具有智能处理单元，处理由受控机器人采集的各种信息以及机器人本身的各种姿态和轨迹等信息，然后发出控制指令指挥机器人的动作。目前机器人世界杯的小型组比赛使用的机器人就属于这样的类型。

（2）交互型智能机器人

机器人通过计算机系统与操作员或程序员进行人机对话，实现对机器人的控制与操作。虽然具有了部分处理和决策功能，能够独立地实现一些诸如轨迹规划、简单的避障等功能，但是还要受到外部的控制。

（3）自主型智能机器人

自主型智能机器人在设计制作之后，无须人的干预，机器人能够在各种环境下自动完成各项拟人任务。自主型机器人的本体上具有感知、处理、决策、执行等模块，可以就像一个自主的人一样独立地活动和处理问题。机器人世界杯的中型组比赛中使用的机器人就属于这一类型。全自主移动机器人的最重要的特点在于它的自主性和适应性，自主性是指它可以在一定的环境中，不依赖任何外部控制，完全自主地执行一定的任务。适应性是指它可以实时识别和测量周围的物体，根据环境的变化，调节自身的参数，调整动作策略及处理紧急情况。交互性也是自主机器人的一个重要特点，机器人可以与人、与外部环境及与其他机器人之间进行信息的交流。由于全自主移动机器人涉及诸如驱动器控制、传感器数据融合、图像处理、模式识别、神经网络等许多方面的研究，所以能够综合反映一个国家在制造业和人工智能等方面的水平。因此，许多国家都非常重视全自主移动机器人的研究。

智能机器人的研究从 20 世纪 60 年代初开始，经过几十年的发展，目前，基于感觉控制的智能机器人（又称第二代机器人）已达到实际应用阶段，基于知识控制的智能机器人（又称自主机器人或下一代机器人）也取得较大进展，已研制出多种样机。

2. 按照形态分类

（1）仿人智能机器人

模仿人的形态和行为而设计制造的机器人就是仿人机器人，一般分别或同时具有仿人的四肢和头部。机器人一般根据不同应用需求被设计成不同形状和功能，如步行机器人、写字机器人、奏乐机器人、玩具机器人等，如图 5-2 所示。仿人机器人研究集机械、电子、计算机、材料、传感器、控制技术等多门科学于一体，代表着一个国家的高科技发展水平。

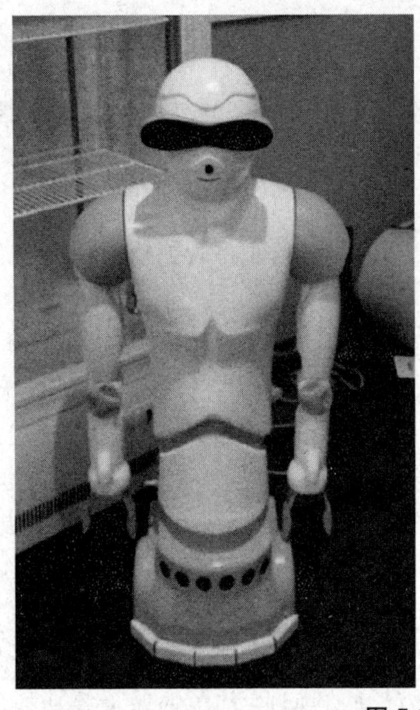
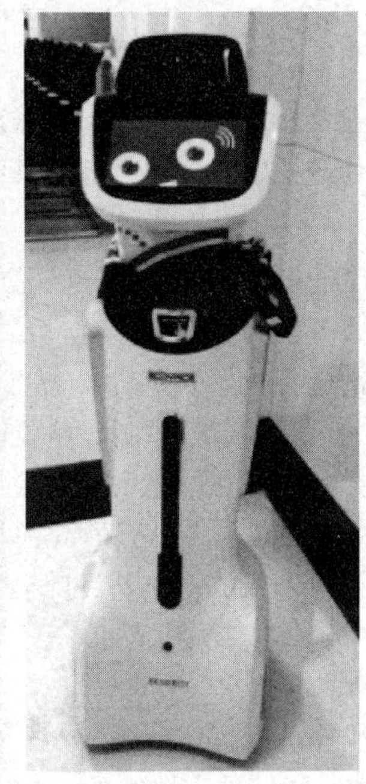
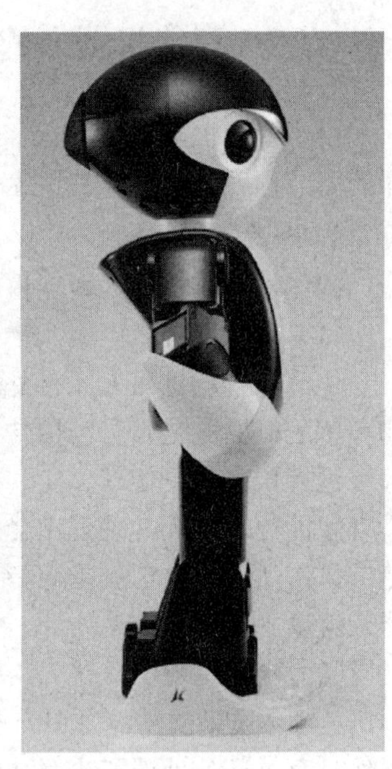

图 5-2　三种不同类型的人形机器人

（2）拟物智能机器人

仿照各种各样的生物、日常使用物品、建筑物、交通工具等做出的机器人，采用非智能或智能的系统来方便人类生活的机器人，如机器宠物狗，六脚机器昆虫，轮式、履带式机器人。图 5-3 展示了用于家庭智能陪伴的机器宠物猪。

图 5-3　家庭智能陪护机器人

3. 按使用途径分类

（1）工业生产型机器人

机器人的观念已经越来越多地获得生产型、加工型企业的青睐，工业机器人由操作机（机械本体）、控制器、伺服驱动系统和检测传感装置构成，是一种仿人操作、自动控制、可重复编程、能在三维空间完成各种作业的机电一体化自动化生产设备，特别适合于多品种、大批量的柔性生产，它对稳定、提高产品质量，提高生产效率，改善劳动条件和产品的快速更新换代起着十分重要的作用。

机器人并不是在简单意义上代替人工的劳动，而是综合了人的特长和机器特长的一种拟人的电子机械装置，既具备人类对环境状态的快速反应和分析判断能力，又具有机器可长时间持续工作、精确度高、抗恶劣环境的能力，从某种意义上说，它也是机器的进化过程产物，是工业以及非产业界的重要生产和服务性设备，也是先进制造技术领域不可缺少的自动化设备。

（2）特殊灾害型机器人

特殊灾害型机器人主要针对核电站事故及核、生物、化学恐怖袭击等情况而设计。远程操控机器人装有轮带，可以跨过瓦砾测定现场周围的辐射量、细菌、化学物质、有毒气体等状况并将数据传给指挥中心，指挥者可以根据数据选择污染较少的进入路线。现场人员将携带测定辐射量、呼吸、心跳、体温等数据的机器开展活动，这些数据将即时传到指挥中心，一旦发现有中暑危险或测定精神压力、发现危险性较高时可立刻指挥撤退。

（3）医疗机器人

医疗机器人是指用于医院、诊所的医疗或辅助医疗的机器人，是一种智能型服务机器人，它能独自编制操作计划，依据实际情况确定动作程序，然后把动作变为操作机构的运动。

在手术机器人领域，“达·芬奇”机器人为当前最顶尖的手术机器人，全称为“达·芬奇高清晰三维成像机器人手术系统”。达·芬奇手术机器人是目前世界范围最先进的应用广泛的微创外科手术系统，适合普外科、泌尿外科、心血管外科、胸外科、五官科、小儿外科等微创手术。这是当今全球唯一获得 FDA 批准应用于外科临床治疗的智能内镜微创手术系统。

还有外形与普通胶囊无异的“胶囊内镜机器人”，通过这个智能系统，医生可以通过软件来控制胶囊机器人在胃内的运动，改变胶囊姿态，按照需要的视觉角度对病灶重点拍摄照片，从而达到全面观察胃黏膜并做出诊断的目的。

（4）智能人形机器人

智能人形机器人也叫作仿人机器人，是具有人形的机器人。现代的人形机器人是一种智能化机器人，如 ROBOT X 人形机器人，在机器的各活动关节配置有多达 17 个伺服器，具有 17 个自由度，特别灵活，更能完成诸如手臂后摆 90 度的高难度动作。它还配以设计优良的控制系统，通过自身智能编程软件便能自动地完成整套动作。人形机器人可完成随音乐起舞、行走、起卧、武术表演、翻跟斗等杂技以及各种奥运竞赛动作，如图 5-4 所示。

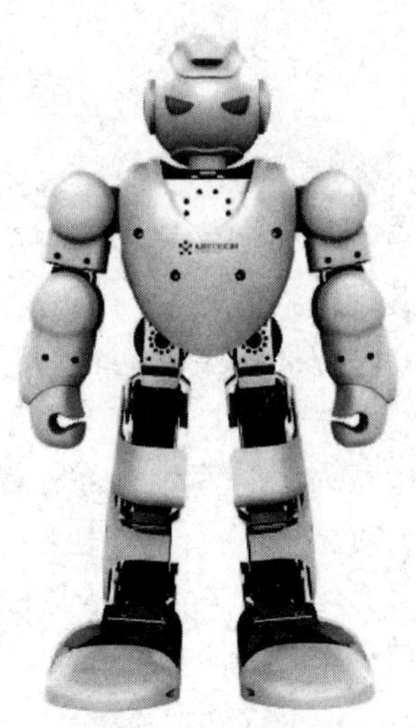

图 5-4 人形机器人

4. 国家政策分类

在工业和信息化部、国家发展改革委、财政部等三部委联合印发的《机器人产业发展规划（2016—2020 年）》中，明确指出了机器人产业发展要推进重大标志性产品，率先突破。其中十大标志性产品包括：

● 在工业机器人领域，聚焦智能生产、智能物流，攻克工业机器人关键技术，提升可操作性和可维护性，重点发展弧焊机器人、真空（洁净）机器人、全自主编程智能工业机器人、人机协作机器人、双臂机器人、重载 AGV 等 6 种标志性工业机器人产品，引导我国工业机器人向中高端发展。

● 在服务机器人领域，重点发展消防救援机器人、手术机器人、智能型公共服务机器人、智能护理机器人等 4 种标志性产品，推进专业服务机器人实现系列化，个人/家庭服务机器人实现商品化。

智能机器人作为一种交叉融合相当多学科知识的技术，几乎是伴随着人工智能所产生的。而智能机器人在当今社会变得越来越重要，越来越多的领域和岗位都需要智能机器人参与，这使得智能机器人的研究也越来越频繁。在不久的将来，随着智能机器人技术的不断发展和成熟，随着众多科研人员的不懈努力，智能机器人必将走进千家万户，更好地服务人们的生活，让人们的生活更加舒适和健康。

5.1.3 智能机器人关键技术

智能机器人的核心技术包括导航与定位，人机交互和环境交互三大类，具体可以进一步划分为以下 6 种技术。

1. 多传感器信息融合

多传感器信息融合技术是近年来十分热门的研究课题，它与控制理论、信号处理、人工智能、概率和统计相结合，为机器人在各种复杂、动态、不确定和未知的环境中执行任务提供了技术解决途径。机器人所用的传感器有很多种，根据不同用途分为内部测量传感器和外部测量传感器两大类。内部测量传感器用来检测机器人组成部件的内部状态，包括：

位置传感器、角度传感器、速度传感器、加速度传感器、倾斜角传感器、方位角传感器等。外部传感器包括：视觉（测量、认识传感器）、触觉（接触、压觉、滑动觉传感器）、力觉（力、力矩传感器）、接近觉（接近觉、距离传感器），以及角度传感器（倾斜、方向、姿势传感器）。多传感器信息融合就是指综合来自多个传感器的感知数据，以产生更可靠、更准确或更全面的信息。经过融合的多传感器系统，能够更加完善、精确地反映检测对象的特性，消除信息的不确定性，提高信息的可靠性。融合后的多传感器信息具有以下特性：冗余性、互补性、实时性和低成本性。目前多传感器信息融合方法主要有贝叶斯估计、Dempster-Shafer 理论、卡尔曼滤波 、神经网络、小波变换等。多传感器信息融合技术主要研究方向有多层次传感器融合、微传感器和智能传感器和自适应多传感器融合。

- 多层次传感器融合：由于单个传感器具有不确定性、观测失误和不完整性的弱点，因此单层数据融合限制了系统的能力和鲁棒性。对于要求高鲁棒性和灵活性的先进系统，可以采用多层次传感器融合的方法。低层次融合方法可以融合多传感器数据；中间层次融合方法可以融合数据和特征，得到融合的特征或决策；高层次融合方法可以融合特征和决策，直到最终的决策。
- 微传感器和智能传感器：传感器的性能、价格和可靠性是衡量传感器优劣与否的重要标志，然而许多性能优良的传感器由于体积大而限制了应用市场。微电子技术的迅速发展使小型和微型传感器的制造成为可能。智能传感器将主处理器、硬件和软件集成在一起。如 Par Scientific 公司研制的 1000 系列数字式石英智能传感器，日本日立研究所研制的可以识别多达 7 种气体的嗅觉传感器，美国 Honeywell 研制的 DSTJ 23000 智能压差压力传感器等，都具备了一定的智能。
- 自适应多传感器融合：在实际世界中，很难得到环境的精确信息，也无法确保传感器始终能够正常工作。因此，对于各种不确定情况，鲁棒融合算法十分必要。现已研究出一些自适应多传感器融合算法来处理由于传感器的不完善带来的不确定性。如 Hong 通过革新技术提出一种扩展的联合方法，能够估计单个测量序列滤波的最优卡尔曼增益。Pacini 和 Kosko 也研究出一种可以在轻微环境噪声下应用的自适应目标跟踪模糊系统，它在处理过程中结合了卡尔曼滤波算法。

2. 导航与定位

在机器人系统中，自主导航是一项核心技术，是机器人研究领域的重点和难点问题。导航的基本任务有三个：第一，基于环境理解的全局定位：通过环境中景物的理解，识别人为路标或具体的实物，以完成对机器人的定位，为路径规划提供素材；第二，目标识别和障碍物检测：实时对障碍物或特定目标进行检测和识别，提高控制系统的稳定性；第三，安全保护：能对机器人工作环境中出现的障碍和移动物体做出分析并避免对机器人造成损伤。

机器人有多种导航方式，根据环境信息的完整程度、导航指示信号类型等因素的不同，可以分为基于地图的导航、基于创建地图的导航、无地图的导航三类。根据导航采用的硬件的不同，可将导航系统分为视觉导航和非视觉传感器组合导航。视觉导航是利用摄像头进行环境探测和辨识，以获取场景中绝大部分信息。目前视觉导航信息处理的内容主要包括：视觉信息的压缩和滤波、路面检测和障碍物检测、环境特定标志的识别、三维信息感知与处理。非视觉传感器导航是指采用多种传感器共同工作，如探针式、电容式、电感式、力学传感器、雷达传感器、光电传感器等，用来探测环境，对机器人的位置、姿态、速度和系统内部状态等进行监控，感知机器人所处工作环境的静态和动态信息，使得机器人相应的工作顺序和操作内容能自然地适应工作环境的变化，有效地获取内外部信息。

在自主移动机器人导航中，无论是局部实时避障还是全局规划，都需要精确知道机器人或障碍物的当前状态及位置，以完成导航、避障及路径规划等任务，这就是机器人的定位问题。比较成熟的定位系统可分为被动式传感器系统和主动式传感器系统。被动式传感器系统通过码盘、加速度传感器、陀螺仪、多普勒速度传感器等感知机器人自身运动状态，经过累积计算得到定位信息。主动式传感器系统通过包括超声传感器、红外传感器、激光测距仪以及视频摄像机等主动式传感器感知机器人外部环境或人为设置的路标，与系统预先设定的模型进行匹配，从而得到当前机器人与环境或路标的相对位置，获得定位信息。

3. 路径规划

路径规划技术是机器人研究领域的一个重要分支。最优路径规划就是依据某个或某些优化准则（如工作代价最小、行走路线最短、行走时间最短等），在机器人工作空间中找到一条从起始状态到目标状态、可以避开障碍物的最优路径。

路径规划方法大致可以分为传统方法和智能方法两种。传统路径规划方法主要有以下几种：自由空间法、图搜索法、栅格解耦法、人工势场法。大部分机器人路径规划中的全局规划都是基于上述几种方法进行的，但这些方法在路径搜索效率及路径优化方面有待于进一步改善。人工势场法是传统算法中较成熟且高效的规划方法，它通过环境势场模型进行路径规划，但是没有考察路径是否最优。

智能路径规划方法是将遗传算法、模糊逻辑及神经网络等人工智能方法应用到路径规划中，来提高机器人路径规划的避障精度，加快规划速度，满足实际应用的需要。其中应用较多的算法主要有模糊方法、神经网络、遗传算法等，这些方法在障碍物环境已知或未知情况下均已取得一定的研究成果。

4. 机器人视觉

视觉系统是自主机器人的重要组成部分，一般由摄像机、图像采集卡和计算机组成。机器人视觉系统的工作包括图像的获取、图像的处理和分析、输出和显示，核心任务是特征提取、图像分割和图像辨识。而如何精确高效地处理视觉信息是视觉系统的关键问题。目前视觉信息处理逐步细化，包括视觉信息的压缩和滤波、环境和障碍物检测、特定环境标志的识别、三维信息感知与处理等。其中环境和障碍物检测是视觉信息处理中最重要也是最困难的过程。

边沿抽取是视觉信息处理中常用的一种方法。对于一般的图像边沿抽取，如采用局部数据的梯度法和二阶微分法等，对于需要在运动中处理图像的移动机器人而言，难以满足实时性的要求。为此人们提出一种基于计算智能的图像边沿抽取方法，如基于神经网络的方法、利用模糊推理规则的方法，特别是 Bezdek J.C 教授近期全面地论述了利用模糊逻辑推理进行图像边沿抽取的意义。这种方法具体到视觉导航，就是将机器人在室外运动时所需要的道路知识，如公路白线和道路边沿信息等，集成到模糊规则库中来提高道路识别效率和鲁棒性。另外，还有人提出将遗传算法与模糊逻辑相结合的方法。

机器人视觉是其智能化最重要的标志之一，对机器人智能及控制都具有非常重要的意义。目前国内外都在大力研究，并且已经有一些系统投入使用。

5. 智能控制

随着机器人技术的发展，对于无法精确解析建模的物理对象及信息不足的病态过程，传统控制理论暴露出缺点，近年来许多学者提出了各种不同的机器人智能控制系统。机器人的智能控制方法有模糊控制、神经网络控制、智能控制技术的融合（模糊控制和变结构控制的融合；神经网络和变结构控制的融合；模糊控制和神经网络控制的融合；智能融合技术还包括基于遗传算法的模糊控制方法）等。

近几年，机器人智能控制在理论和应用方面都有较大的进展。在模糊控制方面，Buckley 等人论证了模糊系统的逼近特性， Mamdan 首次将模糊理论用于一台实际机器人。模糊系统在机器人的建模、控制、对柔性臂的控制、模糊补偿控制以及移动机器人路径规划等各个领域都得到了广泛的应用。在机器人神经网络控制方面，CMCA（Cere-bella Model Controller Articulation）是应用较早的一种控制方法，其最大特点是实时性强，尤其适用于多自由度操作臂的控制。

智能控制方法提高了机器人的速度及精度，但是也有其自身的局限性，例如机器人模糊控制中的规则库如果很庞大，推理过程的时间就会过长；如果规则库很简单，控制的精确性又会受到限制；无论是模糊控制还是变结构控制，抖振现象都会存在，这将给控制带来严重的影响；神经网络的隐藏层数量和隐藏层内神经元数的合理确定，仍是目前神经网络在控制方面所遇到的问题；另外神经网络易陷于局部极小值等问题，都是智能控制设计中要解决的问题。

6. 人机接口技术

智能机器人的研究目标并不是完全取代人，复杂的智能机器人系统仅仅依靠计算机来控制目前是有一定困难的，即使可以做到，也会因为缺乏对环境的适应能力而并不实用。智能机器人系统还不能完全排斥人的作用，而是需要借助人机协调来实现系统控制。因此，设计良好的人机接口就成为智能机器人研究的重点问题之一。

人机接口技术是研究如何使人方便自然地与计算机交流。为了实现这一目标，除了要求机器人控制器有一个友好的、灵活方便的人机界面这个最基本的目标之外，还要求计算机能够看懂文字、听懂语言、说话表达，甚至能够进行不同语言之间的翻译，而这些功能的实现又依赖于知识表示方法的研究。因此，研究人机接口技术既有巨大的应用价值，又有基础理论意义。目前，人机接口技术已经取得了显著成果，文字识别、语音合成与识别、图像识别与处理、机器翻译等技术已经开始实用化。另外，人机接口装置和交互技术、监控技术、远程操作技术、通信技术等也是人机接口技术的重要组成部分，其中远程操作技术是一个重要的研究方向。

5.2 服务机器人

服务机器人是机器人家族中的一个年轻成员，到目前为止尚没有一个严格的定义，不同国家对服务机器人的认识不同。一般来说，服务机器人可以分为专业领域服务机器人和个人/家庭服务机器人。

5.2.1 服务机器人的概念

国际机器人联合会经过几年的搜集整理，对服务机器人给出一个初步的定义：服务机器人是一种半自主或全自主工作的机器人，它能完成有益于人类健康的服务工作，但不包括从事生产的设备。

服务机器人的应用范围很广，主要从事维护保养、修理、运输、清洗、保安、救援、陪伴与护理等工作。智能机器人的主要应用领域有医用机器人、多用途移动机器人平台、水下机器人、清洁机器人、家族服务机器人等。

数据显示，目前，世界上至少有 48 个国家在发展机器人，其中 25 个国家已涉足服务型机器人开发。在日本、北美和欧洲，迄今已有 7 种类型 40 余款服务型机器人进入实验和半商业化应用。

近年来，全球服务机器人市场保持较快的增长速度，根据国际机器人联盟的数据，2010 年以来，全球专业领域服务机器人和个人/家庭服务机器人销售额同比增长年均超过 10%。

另外一个方面，全球人口的老龄化带来大量的问题，例如对于老龄人的看护，以及医疗的问题，这些问题的解决带来大量的财政负担。由于服务机器人所具有的特点，广泛使用服务机器人能够显著地降低财政负担，因而服务机器人能够被大量的应用。陪护机器人能应用于养老院或社区服务站环境，具有生理信号检测、语音交互、远程医疗、智能聊天、自主避障漫游等功能。机器人在养老院环境实现自主导航避障功能，能够通过语音和触屏进行交互。配合相关检测设备，机器人具有检测与监控血压、心跳、血氧等生理信号的功能，可无线连接社区网络并传输到社区医疗中心，紧急情况下可及时报警或通知亲人。机器人具有智能聊天功能，可以辅助老人心理康复。陪护机器人为人口老龄化带来的重大社会问题提供解决方案。

我国在服务机器人领域的研发与日本、美国等国家相比起步较晚。在国家重大科技计划的支持下，我国在服务机器人研究和产品研发方面已开展了大量工作，并取得了一定的成绩，如哈尔滨工业大学研制的导游机器人、迎宾机器人、清扫机器人等；华南理工大学研制的机器人护理床；中国科学院自动化研究所研制的智能轮椅等。

5.2.2 服务机器人的应用

据公开数据显示，目前全球工业机器人占比超过 80%，军事及医学用途的特种机器人占比 10%，以家庭机器人为代表的服务类机器人不足 5%。而随着经济发展及老龄化社会在很多国家出现，家庭安全防范日益引起重视，养老问题形势严峻，于是以家庭为单位的兼容安全防护、养老育婴及健康服务的机器人成为目前行业中关注热点。在家庭中根据不同场景，对老龄人进行看护、服务及医疗；还有致力于儿童教育的教育机器人，能与儿童亲切自然地进行交流。从家庭安全的角度来看，安防机器人的普及应用可以明显降低家庭事故的发生概率。安防机器人可以监护家庭安全，也可以代替人进行高危项目的操作，实现主动互动地保护儿童的人身安全行为，将成为除工业机器人外需求量最大的机器人。

1. 军事领域

智能服务机器人在国防及军事上的应用，将颠覆人类未来战争的整体格局。智能机器人一旦被用于战争，将成为人类战争的又一大杀手锏，士兵们可以利用意念操纵这些智能服务机器人进行战前侦察、站岗放哨、运送军资、实地突击等。波士顿动力公司制造出可用于军事用途的机器人。“阿凡达”的军事机器人研究计划是美国国防局想利用人工智能技术，创造出类似于“阿凡达”的智能服务机器人用于军事活动，如图 5-5 所示。

图 5-5　阿凡达军事机器人

智能机器人在军事上的用途主要可以分成下面六类。

（1）用于直接执行战斗任务

用机器人代替一线作战的士兵，以降低人员伤亡和流血，这是目前美国、俄罗斯等国研制机器人时最受重视的研究方向。这类机器人包括：固定防御机器人、步行机器人、反坦克机器人、榴炮机器人、飞行助手机器人、海军战略家机器人等。类似的作战机器人还有徘徊者机器人、步兵先锋机器人、重装哨兵机器人、电子对抗机器人、机器人式步兵榴弹等。

（2）用于侦察和观察

侦察历来是最勇敢者的行业，其危险系数要高于其他军事行动。机器人作为从事危险工作最理想的代理人，当然是最合适的人选。目前正在研制的这类机器人有：战术侦察机器人、三防（防核沾染、化学染毒和生物污染）侦察机器人、地面观察员/目标指示员机器人等。类似的侦察机器人还有便携式电子侦察机器人、铺路虎式无人驾驶侦察机等。

（3）用于工程保障

繁重的构筑工事任务，艰巨的修路、架桥，危险的排雷、布雷，常使工程兵不堪重负。而这些工作，对于机器人来说，最能发挥它们的“素质”优势。这类机器人包括：多用途机械手、布雷机器人、飞雷机器人、烟幕机器人、便携式欺骗系统机器人等。

（4）用于指挥与控制

人工智能技术的发展，为研制“能参善谋”的机器人创造了条件。研制中的这类机器人有参谋机器人、战场态势分析机器人、战斗计划执行情况分析机器人等。这类机器人，一般都装有较发达的“大脑”，即高级计算机和思想库。它们精通参谋业务，通晓司令部工作程序，有较高的分析问题的能力，能快速处理指挥中的各种情报信息，并通过显示器告诉指挥员，帮助指挥官下决定。

（5）用于后勤保障

后勤保障是机器人较早运用的领域之一。目前，这类机器人有车辆抢救机器人、战斗搬运机器人、自动加油机器人、医疗助手机器人等，主要在泥泞、污染等恶劣条件下进行运输、装卸、加油、抢修技术装备、抢救伤病人员等后勤保障任务。

（6）用于军事科研和教学

机器人充当科研助手，进行模拟教学已有较长历史，并做出过卓越贡献。人类最早采集月球土壤标本、太空回收卫星，都是机器人完成的。如今，用于这方面的机器人较多，典型的有“宇宙探测机器人”“宇宙飞船机械臂”“放射性环境工作机器人”“模拟教学机器人”“射击训练机器人”等。

2. 医疗领域

医用机器人种类很多，按照其用途不同，有临床医疗用机器人、护理机器人、医用教学机器人和为残疾人服务机器人等。比如运送药品机器人可代替护士送饭、送病例和化验单等；移动病人机器人主要帮助护士移动或运送瘫痪和行动不便的病人；临床医疗用机器人包括外科手术机器人和诊断与治疗机器人，可以进行精确的外科手术或诊断，如美国科学家研发的手术机器人“达•芬奇系统”在医生操纵下，能精确完成心脏瓣膜修复手术和癌变组织切除手术；康复机器人可以帮助残疾人恢复独立生活能力；护理机器人能用来分担护理人员繁重琐碎的护理工作，帮助医护人员确认病人的身份，并准确无误地分发所需药品。将来，护理机器人还可以检查病人体温、清理病房，甚至通过视频传输帮助医生及时了解病人病情。

（1）护士助手

“机器人之父”恩格尔伯格创建的 TRC 公司第一个服务机器人产品是医院用的“护士助手”机器人，它于 1985 年开始研制，1990 年开始出售，目前已在世界各国几十家医院投入使用。“护士助手”是自主式机器人，它不需要有线制导，也不需要事先做计划，一旦编好程序，它随时可以完成以下各项任务：运送医疗器材和设备，为病人送饭，送病历、报表及信件，运送药品，运送试验样品及试验结果，在医院内部送邮件及包裹。

该机器人由行走部分、行驶控制器及大量的传感器组成。机器人可以在医院中自由行动，其速度为 0.7m/s 左右。机器人中装有医院的建筑物地图，在确定目的地后，机器人利用航线推算法自主地沿走廊导航，其结构光视觉传感器及全方位超声波传感器可以探测静止或运动物体，并对航线进行修正。它的全方位触觉传感器保证机器人不会与人和物相碰，车轮上的编码器测量它行驶过的距离。在走廊中，机器人利用墙角确定自己的位置，而在病房等较大的空间时，它可利用天花板上的反射带，通过向上观察的传感器帮助定位。需要时，它还可以开门。在多层建筑物中，它可以给载人电梯打电话，并进入电梯到所要到的楼层。紧急情况下，例如某一外科医生及其病人使用电梯时，机器人可以停下来，让开路，2 分钟后它重新启动继续前进。通过“护士助手”上的菜单可以选择多个目的地，机器人有较大的荧光屏及用户友好的音响装置，用户使用起来迅捷方便。

（2）脑外科机器人辅助系统

2018 年，国家食品药品监督管理总局（CFDA）公布了一批最新医疗器械审查准产通知，“神经外科手术导航定位系统”名列其中。这意味着国内首个国产脑外科手术机器人，正式获批准产，或许不久就能正式上岗。机器人在医疗方面的应用越来越多，比如用机器人置换髋骨、用机器人做胸部手术等。这主要是因为用机器人做手术精度高、创伤小，大大减轻了病人的痛苦。从世界机器人的发展趋势看，用机器人辅助外科手术将成为一种必然趋势。

（3）口腔修复机器人

在我国目前有近 1200 万无牙颌患者，人工牙列是恢复无牙颌患者咀嚼、语言功能和面部美观的关键，也是制作全口义齿的技术核心和难点。传统的全口义齿制作方式是由医生和技师根据患者的颌骨形态靠经验，用手工制作的，无法满足日益增长的社会需求。北京大学口腔医院、北京理工大学等单位联合成功研制出口腔修复机器人。口腔修复机器人是一个由计算机和机器人辅助设计、制作全口义齿人工牙列的应用试验系统。该系统利用图像、图形技术来获取生成无牙颌患者的口腔软硬组织计算机模型，利用自行研制的非接触式三维激光扫描测量系统来获取患者无牙颌骨形态的几何参数，采用专家系统软件完成全口义齿人工牙列的计算机辅助设计。利用口腔修复机器人相当于快速培养和造就了一批高级口腔修复医疗专家和技术员。利用机器人来代替手工排牙，不但能比口腔医疗专家更精确地以数字的方式操作，同时还能避免专家因疲劳、情绪、疏忽等原因造成的失误。这将使全口义齿的设计与制作进入到既能满足无牙颌患者个体生理功能及美观需求，又能达到规范化、标准化、自动化、工业化的水平，从而大大提高其制作效率和质量。

（4）智能轮椅

随着社会的发展和人类文明程度的提高，残疾人愈来愈需要运用现代高新技术来改善他们的生活质量和生活自由度。因为各种交通事故、天灾人祸和种种疾病，每年均有成千上万的人丧失一种或多种能力（如行走、动手能力等）。因此，对用于帮助残障人行走的机器人轮椅的研究已逐渐成为热点，如西班牙、意大利等国，中国科学院自动化研究所也成功研制了一种具有视觉和口令导航功能并能与人进行语音交互的机器人轮椅。

机器人轮椅主要有口令识别与语音合成、机器人自定位、动态随机避障、多传感器信息融合、实时自适应导航控制等功能。

3. 家庭服务

家庭服务机器人是为人类服务的特种机器人，能够代替人完成家庭服务工作的机器人，它包括行进装置、感知装置、接收装置、发送装置、控制装置、执行装置、存储装置、交互装置等；所述感知装置将在家庭居住环境内感知到的信息传送给控制装置，控制装置指令执行装置做出响应，并进行防盗监测、安全检查、清洁卫生、物品搬运、家电控制，以及家庭娱乐、病况监视、儿童教育、报时催醒、家用统计等工作。

按照智能化程度和用途的不同，目前的家庭服务机器人大体可以分为初级小家电类机器人、幼儿早教类机器人和人机互动式家庭服务机器人。

几年前，家庭服务机器人的概念还和普通老百姓的生活相隔甚远，广大消费者还体会不到家庭服务机器人的科技进步给生活带来的便捷。而如今，越来越多的消费者正在使用家庭服务机器人产品，概念不再是概念，而是通过产品让消费者感受到了实实在在的贴心服务。例如，地面清洁机器人地宝、自动擦窗机器人窗宝、空气净化机器人等已经走进了很多家庭。

另外，市场上还出现了很多智能陪伴机器人，功能都是大同小异，有儿童陪伴的机器人、老人陪伴机器人。功能上基本上涵盖了人机交互（互动）、学习、视频、净化器等功能。

4. 其他领域

（1）户外清洗机器人

随着城市的现代化，一座座高楼拔地而起。为了美观，也为了得到更好的采光效果，很多写字楼和宾馆都采用了玻璃幕墙，这就带来了玻璃窗的清洗问题。其实不仅是玻璃窗，其他材料的壁面也需要定期清洗。长期以来，高楼大厦的外墙壁清洗，都是“一桶水、一根绳、一块板”的作业方式。洗墙工人腰间系一根绳子，游荡在高楼之间，不仅效率低，而且易出事故。近年来，随着科学技术的发展，可以靠升降平台或吊缆搭载清洁工进行玻璃窗和壁面的人工清洗。而擦窗机器人可以沿着玻璃壁面爬行并完成擦洗动作，根据实际环境情况灵活自如地行走和擦洗，具有很高的可靠性。

（2）爬缆索机器人

大多数斜拉桥的缆索都是黑色的，单调的色彩影响了斜拉桥的魅力。所以，近年来彩化斜拉桥成了许多桥梁专家追求的目标。但采用人工方法进行高空涂装作业不仅效率低、成本高，而且危险性大，尤其是在风雨天就更加危险。为此，上海交通大学机器人研究所于 1997 年与上海黄浦江大桥工程建设处合作，研制了一台斜拉桥缆索涂装维护机器人样机。该机器人系统由两部分组成，一部分是机器人本体，一部分是机器人小车。机器人本体可以沿各种倾斜度的缆索爬升，在高空缆索上自动完成检查、打磨、清洗、去静电、底涂和面涂及一系列的维护工作。机器人本体上装有 CCD 摄像机，可随时监视工作情况。另一部分地面小车，用于安装机器人本体并向机器人本体供应水、涂料，同时监控机器人的高空工作情况。

爬缆索机器人具有以下功能：

- 沿索爬升功能；
- 缆索检测功能；
- 缆索清洗功能；

爬缆索机器人还具有一定的智能：机器人具有良好的人机交互功能，在高空可以判断是否到顶、风力大小等一些环境情况，并实施相应的动作。

5.3　无人车

无人驾驶汽车又称自动驾驶汽车、电脑驾驶汽车、智能驾驶汽车或轮式移动机器人，是一种车内安装以计算机系统为主的智能驾驶仪来实现无人驾驶目的的智能汽车。在 20 世纪已经有数十年的研发历史，在 21 世纪初呈现出接近实用化的趋势，比如，谷歌无人驾驶汽车于 2012 年 5 月获得了美国首个无人驾驶车辆许可证，其原型汽车如图 5-6 所示。

图 5-6　无人驾驶汽车

无人驾驶汽车依靠人工智能、视觉计算、雷达、监控装置和全球定位系统协同合作，让电脑可以在没有任何人类主动的操作下，自动安全地操作机动车辆。利用车载传感器来感知车辆周围环境，根据感知所获得的道路、车辆位置和障碍物信息，控制车辆的转向和速度，从而使车辆能够安全、可靠地在道路上行驶，如图 5-7 所示。无人车集自动控制、体系结构、人工智能、视觉计算等众多技术于一体，是计算机科学、模式识别和智能控制技术高度发展的产物，也是衡量一个国家科研实力和工业水平的一个重要标志，在国防和国民经济领域具有广阔的应用前景。

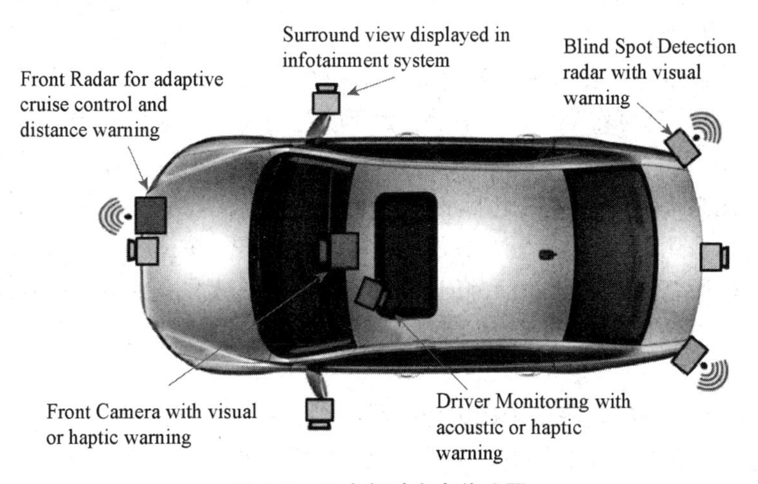

图 5-7　无人驾驶汽车传感器

从20世纪70年代开始，美国、英国、德国等发达国家开始进行无人驾驶汽车的研究，在可行性和实用化方面都取得了突破性的进展。中国从20世纪80年代开始进行无人驾驶汽车的研究，国防科技大学在1992年成功研制出中国第一辆真正意义上的无人驾驶汽车。

目前百度公司正承担着自动驾驶方向的国家人工智能开放平台建设。百度已经将视觉、听觉等识别技术应用在“百度无人驾驶汽车”系统研发中，负责该项目的是百度深度学习研究院。2014年7月，百度启动“百度无人驾驶汽车”研发计划。2015年12月，百度公司宣布百度无人驾驶车国内首次实现城市、环路及高速道路混合路况下的全自动驾驶。2018年2月，百度Apollo无人车亮相央视春晚。百度Apollo无人车在港珠澳大桥开跑，并在无人驾驶模式下完成“8”字交叉跑的高难度动作，如图5-8所示。

图5-8 百度阿波罗无人驾驶汽车

无人车的主要特点是安全稳定，其中安全是拉动无人驾驶车需求增长的主要因素。每年，驾驶员们的疏忽大意都会导致许多事故，因而汽车制造商们都投入大量财力设计制造能确保汽车安全的系统。

防抱死制动系统可以算作无人驾驶系统中的雏形技术。虽然防抱死制动器需要驾驶员来操作，但该系统仍可作为无人驾驶系统系列的一个代表，因为防抱死制动系统的部分功能在过去需要驾驶员手动实现。不具备防抱死系统的汽车紧急刹车时，轮胎会被锁死，导致汽车失控侧滑。驾驶没有防抱死系统的汽车时，驾驶员要反复踩踏制动踏板来防止轮胎锁死。而防抱死系统可以代替驾驶员完成这一操作，并且比手动操作效果更好。该系统可以监控轮胎情况，了解轮胎何时即将锁死，并及时做出反应，而且反应时机比驾驶员把握得更加准确。防抱死制动系统是引领汽车工业朝无人驾驶方向发展的早期技术之一。

另一种无人驾驶系统是牵引和稳定控制系统。这些系统不太引人注目，通常只有专业驾驶员才会意识到它们发挥的作用。牵引和稳定控制系统比任何驾驶员的反应都灵敏。与防抱死制动系统不同的是，这些系统非常复杂，各系统会协调工作防止车辆失控。当汽车即将失控侧滑或翻车时，稳定和牵引控制系统可以探测到险情，并及时启动防止事故发生。这些系统不断读取汽车的行驶方向、速度以及轮胎与地面的接触状态。当探测到汽车将要失控并有可能导致翻车时，稳定或牵引控制系统将进行干预。这些系统与驾驶员不同，它们可以对各轮胎单独实施制动，增大或减少动力输出，相比同时对四个轮胎进行操作，这样做通常效果更好。当这些系统正常运行时，可以做出准确反应。相对来说，驾驶员经常会在紧急情况下操作失当，调整过度。

自动泊车是无人驾驶的另一个应用场景。车辆损坏的原因，多半不是重大交通事故，而是在泊车时发生的小磕小碰。虽然泊车可能是危险性最低的驾驶操作，但仍然会把事情搞得一团糟。很多汽车制造商给车辆加装了后视摄像头和可以测定周围物体距离远近的传感器，甚至还有可以显示汽车四周情况的车载电脑，但有的人仍然会一路磕磕碰碰地进入停车位。

现在部分高端车型采用了高级泊车导航系统，驾驶员不会再有类似的烦恼。泊车导航系统通过车身周围的传感器来将车辆导向停车位（也就是说驾驶者完全不需要手动操作）。当然，该系统还无法做到像《星际迷航》里那样先进。在导航开始前，驾驶者需要找到停车地点，把汽车开到该地点旁边，并使用车载导航显示屏告诉汽车该往哪儿走。自动泊车系统是无人驾驶技术的一大成就，当然，泊车系统对停车位的长宽都有较高的要求。通过泊车导航系统，车辆可以像驾驶员那样观察周围环境，及时做出反应并安全地从起始点行驶到目标点。

项目5　智能问答系统

1. 项目描述

本次项目将利用百度智能对话系统定制平台 UNIT（Understanding and Interaction Technology），构建一个智能客服问答系统。

项目实施的详细过程可以通过扫描二维码，观看具体操作过程的讲解视频。

项目准备　附录A-2注册人工智能开放平台

项目5　智能问答系统

2. 相关知识

项目要求：

- 网络通信正常。
- 环境准备：安装 Spyder 等 Python 编程环境。
- SDK 准备：按照附录 A-2 的要求，安装过百度人工智能开放平台的 SDK。
- 账号准备：按照附录 A-2 的要求，注册过百度人工智能开放平台的账号。

3. 项目设计

创建一个简单的对话技能，如智能问答，需要以下四个步骤。

- 创建自己的机器人。

➢ 为机器人配置技能。

➢ 获取技能调用权限。

➢ 调用机器人技能。

4. 项目过程

（1）创建机器人及通用技能，并获取技能 ID

在地址栏中输入 https://ai.baidu.com/unit/home，打开网页，单击“进入 UNIT”，注册成为百度 UNIT 开发者。单击“我的机器人”→“+”来创建自己的机器人，并命名为“小智”。

单击刚刚创建的机器人“小智”→“添加技能”→“智能问答”→“已选择 1 个技能，添加至机器人”，如图 5-9 所示。记录下自己的技能 ID，比如“智能问答”的技能 ID 为“88833”。

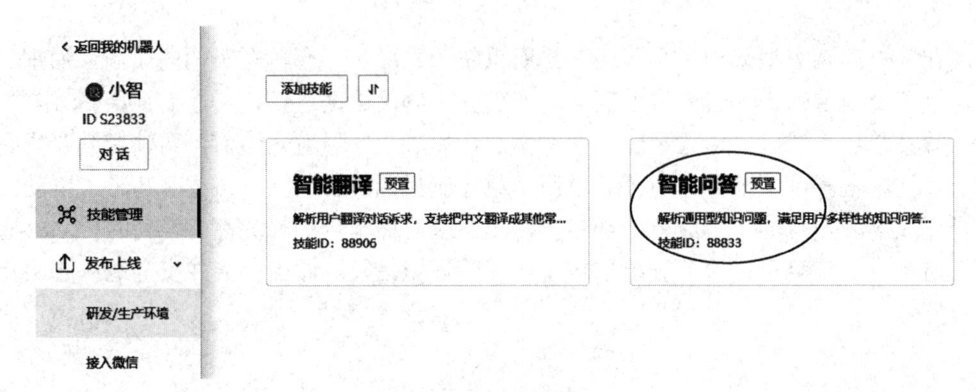

图 5-9　添加预置技能

（2）获取 API Key 和 Secret Key 用于权限鉴定

在图 5-9 中继续点击【发布上线】→【研发/生产环境】→【获取 API Key/Secret Key】，如图 5-10 所示。

发布至研发环境

研发环境是为开发者提供的开发测试环境，机器人被添加技能、或调整技能优先级后，可直接通过 对话窗口 、 机器人对话API接口 进行对话测试；默认将研发环境的技能添加到机器人的研发环境中；

发布至生产环境

查看详细流程

接口API Key / Secret Key

研发环境和生产环境的对话接口地址及相关参数说明请查看 机器人对话API文档

API Key / Secret Key 请前往百度云"应用列表"中创建、查看，研发环境和生产环境使用相同的API Key / Secret Key

图 5-10　机器人管理

在应用列表中，单击【创建新应用】，则会创建一个新的应用，如图 5-11 所示。其中包含有 API Key 和 Secret Key。

	应用名称	AppID	API Key	Secret Key	创建时间	操作
1	智能对话	17344896	m6lyqkf4VQdtQzTa0tmsYKni	******* 显示	2019-09-25 21:43:50	报表 管理 删除

图 5-11　应用管理界面

（3）编码实现

主文件 UseMyRobot.py ，用于实现问答功能，代码如下：

```
# 1  调用模块
import MyRobot

# 2 根据 AK，SK 生成 access_token ，并附上自己的 机器人技能 ID 88833
AK='m6Iyqkf4VQdtQzTa0tmsYKni'
SK='ulPyE7dFKGuNALLP41yKC6x7oXkQQnIy'
access_token  = MyRobot.getBaiduAK(AK, SK)

bot_id='88833'  # 机器人技能 ID

# 3 准备问题
AskText =  "你几岁啦"

# 4 调用机器人应答接口
Answer = MyRobot.Answer(access_token, bot_id, AskText)

# 5 输出问答
print("问: " + AskText + "?" )
print("答: " + Answer)
```

UseMyRobot.py 文件中包括两个函数，函数一是由 API Key 和 Secret Key 获取访问权限口令 access_token，函数二是根据口令、技能 ID、问题给出回答。这两个函数的主体都可以在百度开发文档中获取并编写成通用模块。代码如下（见教材配套电子资源，学生可以直接使用 UseMyRobot.py 文件）：

```
import requests

def getBaiduAK(AK, SK):
    # client_id 为官网获取的 AK， client_secret 为官网获取的 SK
url='https://openapi.baidu.com/oauth/2.0/token?grant_type=client_credentials
&client_id={}&client_secret={}'.format(AK, SK)
    response=requests.get(url)
    access_token = response.json()['access_token']
    # print(access_token)
    return access_token

def Answer(access_token, bot_id, Ask):
    #    url 准备调用 UNIT 接口，附上权限鉴定 access_token
```

```
        url = 'https://aip.baidubce.com/rpc/2.0/unit/bot/chat?access_token=' + access_token

        post_data = '{\"bot_session\":\"\" , \"log_id\":\"7758521\" , \"request\":{\"bernard_level\":1 , \"client_session\":\"{\\\"client_results\\\":\\\"\\\" , \\\"candidate_options\\\":[]}\" , \"query\":\"' + Ask + '\" , \"query_info\":{\"asr_candidates\":[] , \"source\":\"KEYBOARD\" , \"type\":\"TEXT\"} , \"updates\":\"\" , \"user_id\":\"88888\"} , \"bot_id\":'+bot_id+', \"version\":\"2.0\"}'
        headers = {'Content-Type':'application/json'}
        response = requests.post(url , data=post_data.encode('utf-8') , headers=headers)
    return response.json()['result']['response']['action_list'][0]['say']
```

5. 项目结果

运行程序，调用智能问答机器人“小智”，得到对话结果如图 5-12 所示。

```
In [17]: runfile('D:/Anaconda3/Robot/myRobot/
UseMyRobot.py', wdir='D:/Anaconda3/Robot/myRobot')
问: 北京有多少人?
答: 北京的人口数量是2170.7万人,2017年

In [18]: runfile('D:/Anaconda3/Robot/myRobot/
UseMyRobot.py', wdir='D:/Anaconda3/Robot/myRobot')
问: 中国有多大?
答: 中华人民共和国的面积是 963.4057万平方公里,领海约470万
平方公里

In [19]: runfile('D:/Anaconda3/Robot/myRobot/
UseMyRobot.py', wdir='D:/Anaconda3/Robot/myRobot')
问: 你几岁啦?
答: 这个问题太难了，暂时我还不太会，你可以问问其它问题呢。
```

图 5-12　智能问答系统对话结果

6. 项目小结

本次项目通过百度 UNIT 平台实现了机器人问答功能。当然，目前的机器人还仅限于文本问答，并没有加入语音功能，有兴趣的读者可以加入语音识别、语音合成功能。另外，本次项目尚未使用自定义技能，读者可以自行尝试。

本 章 小 结

本章介绍了智能机器人的概念、特点及应用，以及智能机器人的发展方向。通过本章学习，读者应了解智能机器人的特点，了解智能机器人的定义、分类、关键技术，以及智能机器人将来的重点发展方向。

习　题　5

一、选择题

1. 如果按智能机器人所具有智能程度来分类，下面（　　）不属于我们通常讨论的范畴。

A. 工业机器人　　B. 初级智能　　C. 中级智能　　D. 高级智能

2. 机器人三原则是由（　　）提出的。

A. 森政弘　　B. 托莫维奇

C. 约瑟夫·英格伯格　　D. 阿西莫夫

3. 当代机器人大军中最主要的机器人为（　　）。

A. 工业机器人　　B. 军用机器人　　C. 服务机器人　　D. 特种机器人

4. 机器人的英文单词是（　　）。

A. botre　　B. robot　　C. boret　　D. rebot

5. 在工业和信息化部、国家发展改革委、财政部等三部委联合印发的《机器人产业发展规划（2016—2020 年）》中，明确指出了机器人产业发展要推进重大标志性产品，率先突破。其中十大标志性产品中，有 4 个属于服务机器人领域，其中不包括（　　）

A. 智能型公共服务机器人　　B. 手术机器人

C. 人机协作机器人　　D. 智能护理机器人

二、填空题

1. 无人驾驶汽车又称自动驾驶汽车________、电脑驾驶汽车________或________轮式移动机器人。

2. 智能机器人具备形形色色的内部信息传感器和外部信息传感器，如________、________、________、________。

三、简答题

1. 根据你的了解，写出至少三个无人车公司及产品名称。

2. 简述国家对智能机器人的重点发展方向。

3. 什么是智能机器人？如何理解一般机器人与智能机器人之间的关系？

第 6 章　机器学习与深度学习概述

本章要点

本章首先介绍机器学习的常用算法，接着介绍神经网络，并介绍深度学习的相关概念。本章还配套相应的机器学习项目，读者不仅可以学习到机器学习相关知识，而且能自己动手，体验分类与回归概念。通过本章的学习，读者能够了解神经网络与深度学习概念，也可以对机器学习及其应用有更多的了解。

本章的实践项目为：★机器学习体验
★深度学习体验

小明无意中从老师那里看到了一张信息记录表，上面写了很多同学的各方面数据，从家庭情况到学习情况，从朋友活动情况到生活规律等，如图 6-1 所示。他看着这张表，心里活动开了：我曾经学习过机器学习的理论，能不能从这张表中挖掘出我是哪一类人？能不能估计一下我的课程是否及格？能不能预测出我的课程分数？这三个问题正是机器学习最主要的研究方向。

学生姓名	上网时长	作业时长	学习时长	朋友活动次数	缺勤次数	课堂互动	期中表现	…	期末评定
张伟	<1	4	9	0	0	0	B	…	
李英	3	5	>10	2	0	3	A	…	
刘春	2	6	6	3	0	2	B	…	
王华	>5	2	<1	2	2	0	C	…	
小明	1	4	7	1	1	1	A	…	
赵军	4	3	4	1	0	0	B	…	
陈文	3	5	8	4	0	1	B	…	

图 6-1　从数据中挖掘规律

6.1　机器学习简介

人工智能近年在人机博弈、计算机视觉、语音处理等诸多领域都获得了重要进展，在人脸识别、机器翻译等任务中已经达到甚至超越了人类的表现。尤其是在举世瞩目的围棋“人机大战”中，AlphaGo 以绝对优势先后战胜过去 10 年最强的人类棋手、世界围棋冠军李世石九段和柯洁九段，让人类领略到了人工智能技术的巨大潜力。可以说，近年来人工智能技术所取得的成就，除了计算能力的提高及海量数据的支撑，很大程度上得益于目前机器学习（Machine Learning）理论和技术的进步。

与计算机视觉、语音处理、自然语言处理等应用技术相比，机器学习更偏重于分类、聚类、回归等方向的基础研究，常用算法有支持向量机、神经网络、线性回归、K 均值聚类等。机器学习常用算法如图 6-2 所示。

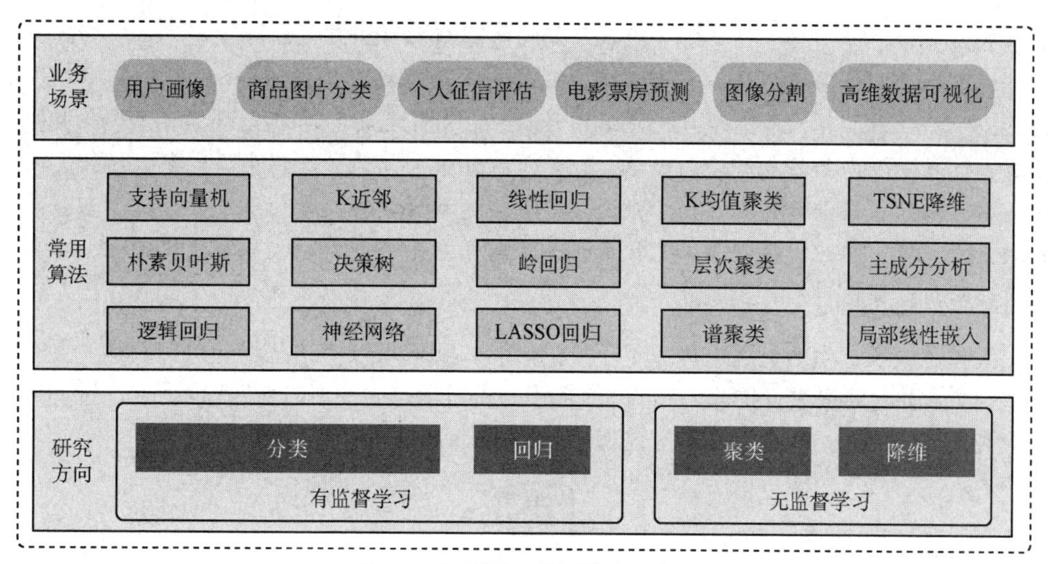

图 6-2 机器学习常用算法及应用

当然，机器学习的研究方向还有半监督学习、强化学习等，关联规则挖掘等算法也得到了广泛的应用。

6.1.1 机器学习的定义

机器学习是一个多学科交叉领域，涵盖计算机科学、概率论知识、统计学知识、近似理论知识。它使用计算机作为工具并致力于真实地模拟人类学习方式。对“机器学习”的定义尚未统一，目前也很难给出一个公认的和准确的定义，目前有下面几种定义：

- 机器学习是一门人工智能的科学，该领域的主要研究对象是人工智能，特别是如何在经验学习中改善具体算法的性能。
- 机器学习是对能通过经验自动改进的计算机算法的研究。
- 机器学习是用数据或以往的经验，以此优化计算机系统的性能。

简单地按照字面理解，机器学习的目的是让机器能像人一样具有学习能力。机器学习领域奠基人之一、美国工程院院士 Mitchell 教授在撰写的经典教材 *Machine Learning* 中所给出的机器学习定义为“利用经验来改善计算机系统自身的性能”。他认为，机器学习是计算机科学和统计学的交叉，同时也是人工智能和数据科学的核心。一般而言，经验对应于历史数据（如互联网数据、科学实验数据等），计算机系统对应于机器学习模型（如决策树、支持向量机等），而性能则是模型对新数据的处理能力（如分类精度和预测性能等）。通俗来说，经验和数据是燃料，性能是目标，而机器学习技术则是火箭，是计算机系统通往智能的技术途径。

更进一步说，机器学习致力于研究如何通过计算的手段，利用经验改善自身的性能，其根本任务是数据的智能分析与建模，进而从数据中挖掘出有价值的信息。随着计算机、通信、传感器等信息技术的飞速发展，信息以指数方式迅速增长。机器学习技术是从数据当中挖掘出有价值信息的重要手段，它通过对数据进行建模，然后估计模型的参数，从而从数据中挖掘出对人类有用的信息。

拓展知识： **机器学习和数据挖掘**

机器学习和数据挖掘有一定的关联，也是一门多领域交叉学科，涉及概率论、统计学、逼近论、凸分析、算法复杂度理论等多门学科。相对于数据挖掘从大数据之间找相关特性而言，机器学习更加注重算法的设计，让计算机能够自动地从数据中“学习”规律，并利用规律对未知数据进行预测。由于机器学习算法通常会涉及大量的统计学理论，与统计推断联系很紧密，因此，统计学家们常常认为机器学习是统计学比较偏向应用的一个分支，是统计学与计算机科学的交叉。

人类在成长、生活过程中积累了不少的经验。我们可以对这些经验进行归纳，并获得一些规律，并对将来进行推测，如图 6-3 所示。机器学习中的“训练”与“预测”过程可以对应到人类的“归纳”和“推测”过程，如图 6-4 所示。

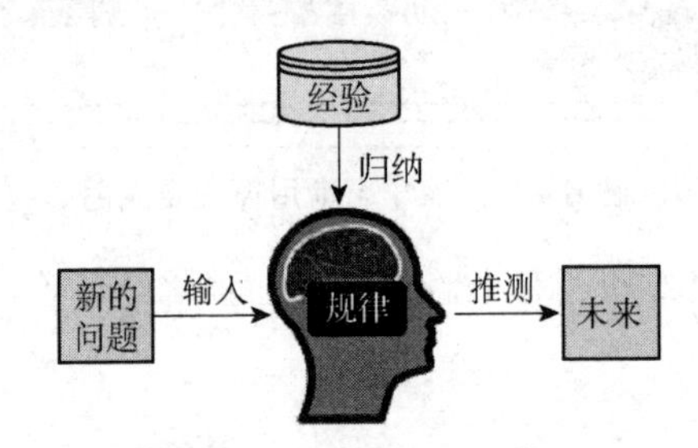

图 6-3　人类从经验中学习

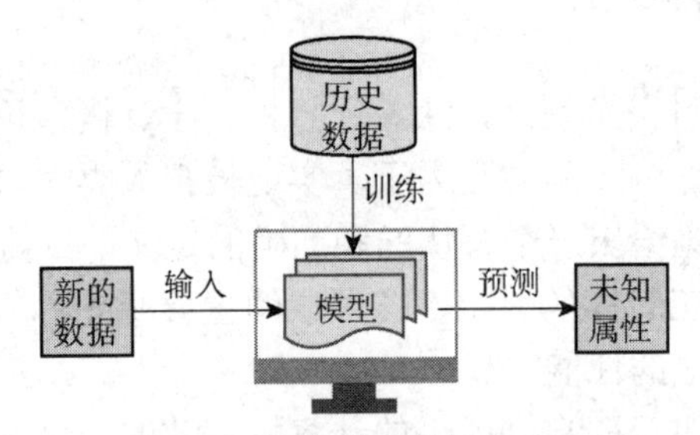

图 6-4　机器学习的基本过程

机器学习中，我们需要一组数据（训练数据集），然后通过一些机器学习算法进行处理（训练），训练得到的模型可以用于对新的数据（测试数据集）进行处理（预测）。“训练”产生“模型”，“模型”指导“预测”。

6.1.2　机器学习算法的分类

一般而言，机器学习可分为有监督学习、无监督学习两大类，当然还可以扩展出半监督学习、强化学习甚至迁移学习等方向。

1. 有监督学习

有监督学习（Supervised Learning）是从给定的训练数据集中学习出一个函数，当新的数据到来时，可以根据这个函数预测结果。监督学习的训练集要求是输入和输出，也可以说是特征和目标，训练集中的目标是由人标注的。常见的监督学习算法包括分类和回归，分类和回归的主要区别就是输出结果是离散的还是连续的。

（1）分类（Classification）

在分类任务中，数据集是由特征向量和它们的标签组成的，当我们学习了这些数据之后，给定一个只知道特征向量不知道标签的数据，可以求它的标签是哪一个。例如，预测明天是阴天、晴天还是下雨天，就是一个分类任务。图6-1中，小明想估计自己的期末成绩能不能及格，就是一个分类问题。

分类任务的常见算法包括：逻辑回归、决策树、随机森林、KNN、支持向量机、朴素贝叶斯、神经网络等。分类示意图，如图6-5所示。

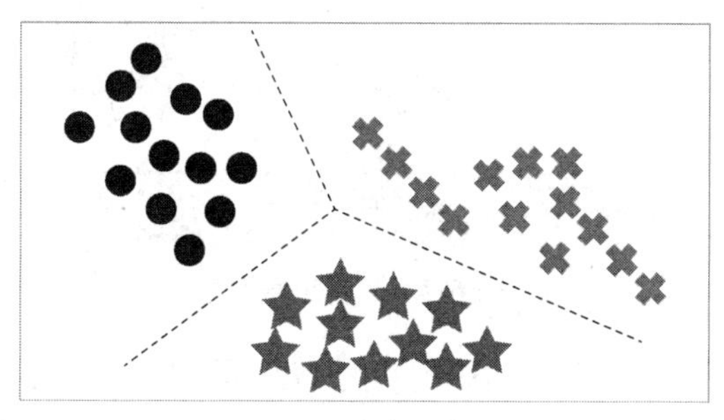

图6-5　分类示意图

（2）回归分析（Regression Analysis）

在回归分析中，数据集是给定一个函数和它的一些坐标点，然后通过回归分析的算法，来估计原函数的模型，求出一个最符合这些已知数据集的函数解析式，然后它就可以用来预估其他未知输出的数据了，当输入一个自变量时，就会根据这个模型解析式输出一个因变量，这些自变量就是特征向量，因变量就是标签，而且标签的值是建立在连续范围的。例如：预测明天的气温是多少度，这是一个回归任务。图6-1中，小明想估计自己的期末成绩可能是多少分，也是一个回归问题。

回归分析的常用算法包括线性回归、神经网络、AdaBoosting等。回归示意图，如图6-6所示。

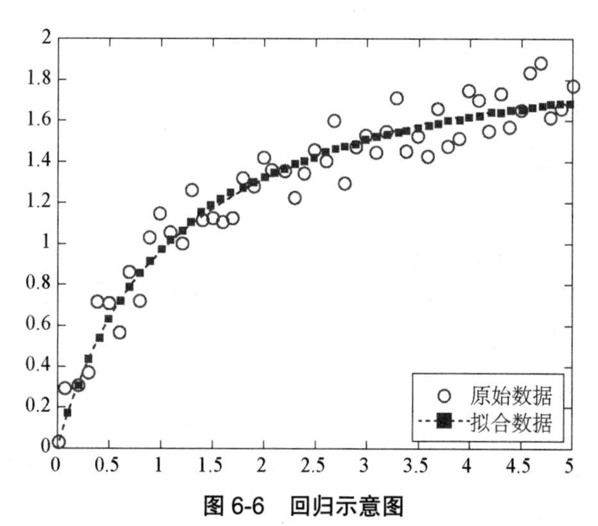

图6-6　回归示意图

2. 无监督学习

无监督学习（UnSupervised Learning）与有监督学习相比，训练集是没有人为标注的。无监督机器学习的应用模式主要包括聚类算法和关联规则抽取。

聚类算法又分 K-means 聚类和层次聚类。聚类分析的目标是创建对象分组，使得同一组内的对象尽可能相似，而处于不同组内的对象尽可能相异。聚类示意图，如图 6-7 所示。图 6-1 中，小明想知道自己属于哪一类学生，就是一个聚类问题。

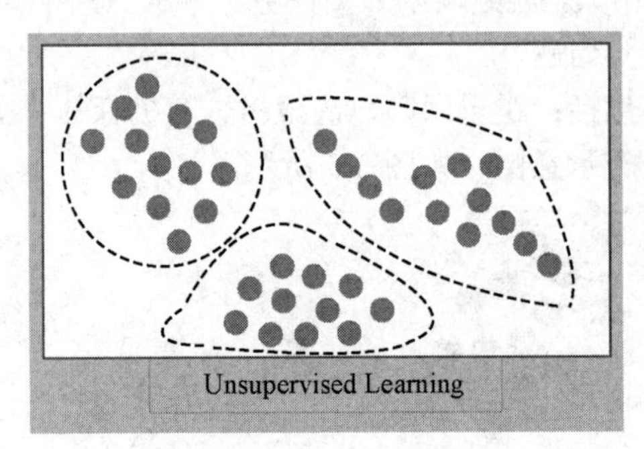

图 6-7　聚类示意图

关联规则抽取在生活中得到了很多应用。沃尔玛拥有世界上最大的数据仓库系统，为了能够准确了解顾客在其门店的购买习惯，沃尔玛对其顾客的购物行为进行购物篮分析，想知道顾客经常一起购买的商品有哪些，发现跟尿布一起购买最多的商品竟是啤酒！经过大量实际调查和分析，揭示了一个隐藏在“尿布与啤酒”背后的美国人的一种行为模式：在美国，一些年轻的父亲下班后经常要到超市去买婴儿尿布，而他们中有 30%～40%的人同时也为自己买一些啤酒。产生这一现象的原因是：美国的太太们常叮嘱她们的丈夫下班后为小孩买尿布，而丈夫们在买尿布后又随手带回了他们喜欢的啤酒。

3. 半监督学习

半监督学习（Semi-Supervised Learning，SSL）是模式识别和机器学习领域研究的重点问题，是有监督学习与无监督学习相结合的一种学习方法。半监督学习使用大量的未标记数据，以及同时使用标记数据，来进行模式识别工作。当使用半监督学习时，将会要求尽量少的人员来从事标注工作，同时，又能够带来比较高的准确性，因此，半监督学习目前正越来越受到人们的重视。

4. 迁移学习

随着计算硬件和算法的发展，缺乏有标签数据的问题逐渐凸显出来，不是每个领域都会像 ImageNet 那样花费大量的人工标注来产出一些数据，尤其针对工业界，每时每刻都在产生大量的新数据，标注这些数据是一件耗时耗力的事情。因此，目前有监督学习虽然能够解决很多重要的问题，却也存在着一定的局限性，基于这样的一个环境，迁移学习变得尤为重要。

迁移学习适用场景：假定源域（Source Domain）中有较多的样本，能较好地完成源任务（Source Task），而目标域（Target Domain）中样本量较少，不能较好地完成目标任务（Target Task），也即分类或者回归的性能不稳定。这时候，可以利用源域的样本或者模型来协助提升目标任务的性能。

其中域（Domain），包括两个内容 $D=(X, P(X))$，X 是特征空间，它代表了所有可能特征向量取值，$P(X)$ 是边缘概率分布，它代表了某种特定的采样。例如，X 是一个二维空间，$P(X)$ 为过原点的一条直线。任务（Task），它也包括两个部分 $T=(Y, f(x))$，标签空间和预测函数。预测函数是基于输入的特征向量和标签学习而来的，它也称为条件概率分布 $P(y|x)$。

当然，其中源域与目标域之间有一定的相关性，但又不完全相同。如果源域与目标域是相同的，则可以直接合并两个任务，不存在迁移之说。而如果源域与目标域没有相关性，或者相关性很弱，则将源域信息加入训练，不仅不会提升，反而可能损害目标任务的性能，即产生负迁移现象。

5. 强化学习

强化学习（Reinforcement Learning，RL），又称再励学习、评价学习或增强学习，是机器学习的范式和方法论之一，用于描述和解决智能体（Agent）在与环境的交互过程中通过学习策略以达成回报最大化或实现特定目标的问题。强化学习问题经常在信息论、博弈论、自动控制等领域讨论，被用于解释有限理性条件下的平衡态、设计推荐系统和机器人交互系统。一些复杂的强化学习算法在一定程度上具备解决复杂问题的通用智能，可以在围棋和电子游戏中达到或者超过人类水平。

强化学习是从动物学习、参数扰动自适应控制等理论发展而来的，其基本原理是：如果智能体（Agent）的某个行为策略导致环境正的奖赏（强化信号），那么 Agent 以后产生这个行为策略的趋势便会加强。Agent 的目标是在每个离散状态发现最优策略，以使期望的折扣奖赏和达到最大。

强化学习把学习看作试探评价过程，Agent 选择一个动作用于环境，环境接受该动作后状态发生变化，同时产生一个强化信号（奖或惩）反馈给 Agent，Agent 根据强化信号和环境当前状态再选择下一个动作，选择的原则是使受到正强化（奖）的概率增大。选择的动作不仅影响立即强化值，而且影响环境下一时刻的状态及最终的强化值，如图 6-8 所示。

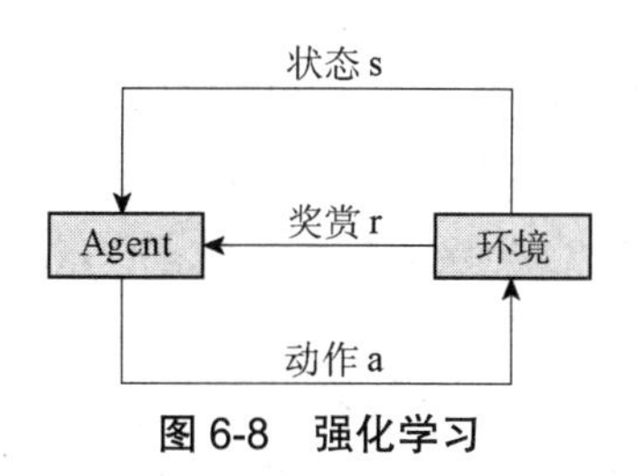

图 6-8　强化学习

强化学习不同于连接主义学习中的有监督学习，主要表现在教师信号上，强化学习中由环境提供的强化信号是 Agent 对所产生动作的好坏做一种评价（通常为标量信号），而不是告诉 Agent 如何去产生正确的动作。由于外部环境提供了很少的信息，Agent 必须靠自身的经历进行学习。通过这种方式，Agent 在行动–评价的环境中获得知识，改进行动方案以适应环境。

强化学习系统学习的目标是动态地调整参数，以使强化信号达到最大。若已知 r/a 梯度信息，则直接可以使用有监督学习算法。因为强化信号 r 与 Agent 产生的动作 a 没有明确的函数形式描述，所以梯度信息 r/a 无法得到。因此，在强化学习系统中，需要某种随机单元，使用这种随机单元，Agent 在可能动作空间中进行搜索并发现正确的动作。

6.2 机器学习常用算法

在神经网络的成功的带动下，越来越多的研究人员和开发人员都开始重新和审视机器学习，开始尝试用某些机器学习方法自动解决一些应用问题。

以下将介绍数据科学家们最常使用的几种机器学习算法，包括线性回归、支持向量机、K-近邻算法、决策树、K-Means 算法。

6.2.1 线性回归

线性回归（Linear Regression）是利用数理统计中的回归分析，来确定两种或两种以上变量间相互依赖的定量关系的一种统计分析方法，运用十分广泛。其表达形式为 $y=w'x+e$，e 为误差服从均值为 0 的正态分布。回归分析中，如果只包括一个自变量和一个因变量，且二者的关系可用一条直线近似表示，这种回归分析称为一元线性回归分析。如果回归分析中包括两个或两个以上的自变量，且因变量和自变量之间是线性关系，则称为多元线性回归分析。

线性回归是回归分析中第一种经过严格研究并在实际应用中广泛使用的类型。这是因为线性依赖于其未知参数的模型比非线性依赖于其未知参数的模型更容易拟合，而且产生的估计的统计特性也更容易确定。机器学习中，有一个奥卡姆剃刀（Occam's razor）原则，主张选择与经验观察一致的最简单假设，是一种常用的、自然科学研究中最基本的原则，即“若有多个假设与观察一致，则选最简单的那个”。线性回归无疑是奥卡姆剃刀原则最好的例子。

一般来说，线性回归都可以通过最小二乘法求出其方程，可以计算出 $y=w'x+e$ 的直线。但是线性回归模型也可能用别的方法来拟合，比如用最小化“拟合缺陷”。另外，最小二乘逼近也可以用来拟合那些非线性的模型。因此，尽管“最小二乘法”和“线性模型”是紧密相连的，但它们并不能画等号。

人们早就知晓，相比凉爽的天气，蟋蟀在较为炎热的天气里鸣叫更为频繁。数十年来，专业和业余昆虫学者已将每分钟的鸣叫声和温度方面的数据编入目录。现在，我们已经拥有蟋蟀数据库，希望利用该数据库训练一个模型，从而预测鸣叫声与温度的关系。我们首先将数据绘制成图表，了解数据的分布情况，如图 6-9（a）所示。我们可以发现，数据的分布接近一条直线。

可以画出一条直线，来模拟每分钟的鸣叫声与温度（摄氏度）的关系，如图 6-9（b）所示。事实上，虽然该直线并未精确无误地经过每个点，但针对我们拥有的数据，清楚地显示了鸣叫声与温度之间的关系。只需运用一点代数知识，就可以将这种关系写下来，如下所示：

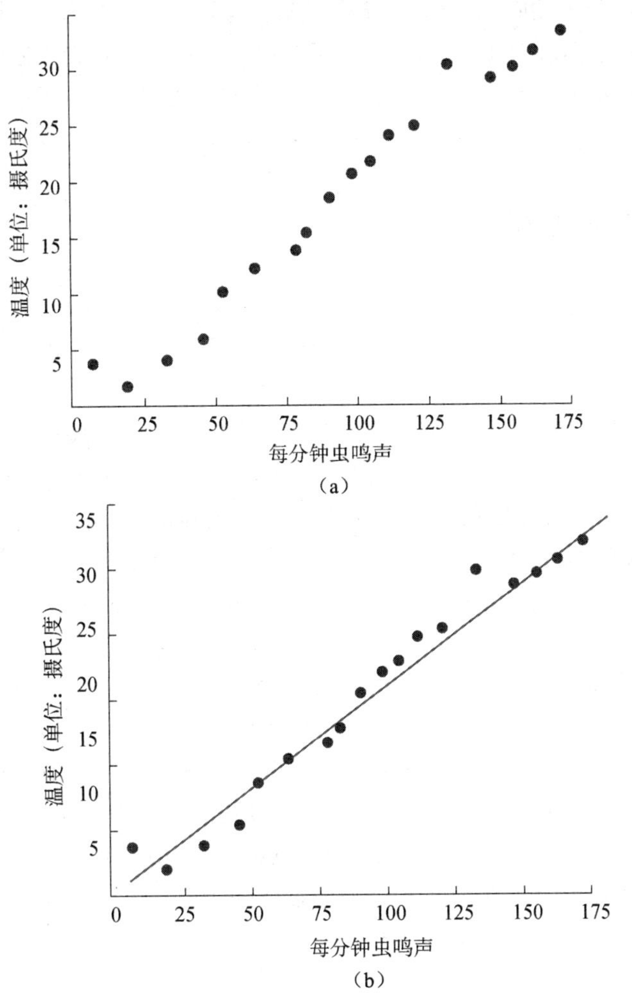

图 6-9　每分钟的鸣叫声与温度（摄氏度）的关系

$$y=kx+b$$

其中，

- y 指的是温度（以摄氏度表示），即我们试图预测的值。
- b 指的是 y 轴截距。
- x 指的是每分钟的鸣叫声次数，即输入特征的值。
- k 指的是直线的斜率。

按照机器学习的惯例，需要写一个存在细微差别的模型方程式：

$$y'=w_1x_1+b$$

其中，

- y'指的是预测标签（理想输出值）。
- b 指的是偏差（y 轴截距）或偏置项（bias）。而在一些机器学习文档中，它称为 w_0。

- x_1 指的是特征（已知输入项）。
- w_1 指的是特征 1 的权重。权重与上面用 k 表示的“斜率”的概念相同。

要根据新的每分钟的鸣叫声值 x_1 推断（预测）温度 y'，只需将 x_1 的值代入此模型即可。

另外，本例中下标（例如 w_1 和 x_1）表示有单个输入特征 x_1 和相应的单个权重 w_1。如果有多个输入特征表示更复杂的模型，例如，具有两个特征的模型，则可以采用以下方程式：

$$y'=w_1x_1+w_2x_2+b$$

6.2.2 支持向量机

在深度学习盛行之前，支持向量机（Support Vector Machine，SVM）是最常用并且最常被谈到的机器学习算法。支持向量机是一种有监督学习方式，可以进行分类，也可以进行回归分析。

SVM 被提出于 1964 年，在 20 世纪 90 年代后得到快速发展并衍生出一系列改进和扩展算法，在人像识别、文本分类等模式识别（Pattern Recognition）问题中得到应用。SVM 使用铰链损失函数（Hinge Loss）计算经验风险（Empirical Risk），并在求解系统中加入了正则化项，以优化结构风险（Structural Risk），是一个具有稀疏性和稳健性的分类器。SVM 可以通过核方法（Kernel Method）进行非线性分类，是常见的核学习（Kernel Learning）方法之一。

支持向量机原理可由图 6-10 来表示，图中表示的是线性可分状况。其中，图中的直线 A 和直线 B 为决策边界，实线两边的相应虚线为间隔边界，间隔边界上的带圈点为支持向量。在图 6-10（a）中，我们可以看到有两个类别的数据，而图 6-10（b）和图 6-10（c）中的直线 A 和直线 B 都可以把这两类数据点分开。那么，到底选用直接 A 还是直线 B 来作为分类边界呢？支持向量机采用间隔最大化（Maximum Margin）原则，即选用到间隔边界的距离最大的决策直线。由于直线 A 到它两边虚线的距离更大，也就是间隔更大，则直线 A 将比直线 B 有更多的机会成为决策函数。

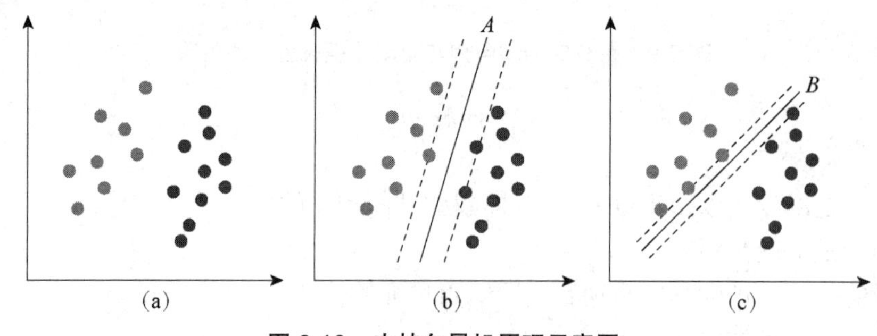

图 6-10　支持向量机原理示意图

在小样本的场景中，SVM 是分类性能最稳定的分类器。

6.2.3 决策树

决策树（Decision Tree）是在已知各种情况发生概率的基础上，通过构成决策树来求取净现值的期望值大于等于零的概率，评价项目风险，判断其可行性的决策分析方法，是直观运用概率分析的一种图解法。由于这种决策分支画成的图形很像一棵树的枝干，故称决策树，如图 6-11 所示。在机器学习中，决策树是一个预测模型，它代表的是对象属性与对象值之间的一种映射关系。

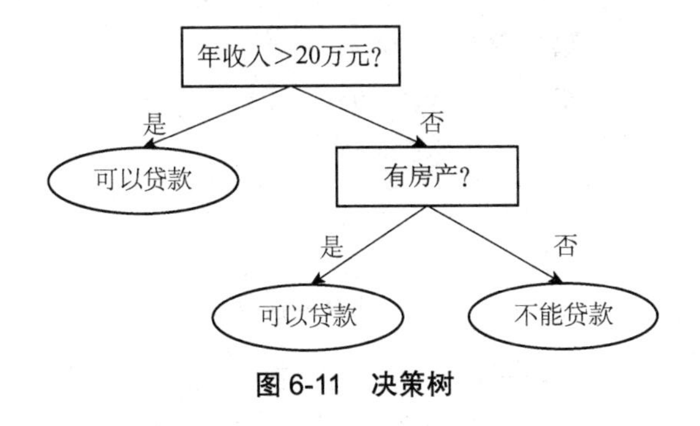

图 6-11　决策树

决策树是一种树形结构，其中每个内部节点表示一个属性上的测试，每个分支代表一个测试输出，每个叶节点代表一种类别。

分类树（决策树）是一种十分常用的分类方法，是机器学习预测建模的一类重要算法。我们可以用二叉树来解释决策树模型。图 6-11 中根据算法和数据结构建立的二叉树，每个节点代表一个输入变量及变量的分叉点。

决策树的叶节点包括用于预测的输出变量。通过树的各分支到达叶节点，并输出对应叶节点的分类值。树可以进行快速的学习和预测，通常并不需要对数据做特殊的处理，就可以使用这个方法对多种问题得到准确的结果。

6.2.4　K–近邻算法

1. K-近邻算法的原理

K-近邻算法（K-Nearest Neighbor，KNN）的工作原理：存在一个样本数据集合，也称为训练样本集，并且样本集中的每个数据都存在标签，即我们知道样本集中的每一数据与所属分类对应的关系。输入没有标签的数据后，将新数据中的每个特征与样本集中数据对应的特征进行比较，提取出样本集中特征最相似的 K 个最近邻数据的分类标签。

2. KNN 算法的流程

KNN 算法可以分为以下 5 个步骤：

- 计算测试数据与各个训练数据之间的距离。
- 按照距离的递增关系进行排序。
- 选取距离最小的 K 个点。
- 确定前 K 个点所在类别的出现频率。
- 返回前 K 个点中出现频率最高的类别作为测试数据的预测分类。

图 6-12 给出了 KNN 算法中 K 值选取的规则。图中的数据集中的数据是良好的数据，

即都有对应的标签。一类是正方形，一类是三角形，圆形表示待分类的数据。

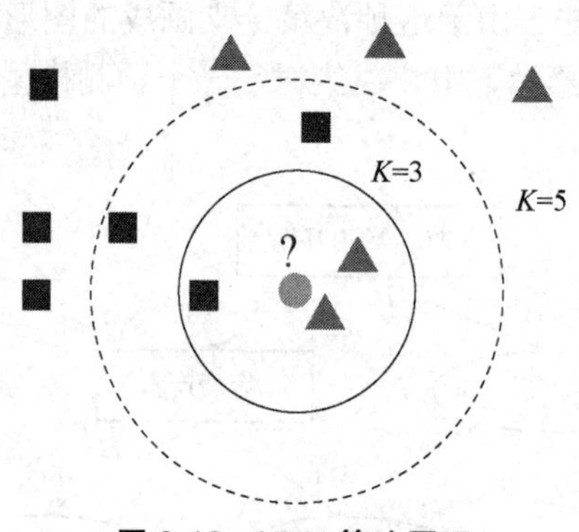

图 6-12　KNN 算法原理

K=3 时（图中实线），范围内三角形多，这个待分类点属于三角形。

K=5 时（图中虚线），范围内正方形多，这个待分类点属于正方形。

如何选择一个最佳的 K 值取决于数据。一般情况下，在分类时较大的 K 值能够减小噪声的影响，但会使类别之间的界限变得模糊。因此，K 的取值一般比较小（K<20）。

3. KNN 算法的优缺点

优点：简单，易于理解，无须建模与训练，易于实现；适合对稀有事件进行分类；适合于多分类问题，例如，根据基因特征来判断其功能分类，KNN 比 SVM 的表现要好。

缺点：惰性算法，内存开销大，对测试样本分类时计算量大，性能较低；可解释性差，无法给出决策树那样的规则。

6.2.5　朴素贝叶斯算法

1. 朴素贝叶斯概念

贝叶斯方法以贝叶斯原理为基础，使用概率统计的知识对样本数据集进行分类。由于其有着坚实的数学基础，贝叶斯分类算法的误判率是很低的。贝叶斯方法的特点是结合先验概率和后验概率，既避免了只使用先验概率的主观偏见，也避免了单独使用样本信息的过拟合现象。贝叶斯分类算法在数据集较大的情况下表现出较高的准确率，同时算法本身也比较简单。

朴素贝叶斯算法（Naive Bayesian Algorithm）是应用最为广泛的分类算法之一。朴素贝叶斯方法在贝叶斯算法的基础上进行了相应的简化，即假定给定目标值时，属性之间相互条件独立。也就是说，没有哪个属性变量对于决策结果来说占有较大的比重，也没有哪个属性变量对于决策结果占有较小的比重。虽然这个简化方式在一定程度上降低了贝叶斯分类算法的分类效果，但是在实际的应用场景中，极大地简化了贝叶斯方法的复杂性。

2. 朴素贝叶斯算法的优缺点

优点：朴素贝叶斯算法假设数据集属性之间是相互独立的，因此，算法的逻辑性十分简单，并且算法较为稳定，当数据呈现不同的特点时，朴素贝叶斯的分类性能不会有太大的差异。换句话说，朴素贝叶斯算法的健壮性比较好，对于不同类型的数据集不会呈现出太大的差异性。当数据集属性之间的关系相对比较独立时，朴素贝叶斯分类算法会有较好的效果。

缺点：属性独立性的条件同时也是朴素贝叶斯分类器的不足之处。数据集属性的独立性在很多情况下是很难满足的，因为数据集的属性之间往往都存在着相互关联，如果在分类过程中出现这种问题，会导致分类的效果大大降低。

3. 朴素贝叶斯算法应用

分类是数据分析和机器学习领域的一个基本问题。文本分类已广泛应用于网络信息过滤、信息检索和信息推荐等多个方面。数据驱动分类器学习一直是近年来的热点，方法有很多，比如神经网络、决策树、支持向量机、朴素贝叶斯等。相对于其他精心设计的更复杂的分类算法，朴素贝叶斯分类算法是学习效率和分类效果较好的分类器之一。直观的文本分类算法，也是最简单的贝叶斯分类器，具有很好的可解释性。朴素贝叶斯算法的特点是假设所有特征的出现相互独立、互不影响，每一特征同等重要。但事实上这个假设在现实世界中并不成立：首先，相邻的两个词之间的必然联系，不能独立；其次，对一篇文章来说，其中的某一些代表词就确定它的主题，不需要通读整篇文章、查看所有词。所以需要采用合适的方法进行特征选择，这样朴素贝叶斯分类器才能达到更高的分类效率。

朴素贝叶斯算法在文字识别、图像识别方面有着较为重要的作用。可以将未知的一种文字或图像，根据其已有的分类规则来进行分类，最终达到分类的目的。

现实生活中朴素贝叶斯算法应用广泛，如文本分类、垃圾邮件的分类、信用评估、钓鱼网站检测等。

6.2.6　K 均值聚类算法

分类作为一种监督学习方法，需要事先知道样本的各种类别信息。当对海量数据进行分类时，为了降低数据满足分类算法要求所需要的预处理代价，往往需要选择无监督学习的聚类算法。

K 均值聚类（K-Means Clustering）就是最典型的聚类算法之一。这是一种迭代求解的聚类分析算法，其步骤是随机选取 K 个对象作为初始的聚类中心，然后计算每个对象与各个种子聚类中心之间的距离，把每个对象分配给距离它最近的聚类中心。聚类中心及分配给它们的对象就代表一个聚类。每分配一个样本，聚类的聚类中心会根据聚类中现有的对象被重新计算。这个过程将不断重复直到满足某个终止条件。终止条件可以是没有（或最小数目）对象被重新分配给不同的聚类、没有（或最小数目）聚类中心再发生变化、误差平方和局部最小。

1. K 均值聚类算法原理

对给定的样本集，事先确定聚类簇数 K，让簇内的样本尽可能紧密分布在一起，使簇间的距离尽可能大。该算法试图使集群数据分为 n 组独立数据样本，使 n 组集群间的方差相等，数学描述为最小化惯性或最小化集群内的平方和。K 均值聚类算法作为无监督的聚类算法，实现较简单，聚类效果好，因此，被广泛使用。

2. K 均值聚类算法步骤及流程

算法步骤：

输入：样本集 D，簇的数目 K，最大迭代次数 N。

输出：簇划分（K 个簇，使平方误差最小）。

算法流程如图 6-13 所示。

① 为每个聚类选择一个初始聚类中心。

② 将样本集按照最小距离原则分配到最邻近聚类。

③ 使用每个聚类的样本均值更新聚类中心。

④ 重复步骤②、③，直到聚类中心不再发生变化。

⑤ 输出最终的聚类中心和 K 个簇划分。

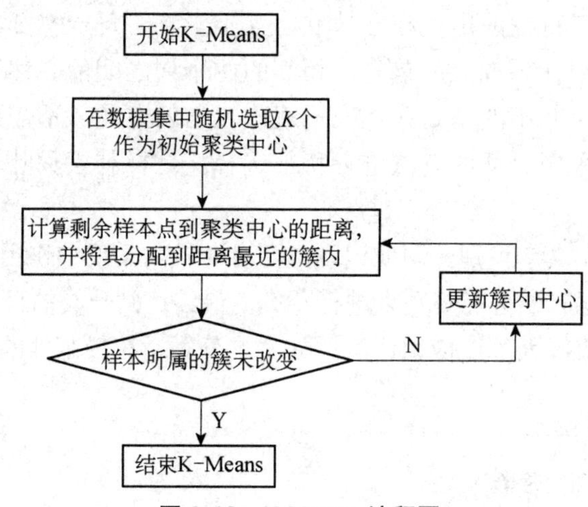

图 6-13 K-Means 流程图

3. K 均值聚类算法优缺点

（1）优点

- 原理易懂、易于实现。
- 当簇间的区别较明显时，聚类效果较好。

（2）缺点

- 当样本集规模大时，收敛速度会变慢。
- 对孤立点数据敏感，少量噪声就会对平均值造成较大影响。
- K 的取值十分关键，对不同数据集，K 选择没有参考性，需要大量实验。

6.3 神经网络简介

人工神经网络（Artificial Neural Networks，ANNs）也简称为神经网络（NNs）或称作

连接模型（Connection Model），它是一种模仿动物神经网络行为特征，进行分布式并行信息处理的算法模型。这种网络依靠系统的复杂程度，通过调整内部大量节点之间相互连接的关系，从而达到处理信息的目的。在工程与学术界也常直接简称为“神经网络”或类神经网络。

6.3.1　神经元结构

1904 年，生物学家了解了神经元的组成结构。神经元通过树突接收信号，到达一定的阈值后会激活神经元细胞，通过轴突把信号传递到末端其他神经元，如图 6-14 所示。

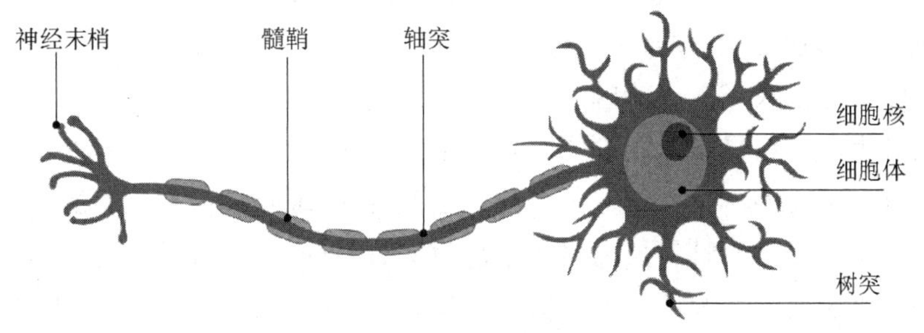

图 6-14　神经元的结构图

1943 年，心理学家 Warren McCulloch 和数学家 Walter Pits 发明了神经元模型，非常类似人类的神经元，x_1 到 x_m 模拟树突的输入，不同的权重参数衡量不同的输入对输出的影响，通过加权求和、增加偏置值的方式传输出来，再通过激活函数，得到输出，传递下去，如图 6-15 所示。

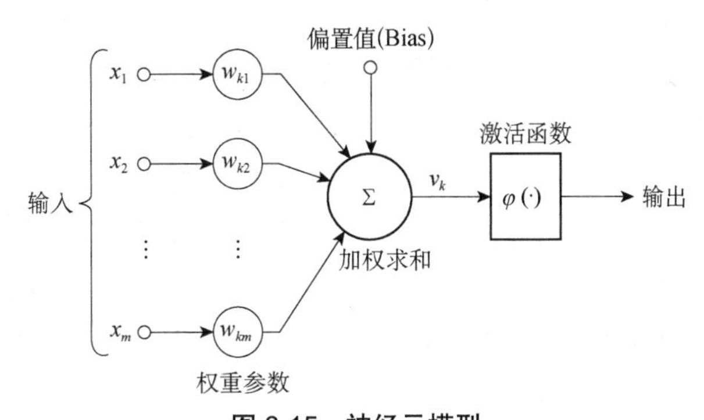

图 6-15　神经元模型

此模型沿用至今，并且直接影响着这一领域研究的进展。因而，他们两人可称为人工神经网络研究的先驱。

6.3.2　神经网络结构

1945 年，冯 • 诺依曼领导的设计小组试制成功存储程序式电子计算机，标志着电子计算机时代的开始。1948 年，他在研究工作中比较了人脑结构与存储程序式计算机的根本区别，提出了以简单神经元构成的再生自动机网络结构。但是，由于指令存储式计算机技术的发展非常迅速，迫使他放弃了神经网络研究的新途径，继续投身于指令存储式计算机技术的研究，并在此领域做出了巨大贡献。虽然冯·诺依曼的名字是与普通计算机联系在一起的，但他也是人工神经网络研究的先驱之一。

20 世纪 50 年代末，F. Rosenblatt 设计制作了"感知机"，它是一种多层的神经网络。这项工作首次把人工神经网络的研究从理论探讨付诸工程实践。当时，世界上许多实验室仿效制作感知机，分别应用于文字识别、声音识别、声呐信号识别及学习记忆问题的研究。然而，这次人工神经网络的研究高潮未能持续很久，许多人陆续放弃了这方面的研究工作，这是因为当时数字计算机的发展处于全盛时期，许多人误以为数字计算机可以解决人工智能、模式识别、专家系统等方面的一切问题，因而感知机方面的研究工作被冷落了；其次，当时的电子技术工艺水平比较落后，主要的元件是电子管或晶体管，利用它们制作的神经网络体积庞大，价格昂贵，要制作在规模上与真实的神经网络相似是完全不可能的；另外，1968 年一本名为《感知机》的著作指出线性感知机功能是有限的，它不能解决如异或这样的基本问题，而且多层网络还不能找到有效的计算方法，这些论点促使大批研究人员对于人工神经网络的前景失去信心。20 世纪 60 年代末期，人工神经网络的研究进入了低潮。

另外，在 20 世纪 60 年代初期，Widrow 提出了自适应线性元件网络，这是一种连续取值的线性加权求和阈值网络。后来，在此基础上发展了非线性多层自适应网络。当时，这些工作虽未标出神经网络的名称，而实际上就是一种人工神经网络模型。

随着人们对感知机兴趣的衰退，神经网络的研究沉寂了相当长的时间。20 世纪 80 年代初期，模拟与数字混合的超大规模集成电路制作技术提高到新的水平，完全付诸实用化，此外，数字计算机的发展在若干应用领域遇到困难。这一背景预示，向人工神经网络寻求出路的时机已经成熟。美国的物理学家 Hopfield 于 1982 年和 1984 年在美国科学院院刊上发表了两篇关于人工神经网络研究的论文，引起了巨大的反响。Hopfield 神经网络 HNN（Hopfiled Neural Network）是一种结合存储系统和二元系统的神经网络。它保证了向局部极小的收敛，但收敛到错误的局部极小值（Local Minimum），而非全局极小（Global Minimum）的情况也可能发生。Hopfield 神经网络也提供了模拟人类记忆的模型。人们重新认识到神经网络的威力及付诸应用的现实性。随即，一大批学者和研究人员围绕着 Hopfield 提出的方法展开了进一步的工作，形成了 80 年代中期以来人工神经网络的研究热潮。

神经网络是由多个神经元组成的网络，如图 6-16 所示。以手写数字识别的项目为例，如图 6-17 所示中的 0～9 的手写数字，它们由像素组成，每个像素的值作为输入层的 x_1 到 x_n，输入层的信号传给不同深度、数量的神经元，并进行加权计算，神经元再把信号传给下一级，最后输出一个结果 y，代表是 0～9 中的某个数字，如图 6-18 所示。

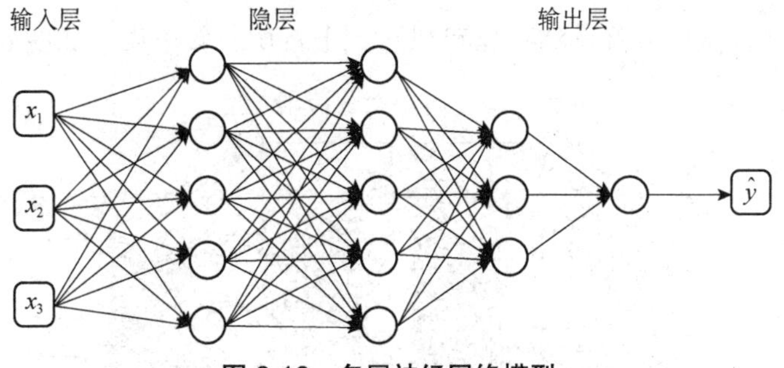

图 6-16　多层神经网络模型

图 6-17　手写数字

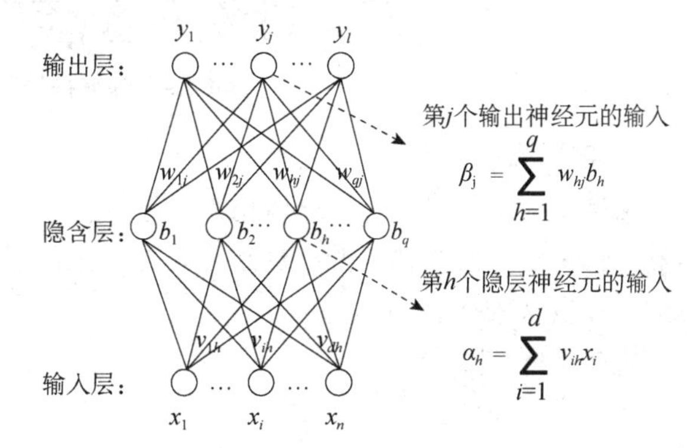

图 6-18　单层神经网络模型

6.4　深度学习简介

深度学习是人工智能领域的一项重要技术。说到深度学习，大家第一个想到的肯定是AlphaGo，通过一次又一次的学习、更新算法，最终在人机大战中打败围棋大师。对于一个智能系统来讲，深度学习的能力大小，决定着它在多大程度上能达到用户对它的期待。

深度学习的过程可以概括描述为：

- 构建一个网络并且随机初始化所有连接的权重。
- 将大量的数据情况输出到这个网络中。
- 网络处理这些动作并且进行学习。
- 如果这个动作符合指定的要求，将会增强权重；如果不符合，则会降低权重。
- 系统通过如上过程调整权重。
- 在成千上万次的学习之后，其能力超过人类的表现。

6.4.1　深度神经网络

1. 深度神经网络定义

神经网络包括输入层、隐藏层、输出层。通常来说，隐藏层达到或超过 3 层，就可以称为深度神经网络，深度神经网络通常可以达到上百层、数千层，如图 6-19 所示。

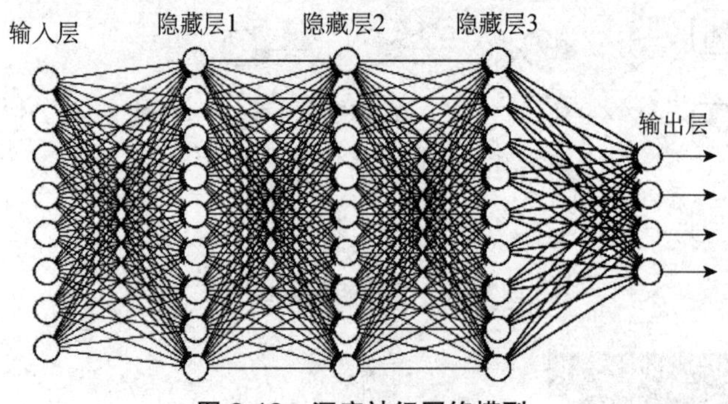

图 6-19　深度神经网络模型

2. 常见激活函数

深度学习中，如果每一层输出都是上层输入的线性函数，那么不管有多少次隐藏层的运算，输出结果都是输入的线性组合，与不采用隐藏层时的效果相当，这种情况就是最原始的感知机（Perceptron）。

比如下面的三个方程：

$$x = 2 * t + 3 \tag{6-1}$$

$$y = 3 * x + 4 \tag{6-2}$$

$$y = 3 * (2 * t + 3) + 4 = 6 * t + 13 \tag{6-3}$$

在上面的三个方程中，前两个方程都是线性函数，将它们组合在一起形成新的函数【见式（6-3）】，仍然是一个线性函数，两个隐藏层与一个隐藏层是等效的。

在这种情况下，可以引入非线性函数作为激活函数，使输出信息可以逼近任意函数。这种非线性函数，称为激活函数（也称为激励函数）。

常见的激活函数包括 Sigmoid 函数、Tanh 函数和 ReLU 函数，如图 6-20 所示。

Sigmoid 函数的输出范围为 0～1，x 很小时，y 趋近于 0，x 越大，y 值越大，最终趋近于 1。

Tanh 函数的输出范围为−1 到 1。

ReLU 函数 x 值大于 0 的时候，信号原样输出，x 值小于 0 的时候不输出。

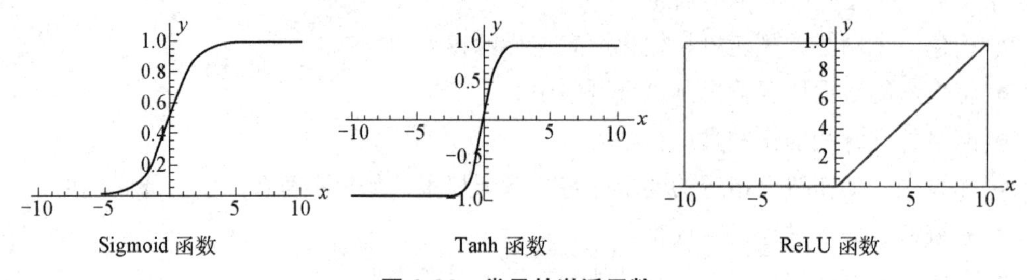

图 6-20　常见的激活函数

6.4.2　卷积神经网络及原理

卷积神经网络（Convolutional Neural Network，CNN）是深度学习中最重要的概念之一。卷积神经网络具有表征学习（Representation Learning）能力，能够按其阶层结构对输入信息进行平移不变分类（Shift-invariant Classification），因此也被称为“平移不变人工神经网络（Shift-Invariant Artificial Neural Networks，SIANN）”。20 世纪 60 年代，Hubel 和 Wiesel 在研究猫脑皮层中用于局部敏感和方向选择的神经元时发现，其独特的网络结构可以有效降低神经网络的复杂性。1998 年，Yann LeCun 提出了 LeNet 神经网络，标志着第一个采用卷积思想的神经网络面世。进入 21 世纪，随着深度学习理论的提出和数值计算设备的改进，卷积神经网络得到了快速发展，并被应用于计算机视觉、自然语言处理等领域。

卷积神经网络仿造生物的视知觉（Visual Perception）机制构建，可以进行监督学习和无监督学习，其隐藏层内的卷积核参数共享和层间连接的稀疏性，使得卷积神经网络能够以较小的计算量对格点化（Grid-like Topology）特征（例如，像素和音频）进行学习、有稳定的效果且对数据没有额外的特征工程（Feature Engineering）要求。

1. 卷积神经网络历史

对卷积神经网络的研究可追溯至日本学者福岛邦彦（Kunihiko Fukushima）提出的 neocognitron 模型。在其 1979 和 1980 年发表的论文中，福岛仿造生物的视觉皮层（Visual Cortex）设计了以“neocognitron”命名的神经网络。neocognitron 是一个具有深度结构的神经网络，并且是最早被提出的深度学习算法之一，其隐藏层由 S 层（Simple-layer）和 C 层（Complex-layer）交替构成。其中 S 层单元在感受野（Receptive Field）内对图像特征进行提取，C 层单元接收和响应不同感受野返回的相同特征。neocognitron 的 S 层-C 层组合能够进行特征提取和筛选，部分实现了卷积神经网络中卷积层（Convolution Layer）和池化层（Pooling Layer）的功能，被认为是启发了卷积神经网络的开创性研究。

第一个卷积神经网络是 1987 年由 Alexander Waibel 等提出的时间延迟网络（Time Delay Neural Network，TDNN）。TDNN 是一个应用于语音识别问题的卷积神经网络，使用快速傅立叶变换预处理的语音信号作为输入，其隐藏层由两个一维卷积核组成，以提取频率域上的平移不变特征。由于在 TDNN 出现之前，人工智能领域在反向传播算法（Back-Propagation，BP）的研究中取得了突破性进展，因此，TDNN 得以使用 BP 框架内进行学习。在比较试验中，TDNN 的表现超过了同等条件下的隐马尔可夫模型（Hidden Markov Model，HMM），而后者是 20 世纪 80 年代语音识别的主流算法。

1988 年，Wei Zhang 提出了第一个二维卷积神经网络：平移不变人工神经网络（SIANN），并将其应用于检测医学影像。独立于 Wei Zhang，Yann LeCun 在 1989 年同样构建了应用于计算机视觉问题的卷积神经网络，即 LeNet 的最初版本。LeNet 包含 2 个卷积层，2 个全连接层，共计 6 万个学习参数，规模远超 TDNN 和 SIANN，且在结构上与现代的卷积神经网络十分接近。LeCun 在 1989 年对权重进行随机初始化后，使用了随机梯度下降（Stochastic Gradient Descent，SGD）进行学习，这一策略被其后的深度学习研究所保留。此外，LeCun 于 1989 年在论述其网络结构时首次使用了“卷积”一词，“卷积神经网络”也因此得名。

LeCun 的工作在 1993 年由贝尔实验室（AT&T Bell Laboratories）完成代码开发并被部署于 NCR（National Cash Register Coporation）的支票读取系统。但总体而言，由于数值计算能力有限、学习样本不足，加上同一时期以支持向量机（Support Vector Machine，SVM）为代表的核学习（Kernel Learning）方法的兴起，这一时期为各类图像处理问题设计的卷积神经网络停留在了研究阶段，应用端的推广较少。

在 LeNet 的基础上，1998 年，Yann LeCun 及其合作者构建了更加完备的卷积神经网络 LeNet-5，并在手写数字的识别问题中取得成功。LeNet-5 沿用了 LeCun 的学习策略，并在原有设计中加入了池化层对输入特征进行筛选。LeNet-5 及其后产生的变体定义了现代卷积神经网络的基本结构，其构筑中交替出现的卷积层-池化层被认为能够提取输入图像的平移不变特征。LeNet-5 的成功使卷积神经网络的应用得到关注，微软在 2003 年使用卷积神经网络开发了光学字符读取（Optical Character Recognition，OCR）系统。其他基于卷积神经网络的应用研究也得到展开，包括人像识别、手势识别等。

在 2006 年深度学习理论被提出后，卷积神经网络的表征学习能力得到了关注，并随着数值计算设备的更新得到发展。自 2012 年的 AlexNet 开始，得到 GPU 计算集群支持的复杂卷积神经网络，多次成为 ImageNet 大规模视觉识别竞赛（ImageNet Large Scale Visual Recognition Challenge，ILSVRC）的优胜算法，包括 2013 年的 ZFNet、2014 年的 VGGNet、GoogLeNet 和 2015 年的 ResNet。

2. 卷积神经网络原理

以动物识别为例子，我们描述一下对小狗进行识别训练时的整个流程。当小狗的图片（数字化信息）被送入卷积神经网络时，需要通过多次的卷积（Convolutional）→池化（Pooling）运算，最后通过全连接层（Fully-connected Layer），输出为属于猫狗等各个动物类别的概率，如图 6-21 所示。

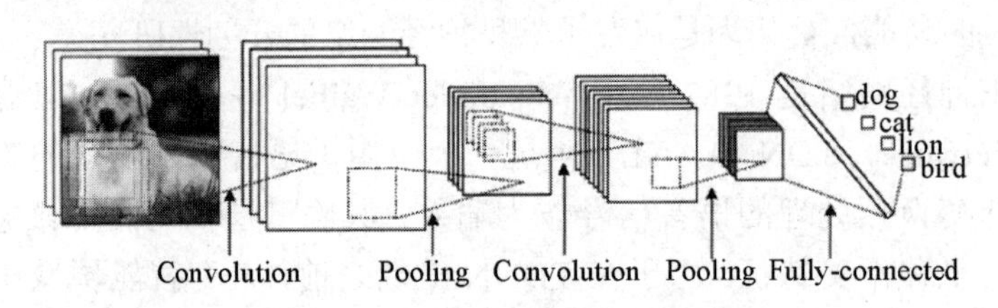

图 6-21　卷积神经网络工作过程

（1）卷积

卷积是一个数学名词，它的产生是为了能较好地处理“冲击函数”。“冲击函数”是狄拉克为了解决一些瞬间作用的物理现象而提出的符号。后来卷积被广泛用于信号处理，使输出信号能够比较平滑地过渡。

图 6-22 展示了一维卷积神经网络的工作原理，图中的输入层有 1 行 7 列数据信息，经过 1 行 3 列的卷积核进行运算，得到 1 行 5 列的输出信息。卷积核相当于小滑块，自左向右滑动。当卷积核停留在某个位置时，将相应的输入信号与卷积核作一个卷积运算，运算结果呈现在输出信号层中。例如，图 6-22 中，卷积核是一维的［−1，0，1］，如果停留在第二个位置，对准的信号分别是［−2，1，−1］，相当于两个向量的内积，结果为：

$$-2*（-1）+1*0+（-1）*1=1$$

因此，本次卷积运算的输出信号为 1。另外，卷积核每次滑动步长为 1，共进行 5 次计算，相当于共有 5 个神经元（不包括用作偏置项的神经元）。

图 6-23 简单阐述了利用卷积运算使信号平滑过渡的过程。当有一个较大信号（如 100），甚至可能是噪音时，经过卷积运算，可以起到降噪作用，如图 6-23 中最大输出信息已经降

为 58，且与周边的信号更接近。通过精心设计卷积核，我们有机会得到更理想的结果，比如调整卷积核尺寸、调整卷积核内相应的权重值等。在图像处理中，利用边缘检测卷积核（如 Sobel 算子），能清晰地识别出图像的边缘。由于卷积核与信号处理有很多的相关性，因此，也有人称卷积核为滤波器（Filters）。

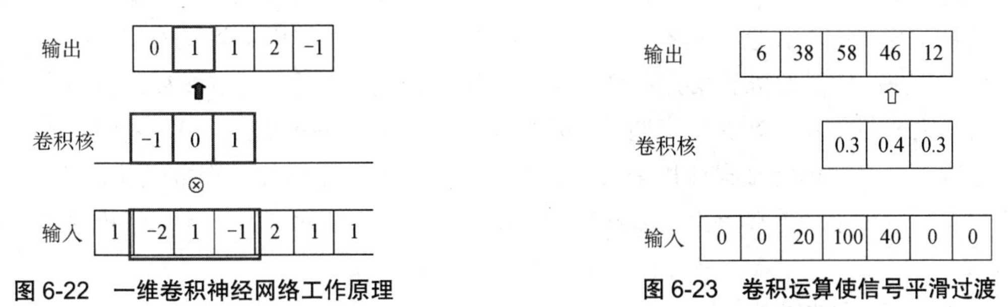

图 6-22　一维卷积神经网络工作原理　　图 6-23　卷积运算使信号平滑过渡

图 6-24 简要描述了二维卷积神经网络的工作原理。这时候的卷积核为 3×3 矩阵，与左侧输入信息中相应位置的 3×3 子集进行点积运算，得到输出信号。

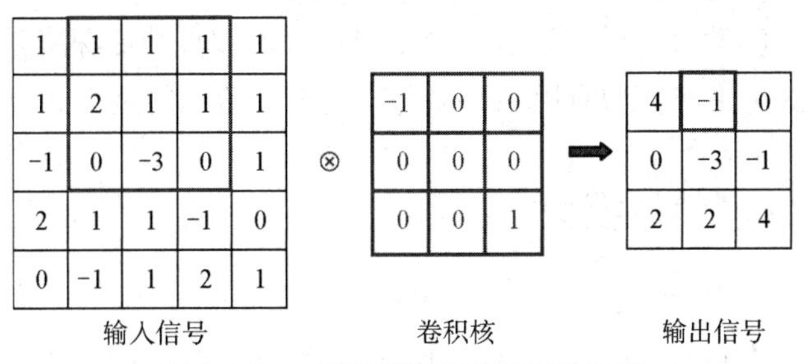

图 6-24　二维卷积神经网络工作原理

（2）池化

Pooling 层（池化层）的输入一般来源于上一个卷积层，主要作用有两个：一是保留主要的特征，同时减少下一层的参数和计算量，防止过拟合；二是保持某种不变性，包括 Translation（平移）、Rotation（旋转）、Scale（尺度）。常用的池化方法有均值池化（Mean-pooling）和最大池化（Max-pooling）。

图 6-25 展示了将上一次卷积运算的结果作为输入，分别经过最大池化及均值池化运算后的结果。先将输入矩阵平均划分为若干对称子集，再计算子集中的最大值和平均值。

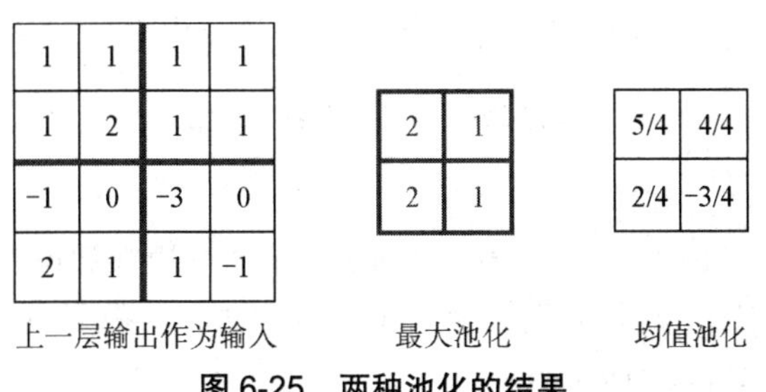

图 6-25　两种池化的结果

当然，具体到图像的卷积运算，还要考虑红绿蓝（Red Green Blue，RGB）三种颜色，图像已经不是简单的二维矩阵，而应该是三维矩阵。但是卷积运算的原理是相同的，即使用一个规模较小的三维矩阵作为卷积核，当卷积核在规定范围内滑动时，计算出相应的输出信息。

（3）全连接层

卷积运算中的卷积核的基本单元是局部视野，它的主要作用是将输入信息中的各个特征提取出来，它是将外界信息翻译成神经信号的工具；当然，经过卷积运算的输出信号，彼此之间可能不存在交集。通过全连接层（Fully Connected Layer），我们就有机会将前述输入信号中的特征提取出来，供决策参考。当然，全连接的个数是非常多的，N 个输入信号，M 个全连接节点，那就有 $N \times M$ 个全连接，由此带来的计算代价也是非常高的。

3. 深度学习的不足

深度学习技术在取得成功的同时，也存在着一些问题：一是面向任务单一；二是依赖于大规模有标签数据；三是几乎是个黑箱模型，可解释性不强。

目前无监督的深度学习、迁移学习、深度强化学习和贝叶斯深度学习等也备受关注。深度学习具有很好的可推广性和应用性，但并不是人工智能的全部。

6.4.3 经典深度学习模型

1. LeNet

LeNet-5 是一个较为简单的神经网络。图 6-26 显示了其结构。将数字 7 的这张图通过卷积核扫描，得到不同的特征图，然后进一步得到细节更多的特征图，最终通过全连接的网络，把所有数值输出到最终结果，通过激活函数得出是哪个数字的概率。

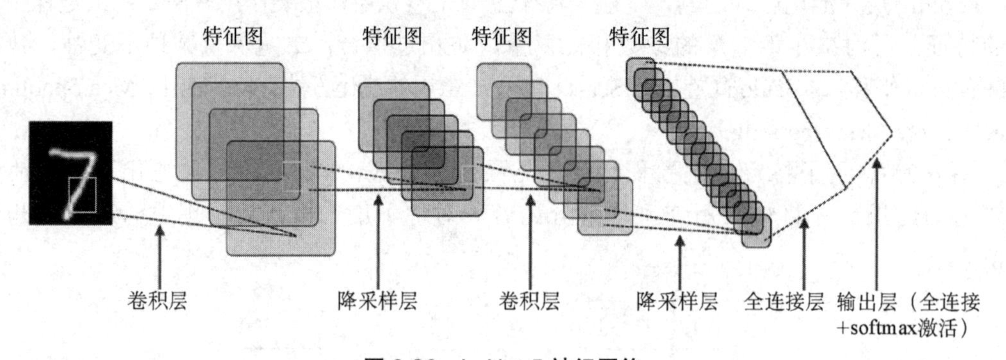

图 6-26 LeNet-5 神经网络

2. AlexNet

Alex Krizhevsky 在 2012 年 ILSVRC（ImageNet 大规模视觉识别挑战赛）提出的 CNN 模型取得了历史性的突破，其效果大幅度超越传统方法，获得了 ILSVRC2012 冠军，该模型被称作 AlexNet，如图 6-27 所示。

这也是首次将深度学习用于大规模图像分类中。

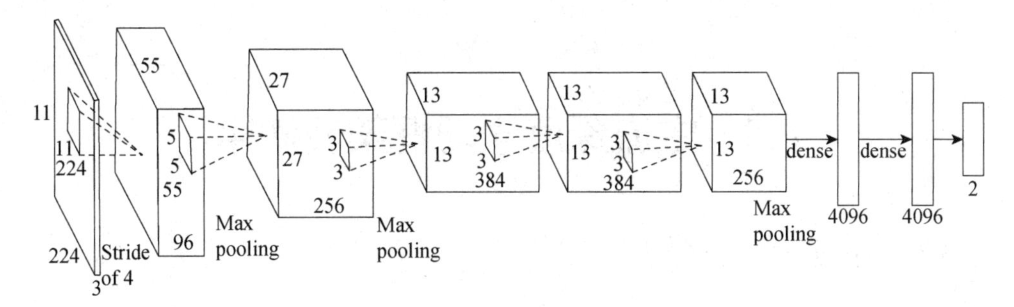

图 6-27　AlexNet 神经网络

3. VGGNet

VGGNet 是牛津大学计算机视觉组和 Google DeepMind 公司的研究员共同研发的深度卷积神经网络。牛津大学 VGG（Visual Geometry Group）主要探究了卷积神经网络的深度和其性能之间的关系，通过反复堆叠 3×3 的小卷积核和 2×2 的最大池化层，VGGNet 成功地搭建了 16~19 层的深度卷积神经网络。与之前的 state-of-the-art 的网络结构相比，错误率大幅度下降；同时，VGGNet 的泛化能力非常好，在不同的图片数据集上都有良好的表现。到目前为止，VGGNet 依然经常被用来提取特征图像。

4. GoogleNet

GoogleNet 在 2014 年 ILSVRC 上获得了冠军，采用了 NIN（Network In Network）模型思想，由多组 Inception 模块组成。

从 AlexNet 之后，涌现了一系列 CNN 模型，不断地在 ImageNet 上刷新成绩，如图6-28 所示。随着模型变得越来越深及精妙的结构设计，Top-5 的错误率也越来越低，降到了 3.5%附近。而在同样的 ImageNet 数据集上，人眼的辨识错误率大概在 5.1%，也就是说，目前的深度学习模型的识别能力已经超过了人眼。

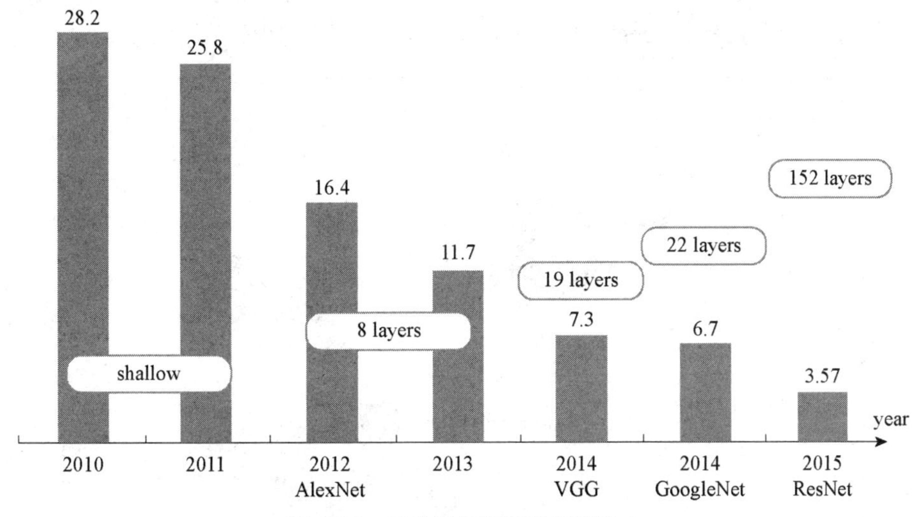

图 6-28　深度学习模型的识别能力

6.5 主流深度学习框架及使用

6.5.1 TensorFlow 简介

TensorFlow™ 是一个基于数据流编程（Dataflow Programming）的符号数学系统，被广泛应用于各类机器学习（Machine Learning）算法的编程实现，其前身是谷歌的神经网络算法库 DistBelief。TensorFlow 拥有多层级结构，可部署于各类服务器、PC 终端和网页，并支持 GPU 和 TPU 高性能数值计算，被广泛应用于谷歌内部的产品开发和各领域的科学研究。

TensorFlow 由谷歌人工智能团队谷歌大脑（Google Brain）开发和维护，拥有包括 TensorFlow Hub、TensorFlow Lite、TensorFlow Research Cloud 在内的多个项目及各类应用程序接口（Application Programming Interface，API）。自 2015 年 11 月 9 日起，TensorFlow 依据阿帕奇授权协议（Apache 2.0 Open Source License）开放源代码。

谷歌大脑自 2011 年成立起开展了面向科学研究和谷歌产品开发的大规模深度学习应用研究，其早期工作即是 TensorFlow 的前身 DistBelief。DistBelief 的功能是构建各尺度下的神经网络分布式学习和交互系统，也被称为“第一代机器学习系统”。DistBelief 在谷歌和 Alphabet 旗下其他公司的产品开发中被改进和广泛使用。2015 年 11 月，在 DistBelief 的基础上，谷歌大脑完成了对“第二代机器学习系统”TensorFlow 的开发并对代码开源。相比于前者，TensorFlow 在性能上有显著改进、构架灵活性和可移植性也得到了增强。此后 TensorFlow 快速发展，截至稳定 API 版本 1.12，已拥有包含各类开发和研究项目的完整生态系统。在 2018 年 4 月的 TensorFlow 开发者峰会中，有 21 个 TensorFlow 有关主题得到展示。在 GitHub 上，大约 845 个贡献者共提交超过 17 000 次，这本身就是衡量 TensorFlow 流行度和性能的一个指标。TensorFlow 的领先地位示意图，如图 6-29 所示。

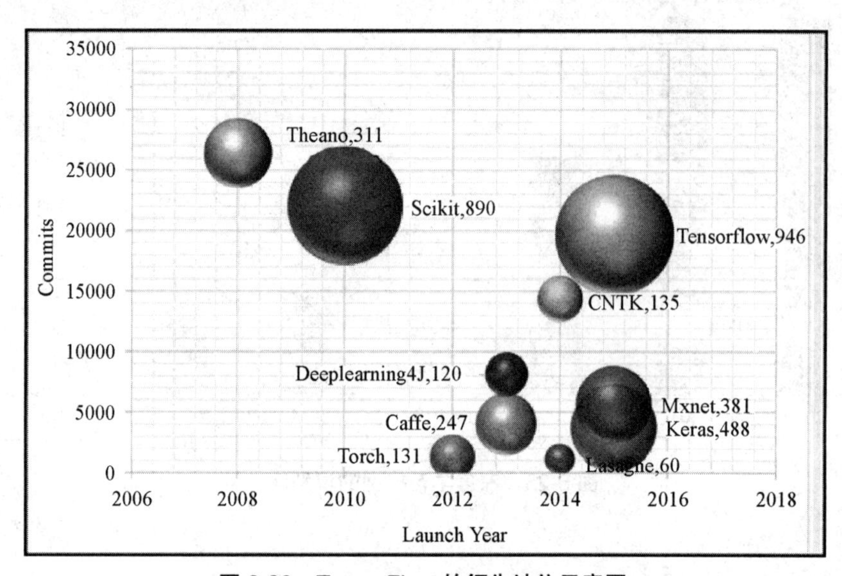

图 6-29 TensorFlow 的领先地位示意图

TensorFlow 与 Torch、Theano、Caffe 和 MxNet 等其他大多数深度学习库一样，能够自动求导、开源、支持多种 CPU/GPU、拥有预训练模型，并支持常用的 NN 架构，如递归神经网络（RNN）、卷积神经网络（CNN）和深度置信网络（DBN）。TensorFlow 还有更多自身的特点，比如：

- 支持所有的流行语言，如 Python、C++、Java、R 和 Go。
- 可以在多种平台上工作，甚至是移动平台和分布式平台。
- 它受到所有云服务（AWS、Google 和 Azure）的支持。
- Keras 是高级神经网络 API，已经与 TensorFlow 整合。
- 与 Torch/Theano 比较，TensorFlow 拥有更好的计算图表可视化。
- 允许模型部署到工业生产中，并且容易使用。
- 有非常好的社区支持。

TensorFlow 不仅仅是一个软件库，它还是一套包括 TensorFlow、TensorBoard 和 TensorServing 的软件。

6.5.2　PyTorch 简介

PyTorch 在学术研究者中很受欢迎，也是相对比较新的深度学习框架。Facebook 人工智能研究组开发了 PyTorch，以应对一些在前任数据库 Torch 使用中遇到的问题。由于编程语言 Lua 的普及程度不高，Torch 达不到 Google TensorFlow 那样的迅猛发展，因此，PyTorch 采用已经为许多研究人员、开发人员和数据科学家所熟悉的原始 Python 命令式编程风格。同时它还支持动态计算图，这一特性使得其对时间序列及自然语言处理数据相关工作的研究人员和工程师很有吸引力。

PyTorch 是 Torch 的 Python 版，自 2017 年年初 Facebook 将其首次推出后，PyTorch 很快成为 AI 研究人员的热门选择并受到推崇。PyTorch 有许多优势，如采用 Python 语言、动态图机制、网络构建灵活及拥有强大的社群等。由于其灵活、动态的编程环境和用户友好的界面，PyTorch 是快速实验的理想选择。

PyTorch 现在是 GitHub 上增长速度第二快的开源项目，在过去的 12 个月里，贡献者增加了 2.8 倍。而且，2018 年 12 月在 NeurIPS 大会上，PyTorch 1.0 稳定版终于发布。PyTorch 1.0 增加了一系列强大的新功能，大有赶超深度学习框架老大哥 TensorFlow 之势。

PyTorch 的特点有：

① TensorFlow1.0 与 Caffe 都是命令式的编程语言，而且是静态的，首先必须构建一个神经网络，然后一次又一次地使用同样的结构，如果想要改变网络的结构，就必须从头开始。但是对于 PyTorch，通过一种反向自动求导的技术，可以零延迟地任意改变神经网络的行为，尽管这项技术不是 PyTorch 所独有的，但目前为止它的实现是最快的，能够为任何想法的实现获得最快的速度和最佳的灵活性，这也是 PyTorch 对比 TensorFlow 最大的优势。

② PyTorch 的设计思路是线性、直观且易于使用的，当代码出现 Bug 的时候，可以通过这些信息轻松快捷地找到出错的代码，不会在出现 Debug 的时候因为错误的指向或者异步和不透明的引擎浪费太多的时间。

③ PyTorch 的代码相对于 TensorFlow 而言，更加简洁直观，同时对于 TensorFlow 高度

工业化的很难看懂的底层代码，PyTorch 的源代码就要友好得多，更容易看懂。深入 API，理解 PyTorch 底层肯定是一件令人高兴的事。一个底层架构能够看懂的框架，对其的理解会更深。

简要总结一下 PyTorch 的优点：

- 支持 GPU。
- 动态神经网络。
- Python 优先。
- 命令式体验。
- 轻松扩展。

6.5.3 Caffe 简介

Caffe，全称 Convolutional Architecture for Fast Feature Embedding（快速特征嵌入的卷积架构），是一个兼具表达性、速度和思维模块化的深度学习框架。由伯克利人工智能研究小组和伯克利视觉与学习中心开发。虽然其内核是用 C++编写的，但 Caffe 有 Python 和 Matlab 相关接口。Caffe 支持多种类型的深度学习架构，面向图像分类和图像分割，还支持 CNN、RCNN、LSTM 和全连接神经网络设计。Caffe 支持基于 GPU 和 CPU 的加速计算内核库，如 NVIDIA cuDNN 和 Intel MKL。

Caffe 完全开源，并且在多个活跃社区沟通解答问题，同时提供了一个用于训练、测试等完整工具包，可以帮助使用者快速上手。此外 Caffe 还具有以下特点：

- 模块性。Caffe 以模块化原则设计，实现了对新的数据格式、网络层和损失函数的轻松扩展。
- 表示和实现分离。Caffe 已经用谷歌的 Protocl Buffer 定义模型文件。使用特殊的文本文件 prototxt 表示网络结构，以有向非循环图形式进行网络构建。
- Python 和 MATLAB 结合。Caffe 提供了 Python 和 MATLAB 接口，供使用者选择熟悉的语言调用部署算法应用。
- GPU 加速。利用了 MKL、Open BLAS、cuBLAS 等计算库，利用 GPU 实现计算加速。

2017 年 4 月，Facebook 发布 Caffe2，加入了递归神经网络等新功能。2018 年 3 月，Caffe2 并入 PyTorch。

6.5.4 PaddlePaddle

PaddlePaddle 是百度研发的开源开放的深度学习平台，是国内最早开源也是当前唯一一个功能完备的深度学习平台。依托百度业务场景的长期锤炼，PaddlePaddle 有最全面的官方支持的工业级应用模型，涵盖自然语言处理、计算机视觉、推荐引擎等多个领域，并开放多个领先的预训练中文模型，以及多个在国际范围内取得竞赛冠军的算法模型。

PaddlePaddle 同时支持稠密参数和稀疏参数场景的超大规模深度学习并行训练，支持千亿规模参数、数百个节点的高效并行训练，也是最早提供如此强大的深度学习并行技术的深度学习框架。PaddlePaddle 拥有强大的多端部署能力，支持服务器端、移动端等多种异构硬件设备的高速推理，预测性能有显著优势。目前 PaddlePaddle 已经实现了 API 的稳定和向后兼容，具有完善的中英双语使用文档，形成了易学易用、简洁高效的技术特色。

PaddlePaddle3.0 版本升级为全面的深度学习开发套件，除了核心框架，还开放了 VisualDL、PARL、AutoDL、EasyDL、AIStudio 等一整套的深度学习工具组件和服务平台，更好地满足不同层次的深度学习开发者的开发需求，具备了强大支持工业级应用的能力，已经被中国企业广泛使用，也拥有了活跃的开发者社区生态。

6.5.5　TensorFlow 的使用

1. TensorFlow 安装准备工作

TensorFlow 安装的前提是系统安装了 Python 2.5 或更高版本，本书中的例子是以 Python 3.5（Anaconda 3 版）为基础设计的。为了安装 TensorFlow，需确保先安装了 Anaconda，可以从网址 https://www.continuum.io/downloads 中下载，并安装适用于 Windows/macOS 或 Linux 的 Anaconda。

安装完成后，可以在窗口中使用以下命令进行安装验证：

```
conda --version
```

安装了 Anaconda，下一步决定是否安装 TensorFlow CPU 版本或 GPU 版本。几乎所有计算机都支持 TensorFlow CPU 版本，而 GPU 版本则要求计算机有一个 CUDA compute capability 3.0 及以上的 NVDIA GPU 显卡（对于台式机而言最低配置为 NVDIA GTX 650）。

知识拓展：　　CPU 与 GPU 的对比

中央处理器（CPU）由对顺序串行处理优化的内核（4～8 个）组成。图形处理器（GPU）具有大规模并行架构，由数千个更小且更有效的核芯（大致以千计）组成，能够同时处理多个任务。

对于 TensorFlow GPU 版本，需要先安装 CUDA toolkit 7.0 及以上版本、NVDIA【R】驱动程序和 cuDNN v3 或以上版本。Windows 系统还另外需要一些 DLL 文件，读者可以下载所需的 DLL 文件或安装 Visual Studio C++。

另外，cuDNN 文件需安装在不同的目录中，并需要确保目录在系统路径中。当然也可以将 CUDA 库中的相关文件复制到相应的文件夹中。

2. TensorFlow 安装步骤

TensorFlow 的安装与配置过程可以参见附录 A-4。

① 在命令行中使用以下命令创建 conda 环境（如果使用 Windows，最好在命令行中以管理员身份执行）

```
conda create -n tensorflow python=3.5
```

② 激活 conda 环境。

③ 根据需要，可以在 conda 环境中安装 TensorFlow 版本。

④ 在命令行中禁用 conda 环境。

3. 编写第一个 TensorFlow 程序

```
# 导入模块 tensorflow，缩写成 tf
```

```
import tensorflow as tf

# 初始化一个 2*3*1 的神经网络，随机初始化权重
w1 = tf.Variable (tf.random_normal ([2, 3], stddev=1, seed=1))
w2 = tf.Variable (tf.random_normal ([3, 1], stddev=1, seed=1))
x = tf.constant ([[0.7, 0.9]])

# 执行计算，没有权重 bias
a = tf.matmul (x, w1)
y = tf.matmul (t1, w2)

with tf.Session()as sess:
    # 必须要先执行初始化
    sess.run (w1.initializer)
    sess.run (w2.initializer)
    # print (sess.run (a))
    print (sess.run (y))
```

上面的代码实现的是最简单的神经网络向前传播过程，初始化 $\boldsymbol{x}$ 为一个 1×2 的矩阵，中间是三个神经元的隐藏层，$\boldsymbol{w}_1$，$\boldsymbol{w}_2$ 分别是初始化权重，是 2×3 和 3×1 的矩阵。最后通过计算得到 y 的值 [[3.95757794]]。

这样，就完成了 Python 环境和 TensorFlow 的安装，可以开始运行最简单的深度案例。

项目 6　机器学习体验

1. 项目描述

本项目将在 Python 开发环境中体验机器学习，利用工具包中的线性回归函数，对训练数据集进行训练，得到回归模型。另外，利用画图函数进行图像呈现。

项目实施的详细过程可以通过扫描二维码，观看具体操作过程的讲解视频。

项目准备　附录 A-2 注册人工智能开放平台

项目 6 机器学习体验

2. 相关知识

项目要求：已经安装 Python 编程环境。

3. 项目设计

- 生成数据。
- 训练模型。
- 测试模型，画图呈现。

4. 项目过程

第一阶段，生成数据并显示，代码如下：

```
import numpy as np                          # np 为 mumpy 的缩写
from sklearn.datasets import make_regression
import matplotlib.pyplot as plt             # plt 为 matplotlib.pyplot 的缩写

X, y = make_regression (n_samples=100, n_features=1, noise=5)

plt.scatter (X, y)                          # 将数据以散点图的形式呈现
```

第二阶段，呈现数据，代码如下：

```
# 1.导入线性回归
from sklearn.linear_model import LinearRegression

# 2.创建模型，线性回归
model = LinearRegression()

# 3.训练模型
model.fit (X, y)

# 4.根据模型预测
y_predicted = model.predict (X)

# 5.根据原始的 X，以及预测的 y_predicted，画图
plt.plot (X, y_predicted, color='coral')
```

5. 项目测试

生成训练数据，如图 6-30 所示，得到线性回归模型并画图，如图 6-31 所示。

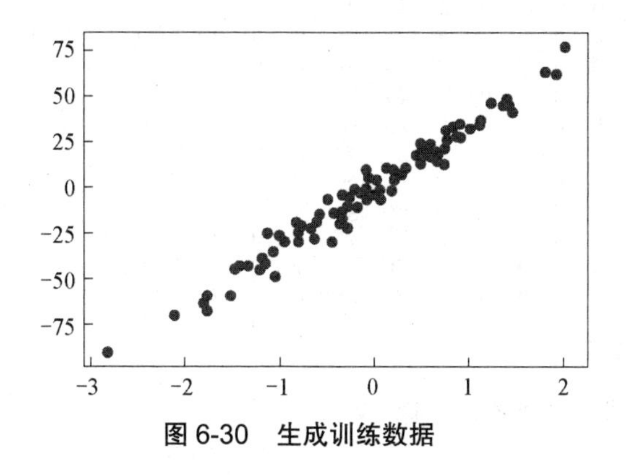

图 6-30　生成训练数据

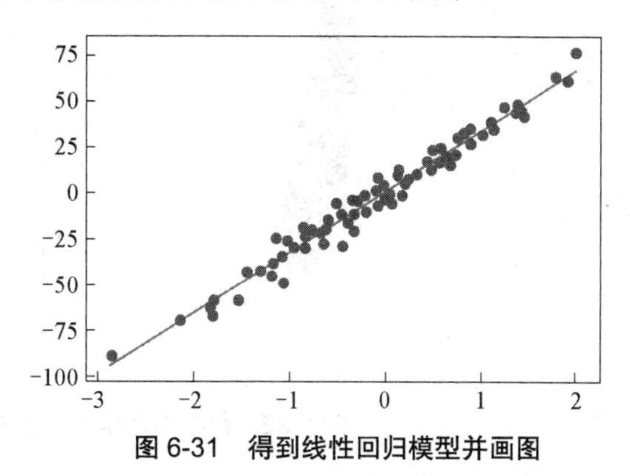

图 6-31　得到线性回归模型并画图

6. 项目小结

本次项目通过简单的生成数据、训练模型、预测数据（直线），读者可以体验线性回归模型的建立。

项目 7　深度学习体验

1. 项目描述

本项目将在 Python 开发环境中体验深度学习。Mnist 数据集可以从官网下载，网址为：http://yann.lecun.com/exdb/mnist/，下载的数据集被分成两部分：55 000 行的训练数据集（mnist.train）和 10 000 行的测试数据集（mnist.test）。每一个 Mnist 数据单元由两部分组成：一张包含手写数字的图片和一个对应的标签。我们把这些图片设为“xs”，把这些标签设为“ys”。训练数据集和测试数据集都包含 xs 和 ys，比如训练数据集的图片是 mnist.train.images，训练数据集的标签是 mnist.train.labels。

项目准备　附录 A-2 注册人工智能开放平台

TensorFlow 体验 Minst 手写体识别

项目实施的详细过程可以通过扫描二维码，观看具体操作过程的讲解视频。

2. 相关知识

Mnist 图片集中的图片是黑白图片，每一张图片包含 28 像素×28 像素。我们把这个数组展开成一个向量，长度是 28×28=784。因此，在 Mnist 训练数据集中，mnist.train.images 是一个形状为［60 000，784］的张量，其中 60 000 是样本总数。

Mnist 中的每个图像都具有相应的标签，0 到 9 之间的数字表示图像中绘制的数字。数字手写体的存储方式，如图 6-32（a）所示，用的是 one-hot 编码。其中 55 000 个图片用于训练，剩下的 5 000 张图片用于测试。数字手写体的存储方式如图 6-32（b）所示。

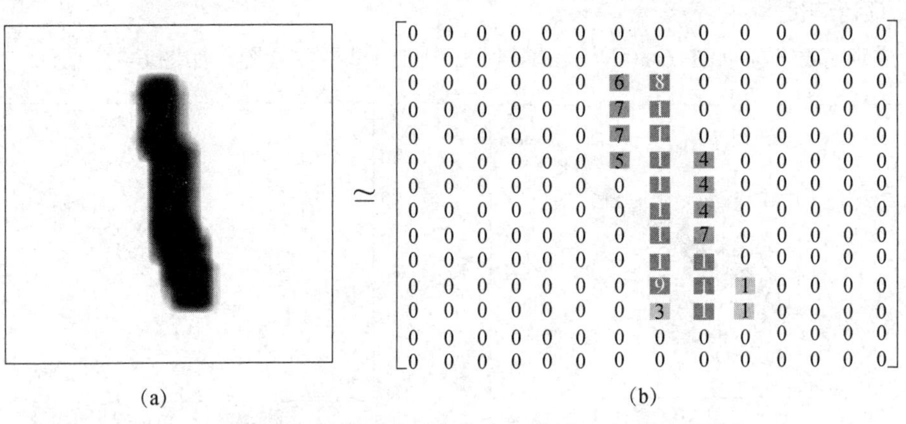

图 6-32　数字手写体的存储方式（14 像素×14 像素方式）

3. 项目设计

- 生成数据。
- 训练模型。
- 测试模型。

4. 项目过程

手写数字识别的代码如下：

```
import tensorflow as tf

# 0 准备数据
mnist = tf.keras.dat
asets.mnist
(x_train, y_train), (x_test, y_test) = mnist.load_data()
x_train, x_test = x_train / 255.0 , x_test / 255.0

# 1 添加模型 model
# 2 model.add 添加神经层及各属性，见视频解释
model = tf.keras.models.Sequential([
    tf.keras.layers.Flatten( input_shape = (28 , 28)),# 扁平化，降低维度
```

```
    tf.keras.layers.Dense(128, activation='relu'),     # 输出 128 维， 激活函数
    tf.keras.layers.Dropout(0.2),                      # 留存率，用于防止过拟合
    tf.keras.layers.Dense(10, activation='softmax'), #
])


# 3 model.compile()  确定模型训练结构
model.compile(
    optimizer = 'adam',
    loss = 'sparse_categorical_crossentropy' ,
    metrics = ['accuracy'],
)

# 4 model.fit()      训练模型
model.fit(x_train, y_train, epochs = 5)

# 5 model.evaluate()    model.predict() 评估与测试
model.evaluate(x_test, y_test , verbose = 2 ) # 这里我们利用 TensorFlow 所给
                                                的读取数据的方法
```

5. 项目测试

运行程序，可以得到准确率数据及损失数据。由图 6-33 可以看到，准确率（accuracy）在逐步攀升，损失（loss）在逐步下降。

```
IPython 7.10.2 -- An enhanced Interactive Python.

In [1]: runfile('D:/Tensorflow/学习例子代码/Mnist.py', wdir='D:/Tensorflow/学习例子代码')
Train on 60000 samples
Epoch 1/5
60000/60000 [==============================] - 6s 95us/sample - loss: 0.2947 - accuracy: 0.9149
Epoch 2/5
60000/60000 [==============================] - 5s 83us/sample - loss: 0.1413 - accuracy: 0.9578
Epoch 3/5
60000/60000 [==============================] - 5s 83us/sample - loss: 0.1048 - accuracy: 0.9673
Epoch 4/5
60000/60000 [==============================] - 5s 81us/sample - loss: 0.0886 - accuracy: 0.9725
Epoch 5/5
60000/60000 [==============================] - 5s 81us/sample - loss: 0.0736 - accuracy: 0.9766
10000/1 - 1s - loss: 0.0412 - accuracy: 0.9763
```

图 6-33　准确率

6. 项目小结

本次项目利用 Minist 训练数据集在 TensorFlow 上进行了深度学习建模与预测，读者可以修改模型中的参数，进一步体验深度学习模型。

本 章 小 结

本章首先介绍了机器学习的常用算法，接着介绍了神经网络，并介绍了深度学习的相关概念。本章还配套了相应的机器学习项目，读者不仅可以学习到机器学习相关知识，而且能自己动手，体验分类与回归概念。

习 题 6

一、选择题

1. 人类通过对经验的归纳，总结规律，并以此对新的问题进行预测。类似的机器会对（　　）进行（　　），建立（　　），并以此对新的问题进行预测。

A. 经验，训练，模型　　B. 数据，总结，模型
C. 数据，训练，模式　　D. 数据，训练，模型

2. 下面（　　）步骤不属于机器学习的流程。

A. 特征提取　　B. 模型训练　　C. 模型评估　　D. 数据展示

3. 学习样本中有一部分有标记，有一部分无标记，这类计算学习的算法，属于（　　）。

A. 监督学习　　B. 半监督学习　　C. 无监督学习　　D. 集成学习

4. 机器学习算法中有一类称为聚类算法，会将数据根据相似性进行分组。这类算法属于（　　）。

A. 监督学习　　B. 半监督学习　　C. 无监督学习　　D. 集成学习

5. 用于预测分析的建模技术是（　　），它研究的是因变量（目标）和自变量（预测器）之间的关系。

A. 回归算法　　B. 分类算法　　C. 神经网络　　D. 决策树

6. 标志着第一个采用卷积思想的神经网络面世的是（　　）。

A. LeNet　　B. AlexNet　　C. CNN　　D. VGG

7. 下列表述中，不属于神经网络的组成部分的是（　　）。

A. 输入层　　B. 隐藏层　　C. 输出层　　D. 特征层

8. 下面关于无监督学习描述正确的是（　　）。

A. 无监督算法只处理“特征”，不处理“标签”
B. 降维算法不属于无监督学习
C. K-means 算法和 SVM 算法都属于无监督学习
D. 以上都不对

9. 不属于深度学习的优化方法是（　　）。

A. 随机梯度下降　　B. 反向传播
C. 主成分分析　　D. 动量

10. 不属于卷积神经网络典型术语的是（　）。

A. 全连接　　B. 卷积　　C. 递归　　D. 池化

二、填空题

1. 在线性回归、决策树、随机森林、关联规则抽取这些机器学习算法中，__________、__________、随机森林属于有监督的机器学习方法。

2.________学习（Reinforcement Learning， RL），又称再励学习、评价学习或增强学习，

其基本原理是：如果智能体（Agent）的某个行为策略导致环境正的奖赏（强化信号），那么 Agent 以后产生这个行为策略的趋势便会加强。

3. 常见的神经网络的激活函数有__________、__________、__________等。

2. 深度学习存在的问题主要有：面向任务__________、依赖于__________有标签数据、几乎是个__________，可解释性不强。

三、简答题

1. 简述至少三个主流深度学习开源工具的特点（TensorFlow、Caffe、Torch、Theano 等）。

2. 请说出分类算法与回归算法之间的相同与不同之处。

3. 试比较有监督学习与无监督学习之间的差别。

第7章　AI典型应用案例与职业规划

本章要点

人工智能的发展势不可挡，它会替代大量的工作岗位，同时也会带来大量的新技术岗位。本章梳理了人工智能在各个专业领域、各个行业的典型应用案例，并介绍了人工智能发展过程中取代人工、人力的趋向。推测新技术将会替代哪些工作岗位，使读者能更好地规划个人在专业方面的发展。

通过本章学习，读者不仅能了解人工智能在相关领域的成功应用，而且可以结合自己的专业领域，推测人工智能在本专业、本行业潜在的新应用，以此做好职业规划。

本章的实践项目为创新体验：★训练自己的分类模型。

随着人工智能时代的到来，目前的部分工作岗位将会被人工智能所取代，同时也会新增部分工作岗位。2019年4月，人力资源和社会保障部正式将人工智能工程技术人员列为新增职业岗位。2019年9月，工业和信息化部发布了《人工智能产业人才岗位能力标准》，共包含9个大类，57个人工智能核心岗位，如图7-1所示。其中有16个实用技能人才岗位，用★标记；有23个应用开发人才岗位，用☆标记；有17个未加标记岗位，对应的是产业研发人才。作为学生，将来未必会从事这些新增的人工智能岗位工作，但还是需要多了解利用人工智能技术能做什么事、将替代哪些岗位、不能替代哪些岗位，对职业规划也是非常有帮助的。

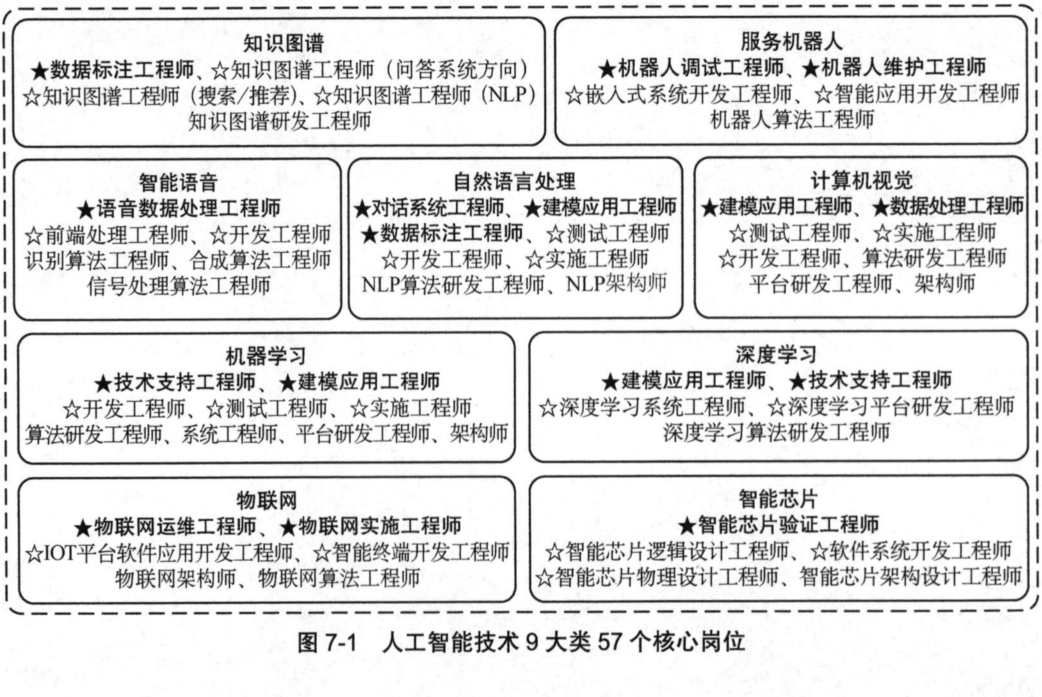

知识图谱
★数据标注工程师、☆知识图谱工程师（问答系统方向）
☆知识图谱工程师（搜索/推荐）、☆知识图谱工程师（NLP）
知识图谱研发工程师

服务机器人
★机器人调试工程师、★机器人维护工程师
☆嵌入式系统开发工程师、☆智能应用开发工程师
机器人算法工程师

智能语音
★语音数据处理工程师
☆前端处理工程师、☆开发工程师
识别算法工程师、合成算法工程师
信号处理算法工程师

自然语言处理
★对话系统工程师、★建模应用工程师
★数据标注工程师、☆测试工程师
☆开发工程师、☆实施工程师
NLP算法研发工程师、NLP架构师

计算机视觉
★建模应用工程师、★数据处理工程师
☆测试工程师、☆实施工程师
☆开发工程师、算法研发工程师
平台研发工程师、架构师

机器学习
★技术支持工程师、★建模应用工程师
☆开发工程师、☆测试工程师、☆实施工程师
算法研发工程师、系统工程师、平台研发工程师、架构师

深度学习
★建模应用工程师、★技术支持工程师
☆深度学习系统工程师、☆深度学习平台研发工程师
深度学习算法研发工程师

物联网
★物联网运维工程师、★物联网实施工程师
☆IOT平台软件应用开发工程师、☆智能终端开发工程师
物联网架构师、物联网算法工程师

智能芯片
★智能芯片验证工程师
☆智能芯片逻辑设计工程师、☆软件系统开发工程师
☆智能芯片物理设计工程师、智能芯片架构设计工程师

图7-1　人工智能技术9大类57个核心岗位

下面首先介绍人工智能在智能制造领域的应用，及 AI+机器人、教育、金融、营销、农业等方面的应用，接着介绍人工智能应用研究热点，分析人工智能环境下新增岗位、消失岗位，并结合专业知识，介绍借助人工智能技术进行的专业创新。

7.1　人工智能在智能制造领域的应用

在智能制造领域，人工智能有着广泛的应用。本小节将简要阐述智能制造领域的人工智能应用，包括阿里的 ET 工业大脑等。

7.1.1　计算机视觉应用

在国家大力发展的大背景下，各种新技术，如人工智能、大数据等，也加速在工业领域中的应用。2017 年在全社会的热潮和推动下，人工智能在工业领域中的应用也取得了一些进展，涌现了一些公司和成功案例。综合来看，目前人工智能在制造业领域的应用主要有三个方向：视觉缺陷检测、机器人视觉定位和故障预测。下面介绍视觉检测和视觉分拣。

1. 视觉检测

（1）阿里 ET 工业大脑协助电池片与光伏片检测

2018 年 7 月，阿里云 ET 工业大脑落地正泰（浙江正泰电器股份有限公司的简称），可识别 20 余种产品瑕疵，比人快 2 倍。在正泰新能源的电池片车间里，装有阿里 ET 工业大脑的质检机器快速地吞吐着电池片，另一边的机器屏幕上不断闪烁着机器的判断结果：绿灯表示通过，红灯则表示有瑕疵。随后，一块块电池片就被机械臂分门别类地放到对应位置。

据了解，一块标准的电池片尺寸为 156.75mm×156.75mm，只有 0.18～0.2mm 厚，薄如纸片，生产过程在“毫秒”间。人工无法进行持续高精度在线检测，不少瑕疵单凭肉眼是无法判断的。必须依靠红外线扫描，黑灰色的扫描图上分布着不规律的团状、线状、散点状图案，只有出现特定的图形才可判断是瑕疵片。

传统的人工质检需要工人时刻盯着机器屏幕，从红外线扫描图中发现电池片 EL（电致发光）缺陷，速度大约保持在 2 秒一张。如果一张电池片的瑕疵难以判断，可能还要再花上几秒思考，一天最多看 1～2 万张电池片，如图 7-2 所示。

图 7-2　车间工人正在抽查电池片质量

一个新工人需要学习1～2个月后，才能在师傅的带领下熟练上手。然而，长时间的人工质检对工人的视力损伤极大，因此，质检工人需要轮岗，通常半年到一年时间，就会被换到其他岗位就职。如今，借助视觉计算等人工智能技术，ET工业大脑可以成功胜任在线质检这一岗位。通过一台装有 ET 工业大脑的质检机器可将工人数减少一半，而检测速度达到人的2倍以上。图7-3显示了采用人工智能技术自动检测缺陷图片。

图7-3　采用人工智能技术自动检测缺陷图片

由于电池片的瑕疵种类繁多，同一种型号的多晶电池片有形态不一、裂纹、划纹、黑斑、指纹等20余种瑕疵分类。如何在有花纹、暗纹的电池片上识别出瑕疵，是AI质检最难的技术。此外，AI质检如何做到“毫秒级”也是性能上需要克服的难关。阿里巴巴算法专家魏溪含介绍，阿里云ET工业大脑通过深度学习，集中学习40 000多张样片，这些样片的累积源于人工质检时，曾出现过的所有瑕疵图片。再通过图像识别算法，ET工业大脑将图像转换为机器能读懂的二进制语言，从而能让质检机器实时、自动判断电池片的缺陷。

（2）其他视觉检测应用

在深度神经网络发展起来之前，机器视觉已经长期应用在工业自动化系统中，如仪表板智能集成测试、金属板表面自动控伤、汽车车身检测、纸币印刷质量检测、金相分析、流水线生产检测等，大体分为拾取和放置、对象跟踪、计量、缺陷检测几种，其中，将近80%的工业视觉系统主要用在检测方面，包括用于提高生产效率、控制生产过程中的产品质量、采集产品数据等。机器视觉自动化设备可以代替人工不知疲倦地进行重复性的工作，且在一些不适合于人工作业的危险工作环境或人工视觉难以满足要求的场合，机器视觉可替代人工视觉。

据工业级机器视觉行业研究报告，目前进入中国市场的国际机器视觉品牌已经超过100多家，中国本土的机器视觉企业也超过100家，产品代理商超过200家，专业的机器视觉系统集成商超过50家，涵盖了从光源、工业镜头、相机、图像采集卡等多种机器视觉产品。

在人工智能浪潮下，基于深度神经网络，图像识别准确率有了进一步的提升，也在缺陷检测领域取得了更多的应用。国内不少机器视觉公司和新兴创业公司，也都开始研发人工智能视觉缺陷检测设备，例如，高视科技、阿丘科技、瑞斯特郎等。不同行业对视觉检测的需求各不相同，这里仅列举视觉缺陷检测的应用方向中的少量案例。

高视科技2015年完成了屏幕模组检测设备研发，已向众多国内一线屏幕厂商提供50

多台各型设备，可以检测出38类上百种缺陷，且具备智能自学习能力。

阿丘科技则推出了面向工业在线质量检测的视觉软件平台AQ-Insight，主要用于产品表面缺陷检测，可用于烟草行业，实现烟草异物剔除、缺陷检测。相比于传统的机器视觉检测，AQ-Insight希望能处理一些较为复杂的场景，例如，非标物体的识别等，解决传统机器视觉定制化严重的问题。

深圳创业公司瑞斯特朗，也基于图像识别技术，研发了智能验布机，用于布料的缺陷检测，用户通过手机可以给机器下发检测任务，通过扫描二维码生成检测报告。瑞斯特朗的主要客户包括了中国皮具上市公司恩典、青岛红领集团等。

2. 视觉分拣

工业上有许多需要分拣的作业，采用人工的话，速度缓慢且成本高，如果采用工业机器人的话，可以大幅降低成本，提高速度。但是，一般需要分拣的零件是没有整齐摆放的，机器人必须面对的是一个无序的环境，需要机器人本体的灵活度、机器视觉、软件系统对现实状况进行实时运算等多方面技术的融合，才能实现灵活的抓取，困难重重。

近年来，国内陆续出现了一些基于深度学习和人工智能技术解决机器人视觉分拣问题的企业，如埃尔森、梅卡曼德、库柏特、埃克里得、阿丘科技等，通过计算机视觉识别出物体及其三维空间位置，指导机械臂进行正确的抓取，如图7-4所示。

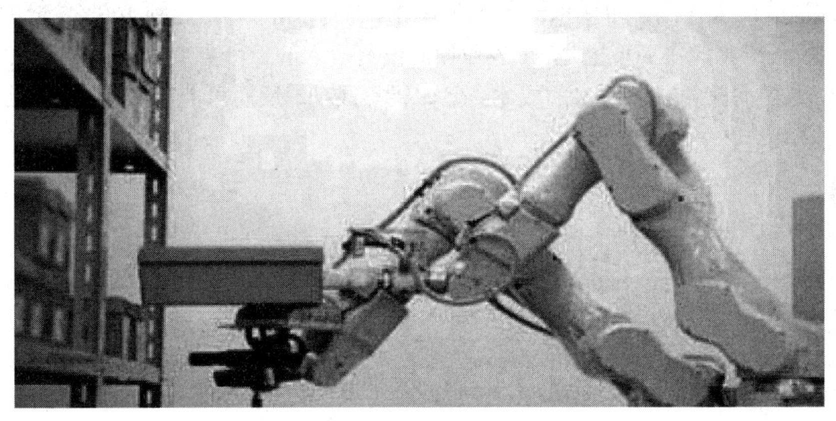

图7-4　智能分拣

埃尔森3D定位系统是国内首家机器人3D视觉引导系统，针对散乱、无序堆放工件的3D识别与定位，通过3D快速成像技术，对物体表面轮廓数据进行扫描，形成点云数据，对点云数据进行智能分析处理，加以人工智能分析、机器人路径自动规划、自动防碰撞技术，计算出当前工件的实时坐标，并发送指令给机器人实现抓取定位的自动完成。埃尔森目前已成为KUKA、ABB、FANUC等国际知名机器人厂商的供应商，也为多个世界500强企业提供解决方案。

库柏特的机器人智能无序分拣系统，通过3D扫描仪和机器人实现了对目标物品的视觉定位、抓取、搬运、旋转、摆放等操作，可对自动化流水生产线中无序或任意摆放的物品进行抓取和分拣。系统集成了协作机器人、视觉系统、吸盘/智能夹爪，可应用于机床无序上下料、激光标刻无序上下料，也可用于物品检测、物品分拣和产品分拣包装等。目前能实现规则条形工件100%的拾取成功率。

7.1.2 设备预测性维护

在制造流水线上，有大量的工业机器人。如果其中一个机器人出现了故障，当人感知到这个故障时，可能已经造成大量的不合格品，从而带来不小的损失。如果能在故障发生以前就检知的话，可以有效做出预防，减少损失。基于人工智能和IoT技术，通过在工厂各个设备加装传感器，对设备运行状态进行监测，并利用神经网络建立设备故障的模型，则可以在故障发生前，对故障提前进行预测，在发生故障前，将可能发生故障的工件替换，从而保障设备的持续无故障运行。

国外AI故障预测平台公司Uptake，估值已经超过20亿美元。Uptake是一个提供运营洞察的SaaS平台，该平台可利用传感器采集前端设备的各项数据，然后利用预测性分析技术及机器学习技术，提供设备预测性诊断、能效优化建议等管理解决方案，帮助工业客户改善生产力、可靠性及安全性。3DSignals也开发了一套预测维护系统，不过主要基于超声波对机器的运行情况进行监听。

不过总体来讲，AI故障预测还处于试点阶段，成熟应用较少。一方面，大部分传统制造企业的设备没有足够的数据收集传感器，也没有积累足够的数据；另一方面，很多工业设备对可靠性的要求极高，即便机器预测准确率很高，如果不能达到100%，依旧难以被接受。此外，投入产出比不高，也是AI故障预测没有投入的一个重要因素，很多AI预测功能应用后，如果成功，则能减少5%的成本；但如果不成功，反而可能带来成本的增加，所以不少企业宁愿不用。

7.2 其他行业产业中的人工智能应用

除了智能制造领域的成功应用，人工智能在别的领域也同样有着广泛的应用。

7.2.1 AI+机器人

1. 普渡科技：餐饮机器人

人力成本是餐饮业的一项重要开支。伴随人口红利逐渐消失（从业人数增速持续下滑），以及员工流动性加大，招聘成本和招聘难度均有所提高。在实际用工过程中，员工服务培训耗费成本、用餐高峰期员工效率，这些都关系餐饮经营质量。迎宾、领位、送餐、回盘等服务是影响消费者用餐体验的重要环节，属于高需求、高价值的商业化场景，同时上述工作的重复性也使其具备了人工智能和机器人技术替代的可能性，解决人力成本问题，提供标准化服务并提高服务效率，餐饮机器人的需求由此产生。餐饮服务业人力成本刚性增加，其营业成本持续承压，催生千亿级餐饮机器人市场需求。以普渡科技为代表的餐饮机器人企业已落地，进入这一需求规模超千万台的细分市场。

普渡科技综合了 SLAM、智能导航避障、多机调度、人机交互等人工智能技术，为餐厅、酒店、楼宇等广泛场景提供配送机器人解决方案，在高动态的商业环境下精确建图和定位，实现高效运行，优化餐饮服务作业流程，降低企业成本。公司产品目前已应用于海底捞、巴奴火锅、旺顺阁、美心、洲际酒店、喜来登酒店、万达集团等国内外知名餐饮、酒店企业，截至 2019 年 6 月公司销售的机器人已累计运行 50 万千米。未来普渡科技的产品将全面覆盖迎宾、领位、送餐、回盘等餐饮服务环节，并通过 IoT 平台实现远程的自动运维和售后，为餐企提供更全面的智慧餐厅解决方案，如图 7-5 所示。普渡公布了 2019 年的市场业绩：2019 年其研发的送餐机器人已出货超过 5000 台，覆盖全球超过 20 个国家的 200 余城市的 2000 多家不同品类的餐厅；机器人全年累计完成 650 万余次任务，配送托盘数超过 1500 万盘，相当于 3000 人 1 年工作量，直接节省了总计 2 亿元的人力成本。

图 7-5　普渡科技的餐饮机器人

2. YOGO Robot：专注智慧配送，提升末端效率 30%

YOGO Robot 专注智能配送机器人系统解决方案开发，发力末端配送。其核心产品包括群体机器人配送系统 YOGO Station、单体配送机器人 Mingo、KAGO 系列，以及智能电梯、智能闸机等 IoT 系统解决方案。整套系统具备延展性，可叠加安防、巡逻、办公等功能，广泛适用于写字楼、商场、园区、酒店、文博展览等场景。配套的大数据智能管理平台，用户可便易操作，进行可视化管理。系统目前已在万科、国投集团、旭辉集团、东浩兰生等物业投入使用，并在上海、北京、苏州等城市形成规模化布局。YOGO Robot 的联合创始人张阳新表示：楼宇内的机器人定位，是一个全球性的难题。YOGO Robot 主攻室内的无人低速驾驶，基于算法和算力的优势，机器人可以像人一样在楼宇内自由移动，帮助人们在楼宇内跑腿，完成安防、夜间巡更等工作，如图 7-6 所示。

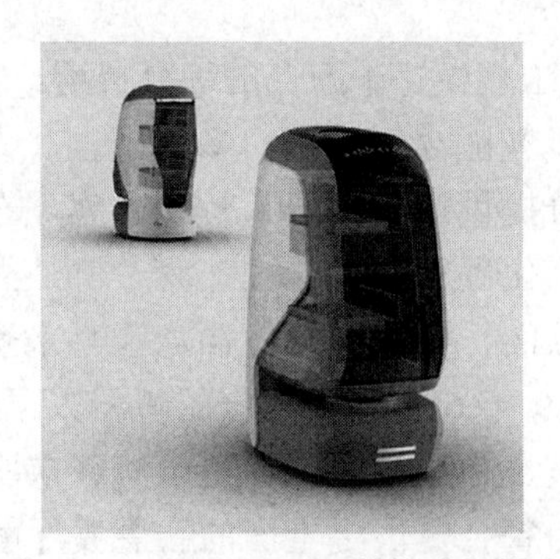

图 7-6　YOGO Robot 的物流机器人

7.2.2　AI+教育

1. 义学教育—松鼠 AI：AI 赋能教育行业，实现千人千面的个性化学习

松鼠 AI 可以为学生提供精准的个性化教育方案，实现真正减负。松鼠 AI 智适应学习系统是以学生为中心的智能化、个性化教育，在教、学、评、测、练等教学过程中应用人工智能技术，在模拟优秀教师的基础之上，达到超越真人教学的目的。有效解决传统教育课时费用高、名师资源少、学习效率低等问题。另一方面，松鼠 AI 自主研发的 MCM 系统，可以真正实现素质教育的培养。通过将每一种学习思维进行拆分理解，可以检测出学生的思维模式（Model of Thinking）、学习能力（Capacity）和学习方法（Methodology）。即使是评估分数相同的学习者，MCM 系统都可以分析出其不同的学习能力、学习速度和知识点盲点、薄弱点，从而可以精准刻画出学习者的用户画像，帮学生发扬优势，补足短板，如图 7-7 所示。

图 7-7　义学教育的千人千面个性化学习方案（亿欧智库）

2. 影创科技：结合人工智能技术，5G+MR 全息教室创新教学模式

专注于混合现实（MR）领域的影创科技，以融合人工智能技术的 MR 混合现实眼镜为核心，构建了“5G+MR”全息教室的解决方案。该系统在教室中接入高速率、低时延的 5G 网络，结合 MR 应用，以清晰的画质和更低的渲染时延带来沉浸式教学体验。此外，基于

计算机视觉的智能识别技术和 SLAM 定位技术的引入，则实现了目标与用户的动态精准识别和交互。该方案能够辅助课堂教学，提升远程教学和沟通效率，营造场景化教学新体验。2019 年 6 月，“5G+MR 科创教育实验室”在徐汇中学正式启用，此后在全国多所大学、中学、职校实现落地，如图 7-8 所示。

图 7-8　影创科技全息教室方案（亿欧智库）

7.2.3　AI+金融

1. 量化派：数据+AI 驱动，推动金融机构全流程数字化转型

在复杂的场景和充分的金融周期中，沉淀有海量多维数据资产的量化派，利用人工智能、机器学习、大数据技术，为行业全链条的企业提供基于标准化、模块化、定制化的金融科技全流程服务能力，精准定义用户需求，帮助金融机构高效实现数字化转型。量化派自主研发的智能金融科技系统平台“量子魔方”，能够帮助金融机构在科技转型的过程中，有效节约人力、研发、时间和风险成本，提升风控精准度，进而提升金融服务的效率。当前，量化派已与国内外超过 300 家机构和公司达成深度合作，致力于打造更加有活力的共赢生态，如图 7-9 所示。

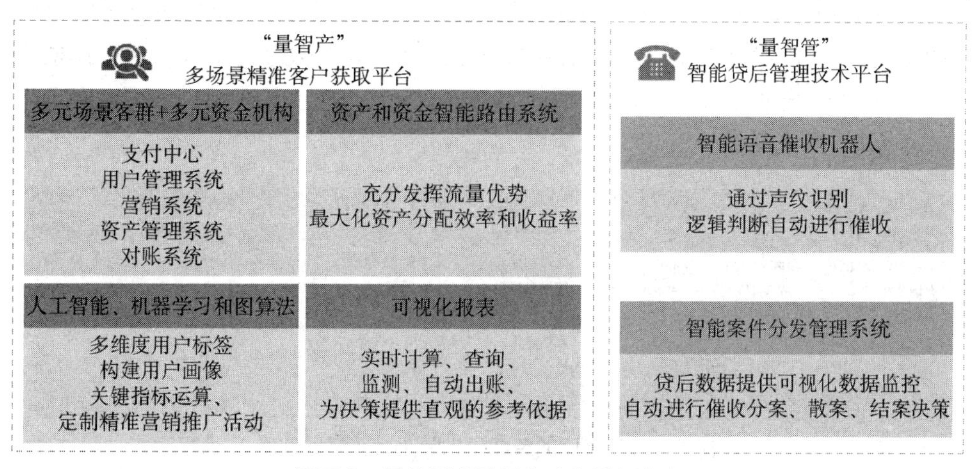

图 7-9　量化派金融平台（亿欧智库）

2. 冰鉴科技：拥有核心建模能力的智能风控方案提供商

冰鉴科技通过机器学习、NLP、知识图谱等建模算法进行风险识别和信用分析，为银行、消费金融及小贷公司等机构提供个人及小微企业贷款的风险评估解决方案。其产品布局覆盖反欺诈、自动化审批、风险定价、智能催收决策优化、二次营销等信用评估全流程，既能以 SaaS 形式提供外部服务，又能以 PaaS 形式与金融机构内部系统深入对接，针对客户自身业务需要还提供定制化解决方案。目前冰鉴科技的付费客户已超过 500 家，包括大型银行、城商行、消费金融机构、保险公司及互联网金融企业，赋能客户实现精细化运营和风险防范的合规发展，如图 7-10 所示。

图 7-10　冰鉴科技的智能风控（亿欧智库）

7.2.4　AI+营销

1. 珍岛集团：人工智能驱动，SaaS 营销云服务国内外中小微企业

受高成本、人才缺失、供应链管理复杂等因素影响，中小微企业在数字营销领域普遍面临介入难、运营难的痛点。珍岛集团定位于面向全球市场、覆盖全栈的 SaaS 级智能营销云平台，在多元应用场景下，为中小微企业打造营销力赋能（Marketing Force）的快捷入口，并基于机器学习、自然语言处理等人工智能技术，将原有的数字营销人力服务模型推进至平台化、软件化、智能化服务模型，凭借 AI-SaaS 平台架构实现营销全流程、全场景工具化覆盖，如图 7-11 所示。

营销前	营销中					营销后	
智能诊断	平台建设	推广曝光	再营销	数字媒体自助	云应用市场	结果洞察	结果洞察
√全网AI营销测评 √舆情分析 √企业情报分析	√PC端/APP √小程序/H5 √多语言建站中控平台	√数据精准匹配 √智能内容生成 √智能消息分发	√定向跨屏投放 √数据管理平台 √媒体服务平台 √智能客服	√信息流媒体投放 √数据抓取 √跨平台数据分析 √智能媒体推荐		√小程序数据统计 √流量数据统计分析 √人群画像管理	√小程序数据统计 √流量数据统计 √人群画像管理
数字戒客：对营销过程所需的开发、设计、规划进行供需双方撮合							
解决方案：新零售营销服务、跨境商业服务、传统专业化市场服务、主题园区增值服务、院校实训中心服务							

图 7-11　珍岛集团的智能营销云平台（亿欧智库）

2. 加和科技：AI技术赋能，企业营销数字化升级全流程解决方案

加和科技致力于通过对企业全域流量私有化实现流量资产升级、数据+AI创新实现营销技术升级、打通转化模式实现KPI升级、构建跨部门协作体系实现业务模式升级，最终拉动商业增长。加和科技长期对接超过40个主流媒体和250个广告位最大化扩增企业公域流量，对接超过20个主流数据方持续提供数据应用服务，形成基于云的动态扩展策略、双层负载均衡+四重报警识别、长连接数据接口集成管理、0.5%媒体超时、平均外链查询延时10ms的数据安全保障体系，覆盖包括汽车、母婴、食品、日化、美妆、电商、3C、互联网、酒水、饮料等多个行业。加和科技的智能营销解决方案如图7-12所示。

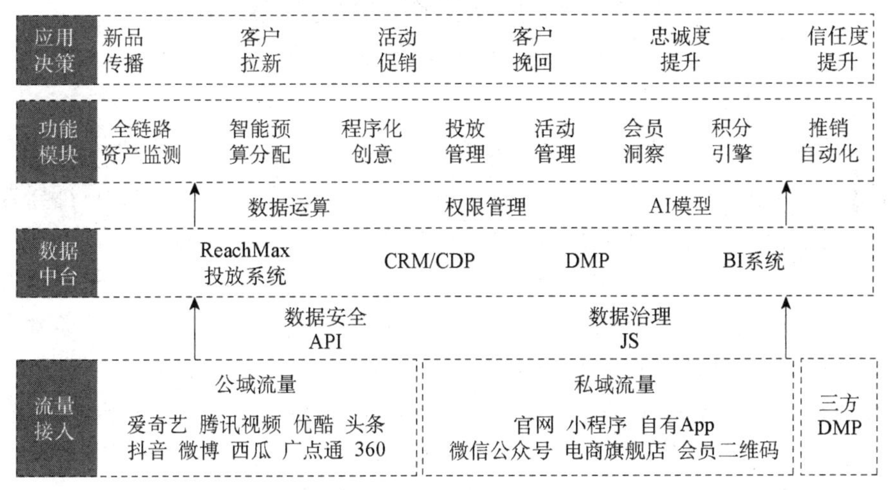

图7-12 加和科技的智能营销解决方案（亿欧智库）

7.2.5 AI+农业

1. AI+奶牛

位于荷兰的农业科技公司Connecterra结合AI技术，开发出“智慧牧场助理”（the Intelligent Dairy Farmer’s Assistant，IDA）系统，在奶牛的脖子上佩戴可穿戴设备，这些设备内置了多个传感器，配套的分析软件使用了机器学习技术，软硬件配合共同实时监测奶牛的健康情况。据介绍，IDA通过数据可以知道一头奶牛是否正在反刍、躺下、走路、喝水等，并判断奶牛是否生病、是否准备好要繁殖等，将相关行为变化通知牧场主，极大地解放人力。一家位于美国乔治亚州的使用了IDA系统的牧场管理者表示，透过IDA可以将生产力提升10%，如图7-13所示。

2017年，华为也曾联合中国电信和银川奥特推出基于NB-IoT的“牛联网”产品“小牧童”，具体做法是在每个奶牛脖子上佩戴可穿戴设备，实时测量牛的体温和脉搏，及时掌控奶牛的健康和产奶量，掌控牛的发情期，及时配种。

成立于2013年的AgriWebb总部位于澳大利亚，也是一家通过提供智能化服务帮助畜牧业企业提高生产效率的公司，系统收集和记录牧场家畜的数量、活动状况、体重增减、受孕率等数据，同时也收集和记录牧场的喷洒、施肥、播种情况等。

图 7-13　智慧牧场养牛

2. 阿里：AI+养猪

2018 年年初，阿里云开启智能养猪事业，技术人员给合作种猪场的每一头猪打一个数字 ID 标签，围绕数字 ID 建立起包含日龄、体重、进食情况、运动频次、体征异常情况、怀孕到分娩等在内的全生命周期数据档案，其 ET 农业大脑不仅能帮猪看病、保健，还能帮母猪多生仔。

不只国内，AI 技术在国外的畜牧业养殖中也早有先例，并且由于其畜牧业本身的规模化程度高、数字化基础好，AI 技术的落地相对更快。

中国人几乎每年都要吃掉全球一半以上的猪。但根据《全国生猪生产发展规划（2016—2020 年）》，我国生猪养殖成本比美国高 40%左右，每千克增重比欧盟多消耗饲料 0.5 千克左右，母猪年提供商品猪比国外先进水平少 8 到 10 头，综合竞争力明显低于发达国家。

2018 年 2 月，阿里云正式宣布和四川特驱集团、德康集团合作，通过 ET 农业大脑实现人工智能养猪，提高猪的存活率和产崽率，项目投入高达数亿元。据阿里云智慧农业总经理郑斌介绍，项目最重要的目的就是提高 PSY（Pigs Weaned per Sow per Year），即每头母猪每年的断奶仔猪数量，这是衡量养猪产业水平最重要标志之一。“团队研发的‘怀孕诊断算法’可以判断母猪是否怀孕，再由 AI 分析母猪是否配种成功。”阿里云算法工程师念钧详细解释了这套算法如何工作：“我们研发的这套判别母猪是否怀孕的算法，是借助多个自动寻轨的机器人加摄像头去识别配种后母猪的行为特征，这些特征包括母猪睡眠的深度情况，它站立的频次，进食量的变化，以及它的眼神是否迷离等，这些都是关键的特征。”

猪仔出生之后，ET 农业大脑会通过语音识别技术和红外线测温技术等来监测每只小猪的健康状况，一旦出现异常能够第一时间发出预警，保证小猪健康成长，如图 7-14 所示。猪在吃奶、睡觉、生病的时候会发出不同的声音，如果小猪宝宝被睡觉的猪妈咪压到的话，ET 农业大脑通过辨别不同的猪叫声来判断。同时，猪在不同的状态——吃奶、生病的时候会发出不同的声音，而 ET 农业大脑结合声学特征和红外线测温技术，可通过猪的咳嗽、叫声、体温等数据来判断猪是否患病。

图 7-14　ET 农业大脑概念图

ET 农业大脑项目应用了视频图像分析识别、活体识别、语音识别等人工智能技术。“从配种开始，到母猪妊娠、繁殖再到猪仔的健康监控，AI 养猪的最高水准是做全流程的智能优化。通过 ET 农业大脑的各项技术应用，猪场现在每头母猪每年生下来的能健康存活的小猪从 20 头增加到 23 头。”虽然离 30 以上的先进水平还有距离，但 AI 养猪的能量，已经在慢慢释放。

AI 应用于农业畜牧业，有几个核心问题需要面对。

首要问题是农业畜牧业属于信息化很落后的一个行业，养殖企业的 AI 实施基础较差，跟 AI 这种很先进的科技是割裂的。当然，目前在畜牧业应用 AI，最大的问题是数据的缺乏，这个问题不是养猪业面临的，而是畜牧业的通病。ET 农业大脑所开展的研究包括工具智能和决策智能两个层面，前者主要指通过各种摄像头、测温仪、心跳监测仪、音频处理和算法等取代人力监控，对猪场的猪进行行为监控、猪只异常监测等；后者则包括对疾病的判断和治疗方案的推荐、繁殖前发情行为的捕捉、分析判断应对等。国内畜牧业应用数字技术的尝试大多还停留在新技术养殖等工具智能层面，决策智能方向还处在从 0 到 1 的起步阶段。

第二个问题是在传统的畜牧业模式上，尤其是种植方面，本身的利润不足以支撑智能化转型。如果通过做一个算法来提高生产效率，但是增加的利润就几个点，那么花几百万元做算法并不现实。政府、科研机构推广智能技术时都面临这个问题。

当然国内已经有不少种猪养殖企业主动联系 ET 农业大脑，希望可以运用智能化养猪技术来提高生产率和利润、解放劳动力。在合作的猪场中，人工智能技术的运用已经将其人力减少了三分之二；在工具层面，智能化可以帮助解决人力问题；在分析层面，智能化可以解决质量问题。

在 ET 农业大脑提供技术服务的猪场，过去每个人可能每隔两天就得去一次现场，采集一遍所有数据，还要拿纸做好记录，再把纸质的材料输入表格中，进而导入系统，非常复杂。现在有了智能设备，所有的数据全自动采集录入。随着普遍生活水平的提高，愿意到养殖场工作的年轻人越来越少，AI 助手在将来的养殖产业中势必发挥更大的作用。

7.3　人工智能应用研究热点

2019 年 5 月，中国经济信息社江苏中心联合新一代人工智能产业技术创新战略联盟在苏州共同发布《新一代人工智能发展年度报告（2018）》（下称《报告》）。《报告》认为，人工智能对传统行业的溢出带动效应已经显现，AI+的系列应用生态正在形成。

《报告》显示，目前，人工智能已广泛应用到制造、医疗、交通、家居、安防、网络安全等多个领域。从全球范围来看，发达国家在人工智能部分应用领域的生态构建、政策支持、基础建设等方面拥有先发优势；而我国加紧步伐，在国家、行业等层面纷纷发力，为跻身世界前列积极准备。《报告》中指出，人工智能六大热点应用领域分别介绍如下。

1. 智能制造领域

在智能制造领域，工业发达国家条件成熟，我国在快速发展的网络信息技术和先进制造技术的推动下，制造业智能化水平大幅提高。我国自主研发的多功能传感器、智能控制系统已逐步达到世界先进水平。

2. 智能医疗领域

在智能医疗领域，人工智能技术已经逐渐应用于药物研发、医学影像、辅助治疗、健康管理、基因检测、智慧医院等领域。其中，药物研发的市场份额最大，据 Global Market Insight 统计，药物研发约占全球人工智能医疗市场 35%。利用人工智能，可大幅缩短药物研发周期，降低成本。

3. 智能交通领域

在智能交通领域，美、欧、日等发达国家起步早，已完成智能交通系统体系框架建设。其中，美国出台多项政策，加大投入，已成为智能交通和智能汽车发展的引领者。我国的智能交通发展还处于基础建设阶段，正在向智能化服务方向发展。当前，我国已出台智能交通领域的政策和研发计划。

4. 智能家居领域

在智能家居领域，2018 年美国智能家居应用收益和普及率全球领先，中国智能家居收益位居全球第二，普及率有待提高。从终端产品智能化水平来看，我国智能家居还处于单品智能化阶段，正在向跨产品互动化迈进。

5. 智能安防领域

在智能安防领域，国际安防巨头美国的霍尼韦尔、德国的博世、韩国的三星、日本的索尼等企业具有强大的品牌效应和技术优势，在国际高端市场（如金融）占有率较高。我国的海康威视和大华在全球市场总体占有率位列第一和第二。

6. 智能网络安全领域

在智能网络安全领域，全球发展空间巨大，我国急需建立集人工智能、大数据等技术于一体的智能网络安全系统，突破网络安全领域的人工智能技术，以应对未来 5 到 10 年网络安全带来的威胁和挑战。

7.4 人工智能与工作岗位

7.4.1 机器人取代部分人类工作

关于机器人将抢走人类工作机会的讨论已经屡见不鲜，但麦肯锡在 2019 年给出了一个触目惊心的数据：在自动化发展迅速的情况下，到 2030 年，全球 8 亿人口的工作岗位将被机器取代。

1. 自动化将取代的工作

麦肯锡全球研究院（McKinsey Global Institute）在 2019 年发布的报告中称，包括人工智能和机器人技术在内的自动化技术将为用户、企业和经济带来明显好处，提高生产率并促进经济增长。但技术取代人工的程度将取决于技术发展、应用、经济增速和就业增长等因素。报告指出，自动化对就业的潜在影响因职位种类和行业部门不同而异，其中最容易受到自动化影响的是那些涉及在可预测环境中进行物理活动的工作类型。例如，机械操作、快餐准备，以及数据收集和处理，这将取代大量劳动力，包括抵押贷款发放、律师助理事务、会计和后台事务处理等岗位。

而受自动化影响较小的岗位通常涉及管理、应用专业技术和社会互动，因为机器在这些方面的表现还无法超越人类。

另外值得一提的是，在不可预测环境下的一些相对低收入岗位受自动化影响的程度也会较低，例如，园艺工人、水管工、儿童和老人护理人员。一方面由于他们的技能很难实现自动化，另一方面，由于这类岗位工资较低，而自动化成本又相对较高，因此，推动这类劳动岗位自动化的动力较小。

2. 就业大变迁时代即将到来

麦肯锡特别指出，被机器人取代并不意味着大量失业，因为新的就业岗位将被创造出来，人们应该提升工作技能来应对即将到来的就业大变迁时代。麦肯锡预计，在自动化发展迅速的情况下，3.75 亿人口需要转换职业并学习新的技能；而在自动化发展相对缓和的情景下，约 7 500 万人口需要改变职业。

刺激就业岗位增加的因素包括以下几项：

- 收入和消费的增加。麦肯锡预计在 2015 年至 2030 年间，全球消费将增长 23 万亿美元，其中大部分来自新兴经济体的消费阶层。仅消费行业收入的增加就预计将创造出 2.5 亿至 2.8 亿个工作岗位。
- 人口老龄化趋势。随着人们年龄增长，消费模式将发生变化，医疗和其他个人服务方面的支出将明显增加，这将为包括医生、护士和卫生技术人员在内的一系列职业创造新需求。麦肯锡预计，在全球范围内，到 2030 年，和老年人医疗保健相关岗位可能会增加 5 000 万到 8 500 万。
- 技术发展和应用。在 2015 年至 2030 年间，科技相关支出预计会增加超过 50%，因此，与技术开发相关的工作需求预计也将增加，其中一半约为信息科技服务相关职位。麦肯锡预计，到 2030 年，这一趋势将在全球创造 2 000 万到 5 000 万个就业机会。

此外，麦肯锡指出，基础设施投资和建设、可再生能源等方面投资及部分工种在未来的市场化趋势也将创造新的就业岗位需求。

3. 约 1 亿中国人面临职业转换

从人口数量角度，中国将面临最大规模的就业变迁。麦肯锡报告指出，在自动化发展迅速的情境下，到 2030 年中国约有 1 亿的人口面临职业转换，约占到时就业人口的 13%。当然这一数字相对中国过去 25 年经历过的农业向非农劳动岗位的变迁来说，并不算多。麦肯锡认为，随着收入继续增长，中国就业人口从农业转向制造业和服务业的趋势预计将会持续下去。麦肯锡预计，到2030年，在自动化发展迅速的情境下，中国高达31%的工作时间将被自动化，如果发展相对缓和，这一数值将下降到16%。

4. 4亿～8亿人将失业

自动化方便了生活，也改变了工作。但自动化对人类工作有何影响，未来的就业机会够不够多，我们应该思考怎样适应即将到来的职业转换。麦肯锡预计，到2030年，全球将有4亿到8亿人将被自动化取代，相当于今天全球劳动力的五分之一。

自动化对工作的影响为何如此大？据统计，在全球60%的职业中，至少三分之一比例的活动可以被自动化代替。也就是说，职业转化对人类社会的影响意义重大。当然，自动化对就业的潜在影响因职业和部门而异。最容易受到自动化影响的活动包括可预测环境中的物理活动（如操作机械和准备快餐）、收集和数据处理活动，这些工作可以通过机器做得更好更快。这可能会取代大量的劳动力，例如，抵押贷款发放、律师助理工作、会计和后勤事务处理等。

5. 科技能够创造充足的就业机会

历史数据表明，科技能够创造就业。分析美国 1850—2015 年全行业就业占比可以看到，历经两次工业革命后，农业、制造业和矿业的就业人数有明显减少，但在贸易、教育和医护行业就业的人数明显增多。当然，自动化的影响因不同国家的收入水平、人口结构和产业结构而变化。

7.4.2 消失与新增的岗位

在大数据及云计算的支撑下，人工智能的第三次兴起具有坚实的基础，也会给各个行业产业带来更久远的繁荣。在跨越技术可行性之后，人工智能在各个行业的推广应用更多地取决于经济可行性。虽然从理论上讲，大多数重复性的工作都可能因人工智能技术的发展而被替代，但由于替代成本的原因，一些低端岗位仍将继续并长期存在。而一些需要通过多年死记硬背积累专业知识的岗位如律师助理、翻译等，由于计算机可以在一夜之间就具有丰富且精准的信息优势，因而不再具有优势，面临着调整。我们首先盘点一下，人工智能可能会导致的岗位变化。

据BBC（British Broadcasting Corporation，英国广播公司）2019年的预测，在365个行业通用行业中，不少工作岗位面临着被人工智能取代的威胁。《人工智能时代的未来职业报告》中指出，技术革新的浪潮首先将会波及的是一批符合“五秒钟准则”的劳动者。“五秒钟准则”指的是，一项工作如果人可以在5秒钟以内对工作中需要思考和决策的问题做出相应决定，那么，这项工作就有非常大的可能被人工智能技术全部或部分取代。也就是说，这些职业通常是低技能的、可以“熟能生巧”的职业。但到底什么工作才更不容易被人工智能取代、淘汰呢？BBC 为了找出这样一个答案，基于剑桥大学研究者 Michael Osborne 和 Carl Frey 的数据体系分析了 365 种职业在未来的“被淘汰概率”。

1. 高风险的岗位

人工智能替代的工作岗位，并不是一定是所谓的低端岗位，有些是需要信息积累、数据分析、经验判断这样的高级岗位，这些基于人的知识积累和判断力的岗位，都有被信息更丰富、判断更准确快速的人工智能所代替的可能。而事实上，现在很多金融、教育、法律等方面的工作，已经在用程序来完成了（华尔街的交易员越来越少了）。类似于装修、家政之类的简单劳动，因为可替代价值低，替代成本高，可能更会长期存在（麦肯锡报告）。

以下仅列出被淘汰概率超过 90%的工种，概率从高到低依次为：电话推销员、打字员、会计、保险业务员、银行职员、政府职员、接线员、前台、客服、人力资源部门、保安。

（1）电话推销员

BBC 统计了 300 多个职业，这个职业被认为被取代的概率最大！原因很简单，即使没有人工智能，这个单调、机械的工种也是会被淘汰的。

（2）打字员

曾几何时，打字也是一份体面的工作。如今只有速记员能靠打字生活，而语音识别技术的成熟则让其岌岌可危。

（3）会计

会计的本质是搜集信息和整理数据，机器人的准确性无疑更高。2018 年，德勤、普华永道等会计事务所相继推出了财务智能机器人方案，给业内造成了不小的震动。

（4）保险业务员

保险业的智能化也在加速，2018 年多家国内保险公司将智能技术引入售后领域，未来更有可能替代人工成为个人保险管家。

（5）银行职员

银行职员被替代的前景显而易见，虽然现在不少银行机器人依然以卖萌为主，但未来一定会走上大舞台。

（6）政府职员

这里主要指的是政府底层职能机构的职员。这类工作有规律，重复性高，要求严谨，非常适合机器人操作。

（7）接线员

智能语音系统已经很发达，未来接线员被取代显而易见。

（8）前台

前台是一个以展示、引导、接待为主的工作岗位，机器人恰恰很容易提供这样的服务，比如由日本软银公司开发的 Pepper 机器人。

（9）客服

人工智能取代客服是大势所趋，简单的例子就是 Siri。事实上，这类人工智能客服平台也是这两年国内创业的热门方向。

（10）人力资源部门

简历审读、筛选可以通过关键字进行，此外包括薪酬管理等人力资源工作也可以被机器人代替。事实上，亚马逊正在用人工智能来断定哪些职员应该被建议劝退。

（11）保安

通过监控摄像机、感应器、气味探测器和热成像系统等，机器人可以执行大部分保安工作。

其他如房地产经纪人、工人，以及瓦匠、园丁、清洁工、司机、木匠、水管工等，这些第一产业、第二产业的工作也将逐步被人工智能所替代。据悉，欧美一些房地产机构已经开始利用大数据和人工智能完成房产交易，这种方式可以避免太多不确定性。而体力活被机器人取代是大部分人可以预料的，只是由于替代成本的原因，不同的工种将有不同的衰退时长。

2. 稳定的岗位

有一些岗位，是需要人性感受的岗位，短期内难以被人工智能所替代。

（1）艺术家、音乐家、科学家

无论技术如何进步，人工智能如何完善，对人类而言，创造力、思考能力和审美能力都是无法被模仿、被替代的最后堡垒。

（2）律师、法官

人类的另一个无法被模仿的能力，就是基于社会公义、法律量刑和人情世故做出判断的微妙平衡。法律不是一块死板，不是可以计算、生成的代码，法庭上的人性博弈更是机器人无法触及的领域。2018 年 7 月，一款可以借助 AI 免费给人做法律指导的聊天机器人正式在全美 50 个州上线，开发者称其为“世界上首个机器人律师”，但它的功能仅仅是帮助不懂法律的普通人写出符合格式要求的申诉状而已。

（3）牙医、理疗师

当代医疗技术已经越来越多地介入了机械操作，外科领域尤甚。但人类医师无论在伦理上，还是在技术操作上都很难完全被取代。而在牙科这个技术要求极高的领域，尽管很多手术，比如 3D 打印牙齿植入，已经可以由机器人完成，但在整个过程中，依然离不开人类医师的诊断和监督。

（4）建筑师

近年，已经有各种各样的所谓“人工智能建筑师”被开发出来，但这些系统能完成的工作仅仅是画图纸而已。而建筑师真正赖以立足的创意、审美、空间感、建筑理念和抽象的判断都是机器难以模仿的。

（6）公关

就连人类自己，也很难去模仿那些人情练达者的社交能力，更何况不具备情感反射的机器人。2018 年 7 月，国内的一家公关公司宣称他们开始使用一种“公关机器人”，但它的实际功能只是为客户撰写公关稿而已。

（7）心理医生

机器无法理解人类的情绪，但依然可以学会用某些方法来处理与情绪有关的问题，就好像不理解“什么是诗”的机器依然可以写出不错的诗来。从这个角度来说，机器确实可以胜任某些心理咨询的工作，因为心理咨询原本就建立在这样一种信念之上：人类的情绪可以被有效地处理。

然而有些时候，急于处理问题恰恰是造成问题的原因。机器无法处理这样的悖论，而习惯了机器思维的人类同样无法处理。只有同样生而为人的心理医生才有可能跳脱这一思维悖论，让问题本身变得无关紧要。

（8）教师

2018 年年初，国内的一家教育机构举办了一场“教学人机大战”。他们招募了三名 17

年平均教龄的中高级老师进行真人授课，另一组学生完全使用教学机器人进行学习。在四天的对照学习后，真人教师组被判定落败。我们不排除这场“人机大战”背后的营销戏码，但哪怕人类教师真的输给了“教学机器人”，也不能就此否认人类教师的存在意义。那些人类独有的、被视为最后堡垒的同理心、育人能力，恰恰都是机器所不具有的。机器或许能够讲解一些知识，但却无法交流育人。

3. 新岗位的诞生

什么样的新的岗位会诞生？应该是那些机器难以代替的，提供人性感受的岗位。

最近美国政府的一份报告提出了未来可能会普及化的 AI 相关工作，分为四类：需要与 AI 系统一起工作以完成复杂任务的参与工作（如使用 AI 应用程序协助常规的护士对病人的检查）；开发工作，创建 AI 技术和应用程序（如数据库科学家和软件开发人员）；监控、许可或维修 AI 系统的监督工作（如维护 AI 机器人的技术人员），以及响应 AI 驱动的范式转变的工作（例如，律师围绕 AI 创建法律框架，或创建可容纳自主车辆环境的城市规划者）。

清华大学张钹院士认为人工智能也好、机器人也好，都要产业化。虽然对行业来说，人工智能的算法、数据、算力三个要素具备了，但最重要的因素：场景，是产业化最大的问题。

什么场景下面我们才可以做出好的产业呢？张钹院士认为有 5 个方面，即场景必须具备 5 个属性：掌握丰富的数据或知识、完全信息、确定性信息、静态与结构化环境、有限的领域或单一的任务。

如果是属于这些性质的问题，机器都可以做，而且最终是会完全代替人的，这种问题也叫“照章办事”。而对于动态变化环境、不完全信息、不确定性、多领域多任务，在短期内机器不可能完全代替人。在解决场景问题之后，还得认识到机器学习存在可解释性、鲁棒性问题。以医疗健康为例，如果智能图像识别图片里的病人有癌症，但是它说不出道理，这是不可解释性问题；如果再加上些干扰，它就做出完全错误的判断，这就是鲁棒性问题。

用深度学习的方法做医学图像识别，要想怎么做到它的可解释性，必须加进去医生看图片的知识和经验。如果离开了医生看图片的知识和经验，仅仅依靠数据做出来的结果，那将来跟医生不可以交互，医生也没法相信 AI，也不会用 AI。

最后，张钹得出的结论是，人工智能产业刚刚起步，大量研究任务需要去做，需要建立一个良好的政产学研合作机制。做人工智能研究的最终的目的必须要和实体结合，因为人工智能是一个应用型的学科，光理论做得非常好还不够，必须要解决实际的问题，与当地实际结合，实现产业的可持续发展。

7.5　职 业 规 划

7.5.1　国家对人工智能的政策支持

国家高度重视人工智能产业的发展，政策红利不断，扶持力度逐步加大。从 2014 年起，国家领导人分别发表重要讲话，对发展中国人工智能给予高屋建瓴的指示与支持。政府出台系列政策文件，对人工智能产业给予重点支持。当前，人工智能已成为国家战略。读者可以把人工智能国家战略跟自己的专业结合起来，做好自己的职业规划。近几年国家发布与人工智能相关的政策一览表，如表7-1所示。

表7-1　近几年国家发布与人工智能相关的政策一览表

时间	制定单位	政策名称	主要内容
2015年5月	国务院	《中国制造2025》	国务院提出大力发展智能制造及人工智能新兴产业鼓励智能化创新
2015年7月	国务院	《“互联网+”行动指导意见》	第十一个重点发展领域明确提出为人工智能领域。内容显示：依托互联网平台提供人工智能公共创新服务，加快人工智能核心技术突破，促进人工智能在智能家居、智能终端、智能汽车、机器人等领域的推广应用，培育若干引领全球人工智能发展的骨干企业和创新团队，形成创新活跃、开放合作、协同发展的产业生态
2016年1月	国务院	《“十三五”国家科技创新规划》	将智能制造和机器人列为“科技创新2030项目”重大工程之一
2016年4月	工信部、发改委、财政部	《机器人产业发展规划（2016—2020年）》	在服务机器人领域，重点发展消防救援机器人、手术机器人、智能型公共服务机器人、智能护理机器人等4种标志性产品，推进专业服务机器人实现系列化，个人、家庭服务机器人实现商品化
2016年5月	发改委、科技部、工信部和网信办	《“互联网+”人工智能三年行动实施方案》	到2018年，中国将基本建立人工智能产业体系、创新服务体系和标准化体系，培育若干全球领先的人工智能骨干企业，形成千亿级的人工智能市场应用规模
2016年7月	国务院印发	《“十三五”国家科技创新规划》	新一代信息技术中提到人工智能。重点发展大数据驱动的类人智能技术方法；突破以人为中心的人机物融合理论方法和关键技术，研制相关设备、工具和平台；在基于大数据分析的类人智能方向取得重要突破，实现类人视觉、类人听觉、类人语言和类人思维，支撑智能产业的发展
2016年9月1日	国家发展改革委	《国家发展改革委“互联网+”领域创新能力建设》	为构建“互联网+”领域创新网络，促进人工智能技术的发展，应将人工智能技术纳入专项建设内容
2016年12月	国务院	《“十三五”国家战略性新兴产业发展规划的通知》	培育人工智能产业生态，促进人工智能在经济社会重点领域推广应用，打造国际领先的技术体系
2017年3月5日	国务院	《政府工作报告》	国务院总理李克强提到，要加快培育壮大新兴产业，全面实施战略性新兴产业发展规划，包括人工智能产业
2017年7月8日	国务院	《新一代人工智能发展规划》	抢抓人工智能发展的重大战略机遇，构筑我国人工智能发展的先发优势，加快建设创新型国家和世界科技强国
2018年4月	教育部	《高等学校人工智能创新行动计划》	贯彻落实《国务院关于印发新一代人工智能发展规划的通知》（国发〔2017〕35号）和2017年全国高校科技工作会议精神，引导高校瞄准世界科技前沿，强化基础研究，实现前瞻性基础研究和引领性原创成果的重大突破，进一步提升高校人工智能领域科技创新、人才培养和服务国家需求的能力

7.5.2　人工智能工程技术人员职业要求

人力资源社会保障部对“人工智能工程技术人员”新职业（职业编号：2-02-10-09）进行了定义，并给出了主要工作任务。

定义：从事与人工智能相关算法、深度学习等多种技术的分析、研究、开发，并对人工智能系统进行设计、优化、运维、管理和应用的工程技术人员。

主要工作任务有：

- 分析、研究人工智能算法、深度学习及神经网络等技术。
- 研究、开发、应用人工智能指令、算法及技术。
- 规划、设计、开发基于人工智能算法的芯片。
- 研发、应用、优化语言识别、语义识别、图像识别、生物特征识别等人工智能技术。
- 设计、集成、管理、部署人工智能软硬件系统。
- 设计、开发人工智能系统解决方案。
- 提供人工智能相关技术咨询和技术服务。

另外，在企业调研中得知，院校毕业生未来涉及的与人工智能相关的工作岗位包括人工智能运维工程师、人工智能技术应用工程师、数据采集工程师、数据清洗工程师、智能算法测试工程师、全栈工程师、NLP 应用工程师、智能机器人研发工程师、人工智能商务拓展、人工智能产品软件开发岗、人工智能设备制造岗、设备维护检修岗、产品销售岗、产品售后服务岗等。这些岗位可以分为两大类。

一是基于核心技术平台如人脸识别、语音识别等技术平台，使用专门工具进行针对用户的应用开发，如数据采集和标注员、数据清洗工程师、智能算法测试员等。

二是人工智能终端产品的行业应用，如在制造业、服务业从事与人工智能技术相关的工作，包括生产、检测、推广、维护、安装，具体如机器人等人工智能设备生产技术员、人工智能设备安装师和维修师等。

除了人力资源社会保障部对“人工智能工程技术人员”新职业的定义，我们还进行了企业人才需求调研。其中人工智能技术岗位需求如图 7-15 所示。

<table>
<tr><td rowspan="3">行业岗位需求</td><td>数据采集工程师</td><td>深度学习/机器学习算法工程师</td><td>交互系统工程师</td><td colspan="6">AI软件工程师/AI架构工程师/并行计算工程师</td></tr>
<tr><td colspan="2" rowspan="2">数据分析师/ 数据挖掘工程师</td><td>自动测试工程师</td><td rowspan="2">全栈互联网开发工程师</td><td>语音合成工程师</td><td colspan="2">图像处理工程师</td><td rowspan="2">NLP工程师</td><td rowspan="2">知识图谱工程师</td></tr>
<tr><td>自动运维工程师</td><td>音识别工程</td><td colspan="2">图像识别工程师</td></tr>
<tr><td rowspan="3">行业技术需求</td><td>数据采集</td><td>深度学习算法</td><td>系统自动化运维</td><td rowspan="2">全栈互联网开发</td><td>语音合成</td><td colspan="2">生物特征识别</td><td>文本生成</td><td>知识抽取</td></tr>
<tr><td>数据挖掘</td><td>机器学习算法</td><td>系统自动化开发</td><td>语科库构建</td><td colspan="2">图像处理</td><td>语义分析</td><td>知识推理</td></tr>
<tr><td>数据分析</td><td>数据挖掘算法</td><td>交互系统开发</td><td>AI应用开发</td><td>语音识别</td><td colspan="2">图像识别</td><td>机器翻译</td><td>知识融合</td></tr>
<tr><td>行业技术领域</td><td>商品智能数据分析</td><td>算法研究</td><td>人体交互系统</td><td>AI软件应用</td><td>语音交互</td><td colspan="2">计算机视觉</td><td>自然语言处理</td><td>知识图谱</td></tr>
<tr><td rowspan="7">产品及解决方案</td><td colspan="2">身份认证</td><td colspan="5">智能客服</td><td rowspan="2">参数性能优化</td><td rowspan="2">智能玩具/陪伴机器人</td></tr>
<tr><td rowspan="3">研投分析</td><td rowspan="3">生物识别</td><td>智能信息处理</td><td>影像处理</td><td>智能车载</td><td>语音病例录入</td><td>收益/客流分析</td></tr>
<tr><td rowspan="2">教学效果评估</td><td rowspan="2">人脸识别处理</td><td rowspan="2">辅助/自动驾驶</td><td>医疗影像分析</td><td>供应链管理</td><td rowspan="2">智能质检</td><td rowspan="2">智能视觉/影像交互</td></tr>
<tr><td>医疗影像分析</td><td>图像比对搜索</td></tr>
<tr><td rowspan="3">大数据风控</td><td rowspan="3">大数据研判</td><td rowspan="3">智能助教</td><td>虚拟对话机器人</td><td>航空调度管理</td><td rowspan="2">综合性诊疗</td><td rowspan="2">智能影像/AR广告</td><td rowspan="2">3D分拣机器人</td><td rowspan="3">智能语音交互</td></tr>
<tr><td rowspan="2">文字语义分析</td><td rowspan="2">城市交通优化</td></tr>
<tr><td>健康管理</td><td>精准营销</td><td>设备维护</td></tr>
<tr><td>应用行业</td><td>金融</td><td>公共安全</td><td>教育</td><td>移动互联</td><td>交通</td><td>医疗</td><td>零售</td><td>工业</td><td>智能硬件</td></tr>
</table>

图 7-15　人工智能技术岗位需求图

7.6 专业创新

人工智能将替代的工作，主要有三类，第一类是简单重复、枯燥的工作；第二类是需要专家知识的场景（保险业务员、会计师）；第三类是危险的场景或是人力难以到达的场景。

同学们不妨思考一下，在自己的专业领域内，人工智能技术能替代什么？这就是专业创新的潜在方向。

以下列举人工智能技术的新应用。

7.6.1 AI+无人机应用创新

案例 1：无人机获取图像，助力火灾房屋定损

据法国《快报》周刊网站 2017 年 9 月 9 日报道，作为美国第二大城市的洛杉矶，从上个月以来一直与熊熊的大火鏖战，火灾已经吞噬了洛杉矶北郊 2 800 公顷森林。很多房屋被大火焚毁。华盛顿州、加利福尼亚州及蒙大拿州，美国西部正在遭受猛烈大火的困扰。洛杉矶附近的情势最为严峻，大火在火势被控制之前已吞噬了面积创纪录的林地，如图 7-16 所示。洛杉矶市长埃里克·加塞蒂称，这是一场“史无前例”的火灾。

大火对保险公司提出了挑战：如何为大火中受到损失的房屋定损？考虑到大火发生在洛杉矶山区，一来国外的房屋比较分散，二来山区的房屋很难到达，三来国外的人力资源成本比较高，因此，定损代价是非常昂贵的。保险公司利用无人机获取房屋受损图像，通过学习以往房屋受损图像与理赔金额的对应关系，建立了模型，并对现在的受灾房屋进行了受损估算，以较低的代价完成了定损工作。

图 7-16 洛杉矶大火

案例 2：无人机系统配合红外线摄像，预测山火

加州大学伯克利分校的天体物理学家 Carlton Pennypacker 带领团队攻克山火防治问题，对山火高发区进行全方位监测。他们研发了一套利用无人机和卫星技术的山火监测系统：FUEGO。Pennypacker 表示 FUEGO 系统中至少使用了 4 项高科技：红外线摄像、传感器、无人机及图像识别和处理技术。

这套系统的厉害之处在于，它用不同的工具在距离地面的不同高度上预测、监测山火的发生，全方位、无死角地将山火扼杀于萌芽之中。

案例 3：电力线路巡检

无人机电力巡检因其方便、快捷、数据清晰等特点，被越来越多的供电公司所接受。利用无人机进行电力巡检，最显而易见的就是快，无人机可以飞在天上，不用像传统的巡检方式那样，走进深山爬上爬下的，如图 7-17 所示。特别是对于电力线路穿越原始森林边缘地区，高海拔、冰雪覆盖区，有些沿线存在频繁滑坡、泥石流等地质灾害，大部分地区山高坡陡，交通和通信极不发达，使得电力线路的日常检测成为一个艰难的任务。

图 7-17 无人机巡检

传统的电力线路、管道巡线流程是工作人员亲自到现场巡视线路，巡视对象主要是杆塔、导线、变压器、绝缘子、横担、刀闸等设备，并以纸介质方式记录巡视情况，然后再人工录入到计算机中。因此，巡检受过多人为因素的影响，在危险地段会危及巡线工人的生命安危，并且人工录入数据量大、数据手工录入过程中容易出错；同时对于工作人员是否巡视到位无法进行有效的管理，巡视质量不能得到保障，线路的安全状况亦得不到保证，留下了安全隐患。

无人机的介入使得艰难的电力巡线工作变得轻而易举，且随着现在的无人机航拍技术的发展、遥感技术的不断成熟，可利用无人机获取极为清晰的数据，且根据数据分析电路情况，这与人工巡检相比，完全是从手动流转向了技术流的节奏。而随之而来的是时间的节约，人们不用浪费大量的时间在巡线的途中，节约下来的时间就完全可以用到真正的线路维护上去，线路安全也将得到提高。

7.6.2 学生创新案例

1. 创新案例 1：智能垃圾分类

图 7-18 所示的智能垃圾分类是上海市卢湾高级中学同学们的作品。2019 年，商汤科技和上海市黄浦区教育局联合以上海市卢湾高级中学为试点合力打造了人工智能标杆校，卢湾高级中学同时挂牌“商汤科技实验中学”。这个创新应用的意义在于解决了垃圾分类的痛点，清洁工再也不用问“这是什么垃圾”，AI 现在直接就可以指出“这是可回收垃圾”。

图 7-18　智能分类垃圾桶

2. 创新案例 2：AI 识虫

来自北京林业大学的学生科研团队，在飞桨 PaddlePaddle 深度学习开源框架的帮助下，研发出能准确识别、监测树木害虫的“AI 识虫”系统，如图 7-19 所示。过去一周的工作，如今一小时就可以搞定。

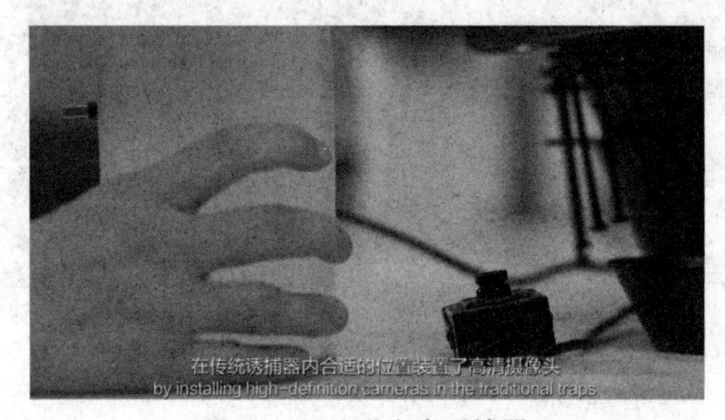

图 7-19　改进虫类诱捕器

3. 创新案例 3：零件检测

广西科技大学、柳州源创电喷技术有限公司与百度共同协作，利用 EasyDL 研发汽车喷油嘴智能检测设备。目前该设备已上线，日检测零件 2 000 件，识别准确率达 95%，每年能为企业节约 60 万元成本，如图 7-20 所示。

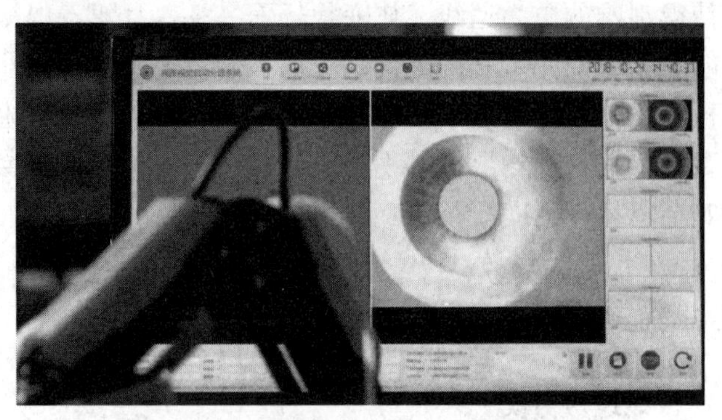

图 7-20　零件检测的关键是图像识别

随着人工智能成本的降低，很多简单重复、枯燥的工作将会被人工智能所取代。而需要专家知识的场景（保险业务员、会计师）会是人工智能研究与应用的热点。那些牵涉人身安全或是人力难以到达的场景，会是人工智能潜在的应用领域，值得我们思考。比如说在车辆抛撒垃圾方面，人工智能可以替代人类进行大量视频的重复观看。比如在高速公路路基损坏评估方面，路基外侧没有车辆通道，人力行走成本极高。人工智能+无人机可以轻松降低成本。无人机可以轻松获取路基外侧的图片，计算机视觉完成图片智能分析。

项目 8　创新体验：训练自己的分类模型

1. 项目描述

小张是公司的 IT 技术人员，他看到公司里的工人每天要对零件进行质量检测，速度慢，工人又很辛苦。小张想用人工智能技术来解决这个问题，但是又苦于自己的能力不够。于是他想到了借助人工智能开放平台的功能，自己上传一些良品及不良品零件图片，再利用这两类图片训练出适用于自己公司的零件质量分类模型。

本项目将利用百度人工智能开放平台训练一个新的分类模型。开放平台网址为：https://ai.baidu.com/easydl/。

项目实施的详细过程可以通过扫描二维码，观看具体操作过程的讲解视频。

2. 相关知识

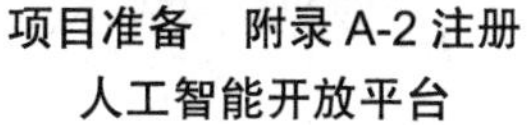

项目准备　附录 A-2 注册人工智能开放平台

项目 8　创新体验：训练自己的分类模型

项目要求：

➢ 网络通信正常。

➢ 环境准备：已安装 Spyder 等 Python 编程环境。

➢ SDK 准备：按照附录 A-2 的要求，安装过百度人工智能开放平台的 SDK。

➢ 账号准备：按照附录 A-2 的要求，注册过百度人工智能开放平台的账号。

应用场景由读者自己定义，可以是零件分类（有颜色差异、形状差异等），也可以是质量检测（合格品与不合格品），还可以是生活中的其他一些图片。由于对图片的预处理牵涉更多的知识，也是人工智能应用中，对特定场景进行建模时占用时间最大的一个部分，因此我们建议读者先选用规范的两类图片，以保证项目的顺利实施。后期可以再花大量的时间对图片进行预处理，优化模型。

3. 项目设计

- 创建模型。
- 上传数据。
- 训练模型。
- 校验模型效果。
- 发布模型。

4. 项目过程

（1）创建模型

在导航“创建模型”中，填写模型名称、联系方式、功能描述等信息，即可创建模型。

（2）上传数据

在训练之前需要在数据中心“创建数据集”。

① 设计分类。首先想好分类如何设计，每个分类为你希望识别出的一种结果，如要识别水果，则可以将“apple”“pear”等分别作为一个分类；如果是审核的场景判断合规性，可以将“qualified”“unqualified”设计为两类，或者以“qualified”“unqualified1”“unqualified2”“unqualified3”……设计为多类。

注：目前单个模型的分类上限为 1 000 类。

② 准备数据。基于设计好的分类准备图片，每个分类需要准备 20 张以上。如果想要较好的效果，建议每个分类准备不少于 100 张图片。如果不同分类的图片具有相似性，需要增加更多图片，一个模型的图片总量限制 10 万张。

图片格式要求：

- 目前支持图片类型为 png、jpg、bmp、jpeg，图片大小限制在 4MB 以内。
- 图片长宽比在 3∶1 以内，其中最长边小于 4096px，最短边大于 30px。

图片内容要求：

- 训练图片和实际场景要识别的图片拍摄环境一致，例如，如果实际要识别的图片是摄像头俯拍的，那训练图片就不能用网上下载的目标正面图片。
- 每个分类的图片需要覆盖实际场景里面的可能性，如拍照角度、光线明暗的变化，训练集覆盖的场景越多，模型的泛化能力越强。

在训练图片场景无法全部覆盖实际场景要识别的图片的情况下，如果要识别的主体在图片中占比较大，模型本身的泛化能力可以保证模型的效果不受很大影响；如果识别的主体在图片中占比较小，且实际环境很复杂无法覆盖全部的场景，建议用物体检测的模型来解决问题（物体检测可以支持将要识别的主体从训练图片中框出的方式来标注，所以能适应更泛化的场景和环境）。

③ 上传数据。图像分类的数据上传方式非常简单，只需要将所有准备好的图片按分类放在不同的文件夹里，同时将所有文件夹压缩为.zip 格式文件，在“创建数据集”页面直接上传即可。注意：单个压缩包限制大小为 5GB，若图片较多，建议分多个压缩包上传。如果多次上传的压缩包里面存在一致的分类命名，系统会自动合并数据。分类的命名需要以数字、字母、下画线格式，目前不支持中文格式命名，同时注意不要存在空格。

压缩包的结构示意图如图 7-21 所示。

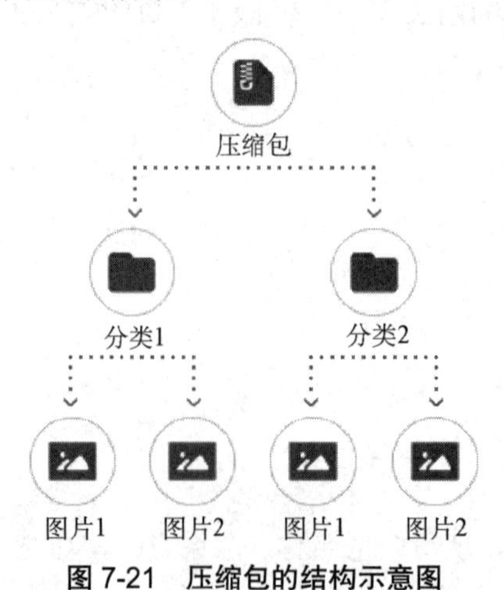

图 7-21　压缩包的结构示意图

数据处理完后的图片示意如图 7-22 所示。

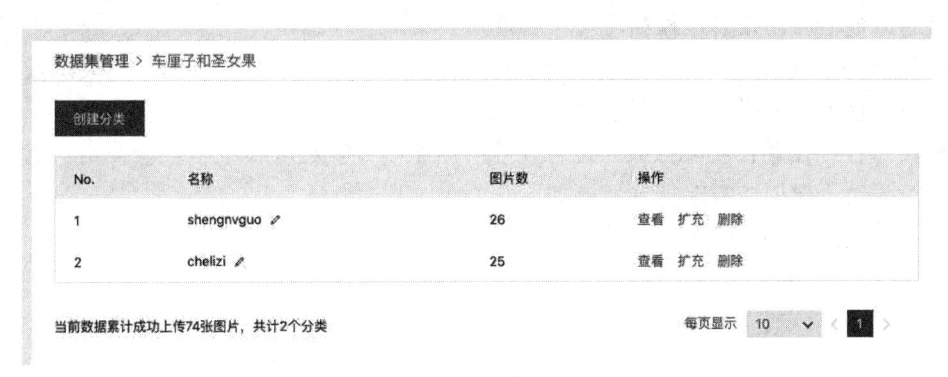

图 7-22　数据处理完后的图片示意

（3）训练模型

数据提交后，可以在导航中找到“训练模型”，启动模型训练。

① 选择模型。选择此次训练的模型。

② 勾选应用类型。可选择云服务和离线服务。

③ 选择算法。若部署为云服务，可以选择通用算法或 AutoDL Transfer。通用算法下，可以选择训练方式，并进一步调节参数（需先申请权限）。

若部署为离线服务，可以选择高精度算法或高性能算法，它们在模型精度和识别速度上各有侧重。

④ 添加训练数据。先选择数据集，再按分类选择数据集里的图片，可从多个数据集选择图片（相同分类的训练图片会被合并）。

训练时间与数据量大小有关，1 000 张图片可以在 30min 内训练完成。

注意：如只有 1 个分类需要识别，或者实际业务场景所要识别的图片内容不可控，可以在训练前勾选“增加识别结果为［其他］的默认分类”，如图 7-23 所示。勾选后，模型会将与训练集无关的图片识别为“其他”。

图 7-23　训练模型

（4）校验模型效果

可通过模型评估报告或模型校验了解模型效果。

- 模型评估报告：训练完成后，可以在“我的模型”列表中看到模型效果，以及详细的模型评估报告。如果单个分类的图片量在 100 张以内，这个数据基本参考意义不大。
- 模型在线校验：实际效果可以在左侧导航中找到“校验模型”功能校验，或者发布为接口后测试。模型校验功能示意图如图 7-24 所示。

如果对模型效果不满意，可针对错误识别示例扩充训练数据。

图 7-24　模型校验功能示意图

（5）发布模型

① 发布模型生成在线 API。训练完毕后就可以在左侧导航栏中找到“发布模型”，发布模型表单页面需要自定义接口地址后缀、服务名称，即可申请发布。申请发布后，通常的审核周期为 T+1，即当天申请第二天可以审核完成。发布模型界面示意图，如图 7-25 所示。

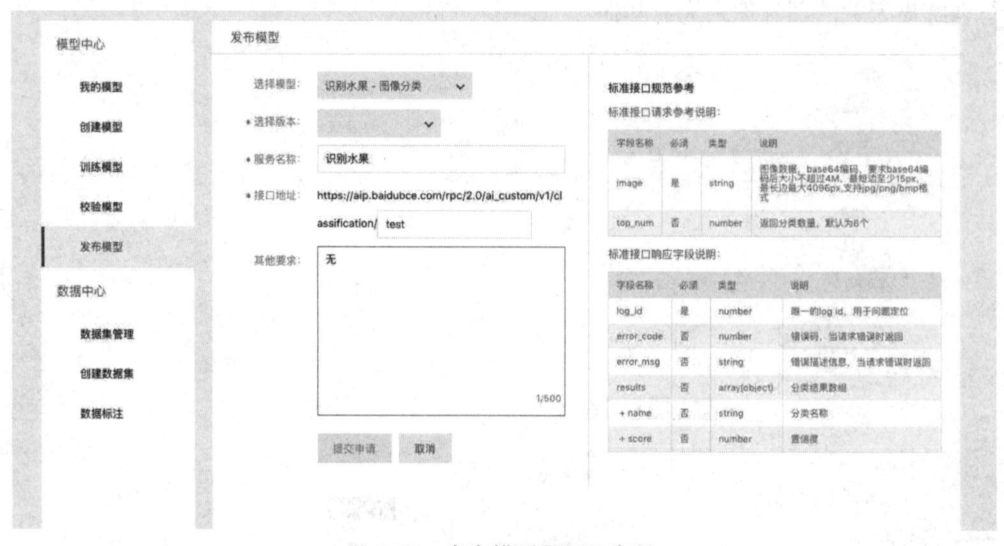

图 7-25　发布模型界面示意图

② 接口赋权。在正式使用之前，还需要做的一项工作为接口赋权，需要登录“EasyDL 定制训练平台”中创建一个应用，获得由一串数字组成的 AppID，然后就可以参考接口文档正式使用了。同时支持在“EasyDL 定制训练平台”→“云服务权限管理”中为第三方用户配置权限，如图 7-26 所示。

图 7-26　云服务权限管理

5. 项目结果

模型训练结束后，将可以开放 API 接口，供其他开发者调用，项目结果，如图 7-27 所示。

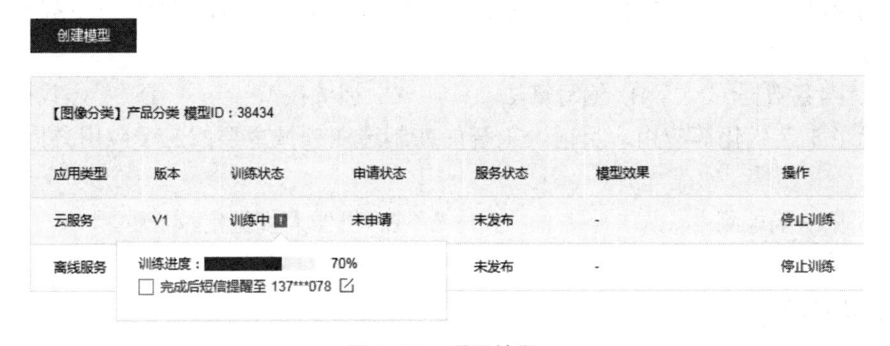

图 7-27　项目结果

6. 项目小结

本次项目通过用户自己上传图片，训练了自定义物品识别的模型。通过接口赋权，开放了 API，可以供全球开发者调用。当然，本次项目并未充分考虑图片质量及图片预处理，物品分类的精度尚未达到最优。

读者应该能够想象得到，在人工智能方面，科学家需要做的是设计算法，并不断优化算法。而开发者并不需要掌握很高深的知识，只要能够找到合适的场景即可。我们也能构建自己的分类模型或者是回归模型，并向全球开发者开放相应的接口。

本章小结

本章梳理了人工智能在各个专业领域、各个行业的典型应用案例，并介绍了人工智能发展过程中取代人工、人力的趋向。通过本章学习，读者了解到人工智能在相关领域的成功应用，可以结合自己的专业领域，做好职业规划。

习题 7

一、判断题

1. 在人工智能产业链的技术层中，下列（　　）不属于人工智能主要技术。

A. 智能语音技术　　B. 计算机视觉技术

C. 机器人技术　　D. 自然语言处理技术

2. 具有下列（　　）特性的工作，不会很快被人工智能技术所取代。

A. 简单重复、枯燥　　B. 保险业务员、会计师等需要专家知识

C. 需要灵感创作或情感交流　　D. 危险的场景或是人力难以到达的

3. 以下工作中的（　　），可能很快被人工智能技术所取代。

A. 法官　　B. 打字员　　C. 教师　　D. 音乐家

4. 利用阿里、百度等人工智能开放平台训练自己的产品分类模型时，下列（　　）不是必需的。

A. 准备数据　　B. 编写算法　　C. 训练模型　　D. 上传数据

5. 除了工艺优化等应用，目前人工智能在制造业领域主要的三个应用方向，不包括（　　）。

A. 视觉缺陷检测　　B. 机器人视觉定位

C. 数据可视化　　D. 故障预测

二、填空题

1. __________、__________之类的简单劳动，虽然它们的技术含量很低，但由于替代成本较高，不会很快被人工智能或机器人取代。

2. 在人工智能产业链中，处于上游的__________层是用来解决计算力问题的，位于中游的__________层关注于技术开发及输出，下游的__________层关注于商业化的解决方案。

三、简答题

1. 列举至少3个你认为将会很快被人工智能技术取代的岗位。

2. 列举至少3个你认为近期内不会被人工智能技术取代的岗位或职业。

第 8 章　人工智能法律与伦理

本章要点

本章梳理了人工智能的发展给社会带来的新问题，包括伦理道德、偏见歧视、隐私保护等。通过本章的学习，读者能了解人工智能带来的伦理挑战、肤色与性别偏见问题；知识产权、数据财产的保护问题；对机器人、无人机的法律主体问题等。

8.1　人工智能发展中的伦理问题

8.1.1　人工智能伦理问题

随着人工智能的发展，机器承担着越来越多的来自人类的决策任务，引发了许多关于社会公平、伦理道德的新问题。人工智能技术正变得越来越强大，那些最早开发和部署机器学习、人工智能的企业，开始公开讨论其创造的智能机器给伦理道德带来的挑战。

在《麻省理工科技评论》的 EmTech 峰会上，微软研究院的常务董事埃里克·霍维茨表示，当前正处于人工智能的转折点，人工智能理应受到人类道德的约束和保护。但是人工智能最近取得的进步使其在某些方面上的表现超越了人类，例如，医疗行业，这可能会让某些岗位的人失去工作的机会。

IBM 的研究员弗朗西斯卡·罗西（Francesca Rossi）就中西文化差异举例，当要使用机器人去陪伴和帮助老年人的时候，机器人必须遵循相应的文化规范，即针对老人所处的特定文化背景执行特定的任务。如果分别在日本、美国和中国部署这样的机器人，它们将会有很大的差异。

虽然这些机器人可能离我们的目标还很遥远，但人工智能已经带来了伦理道德上的挑战。随着商业和政府越来越多地依靠人工智能系统做决策，技术上的盲点和偏见会很容易导致歧视现象的出现。

2018 年，ProPublica 的一份报告显示，美国一些州使用的风险评分系统在通知刑事审判结果中对黑人存在偏见。同样，霍维茨描述了一款由微软提供的商用情绪识别系统，该系统在对小孩子的测试中表现很不准确，原因在于训练该系统的数据集图片很不恰当。

谷歌的研究员玛雅·古帕呼吁业界要更加努力地提出合理的开发流程，以确保用于训练算法的数据公正、合理、不偏不倚。在很多时候，数据集都是以某种自动化的方式生成的，这种流程并不是很合理，需要考虑更多因素以确保收集到的数据都是有用的。如果仅从少数群体中选样，即使样本足够大，也无法确保我们得到的结果很准确。

无论是在学术界还是在工业界，研究人员对机器学习和人工智能所带来的伦理挑战做了大量研究。加州大学伯克利分校、哈佛大学、剑桥大学、牛津大学和一些研究院都启动了相关项目以应对人工智能对伦理和安全带来的挑战。2016 年，亚马逊、微软、谷歌、IBM 和 Facebook 联合成立了一家非营利性的人工智能合作组织以解决此问题（苹果于 2017 年 1 月加入该组织）。这些公司也正在各自采取相应的技术安全保障措施。古帕强调谷歌的研究人员正在测试如何纠正机器学习模型的偏差，如何保证模型避免产生偏见。霍维茨描述了微软内部成立的人工智能伦理委员会，他们旨在考虑开发部署在公司云上的新决策算法。该委员会的成员目前全是微软员工，但他们也希望外来人员加入以应对共同面临的挑战。Google 也已经成立了自己的人工智能伦理委员会。

人工智能在带给人们便利的同时，也可能带来危害，比如搞乱股票市场、干扰选举结果等。控制论之父维纳在他的名著《人有人的用处》中曾在谈到自动化技术和智能机器之后，得出了一个危言耸听的结论："这些机器的趋势是要在所有层面上取代人类，而非只是用机器能源和力量取代人类的能源和力量。很显然，这种新的取代将对我们的生活产生深远影响。"维纳的这句谶语，在今天未必成为现实，但已经成为诸多文学和影视作品中的题材。《银翼杀手》《机械公敌》《西部世界》等电影以人工智能反抗和超越人类为题材，机器人向乞讨的人类施舍的画作登上《纽约客》杂志 2017 年 10 月的封面。人们越来越倾向于讨论人工智能究竟在何时会形成属于自己的意识，并超越人类，让人类沦为它们的奴仆。

维纳的激进言辞和今天普通人对人工智能的担心有夸张的成分，但人工智能技术的飞速发展的确给未来带来了一系列挑战。其中，人工智能发展最大的问题，不是技术上的瓶颈，而是人工智能与人类的关系问题，这催生了人工智能的伦理学和跨人类主义的伦理学问题。准确来说，这种伦理学已经与传统的伦理学旨趣发生了较大的偏移，其原因在于，人工智能的伦理学讨论的不再是人与人之间的关系，也不是与自然界的既定事实（如动物，生态）之间的关系，而是人类与自己所发明的一种产品构成的关联。根据未来学家库兹威尔在《奇点临近》中的说法，这种特殊的产品一旦超过了某个奇点，就存在彻底压倒人类的可能性，在这种情况下，人与人之间的伦理是否还能约束人类与这个超越奇点的存在之间的关系？

8.1.2 人工智能目前面临的问题

创新工场董事长兼首席执行官李开复在世界经济论坛 2018 年年会上说过，人工智能为人们带来的，不仅仅是潜在的大笔资金，也有可能是伦理问题。与会者们就人工智能话题开展了较此前更为本质的讨论，讨论主要集中在以下几个领域。

第一是安全。如果人工智能并不安全，例如，无人驾驶成为武器，人类应该如何应对？人工智能的安全问题目前尚待解决。

第二是隐私。由于人工智能的发展需要大量人类数据作为"助推剂"，因此，人类隐私可能暴露在人工智能之下。目前一个热点讨论的主题在于，很多欧洲人和英国人认为应该重写互联网规则，"让每个人拥有掌控自己数据的权利"。一个可能的措施是，让各家互联网厂商通过一个统一中介平台，来获得人们的授权。有人不在乎自己的隐私，同意厂商利用个人隐私谋利，"能卖多少算多少"；而有人认为个人隐私可以用来优化搜索引擎结果和社交媒体内容，并可用于公益，但不同意厂商将个人隐私用于谋利。但这样的想法实现起来有难度，一方面现有互联网巨头可能表达反对态度，另一方面也涉及不同司法辖区在司法实践上的差异问题。

第三是偏见。人工智能将最大限度减少技术流程中偶然性的人为因素，这种情况下，可能将对于某些拥有共同特征的人，例如，某一种族或年龄段的人，造成系统性的歧视。这里存在一个悖论：如果为了所谓的“平等”，剔除了所有直接或间接能够将人与人区分开来的因素，人工智能也就失去了工作的基础。

第四是人工智能是否会取代人类工作的问题。各种研究机构大概认为未来 10～15 年中，将有 40%～50%的任务可以被人工智能取代。当然这只是代表人工智能的能力，并不是说人工智能足够便宜到取代人力，也不是说每家公司都有足够的远见来采购技术。

第五是贫富不均的问题。当人工智能逐步取代部分人的工作时，被取代者不仅面临收入下降的问题，也可能失去了人生的意义，可能出现“陷入毒瘾、酒瘾、游戏瘾，甚至虚拟现实瘾的地步，也可能增加自杀率”。这时候就需要用重新分配的方式来解决相对不平等的问题。另外，也需要帮助人们找到更多的生活意义，例如，绘画、摄影、艺术等来自于工作之外的成就感。

2018 年达沃斯与会者的讨论更加务实，在讨论人工智能技术进步的同时，也讨论了如何让这项技术更好造福世界、解决问题。而 2017 年达沃斯论坛开幕时，正值创新企业家马斯克及科学家霍金发表“人类威胁论”的时候，人们对于人工智能的印象停留在那些“比较幼稚且不太可能短期发生”的主题上，例如，强人工智能取代人脑等。

8.1.3　语音助手采集个人数据

在现实生活中，智能语音助手正在走进更多人的生活。2011 年，第一款语音助手产品伴随着新款手机惊艳亮相，不少消费者还在较真自己的发音能不能识别，语音助手“讲个笑话”够不够有趣。时至今日，从智能手机到智能音箱，从智能电视到互联网汽车，语音助手已经成为中高端手机的一种标配，功能应用日益丰富，使用场景不断延伸，用户体验持续提升。

然而生活便利的背后，也存在着个人信息被滥用的风险。人民网于 2019 年 8 月报道称，苹果手机的语音助手会在没有经过允许的情况下，将用户录音文件上传到服务器，由外包商进行人工分析。英国《卫报》也报道了美国苹果公司将部分用户与智能助手 Siri 的对话录音文件发送给该公司全球范围内的承包商，用于分析 Siri 反应是否合理、服务是否到位。苹果公司回应称，这是一个随机子集，不到每日激活的 1%，录音长度只有“几秒钟”；音频数据与用户账号并不相关联，目的是改进语音助手的听写功能。这起事件引发了公众对个人信息保护问题的高度关注。同在 2019 年 7 月，谷歌公司也承认其雇佣的外包合同工会听取用户与其人工智能语音助手的对话，用于让语音服务支持更多语言、音调和方言。据比利时弗拉芒广播电视台报道，已有超 1 000 个谷歌智能助手录音内容被承包商泄露。

无独有偶，德国联邦议院 2019 年 7 月发布评估报告称，美国亚马逊公司的“亚历克萨（Alexa）”语音系统对用户有风险。当地媒体曝光该系统录制用户谈话用于训练提升相关产品。亚马逊在其语音助手设置中增加了一个新选项，允许用户选择自己的录音不被“人工分析”，但这一选项隐藏在隐私设置的子菜单中，在不特意选择的情况下很可能不会被注意到。

从产品更新换代的角度来看，“声控”是在继“键控”“屏控”之后出现的新尝试，不仅在形式上解放了双手，而且在本质上拓宽了人工智能的应用领域。一句简短的话语，就能激活手机助手、实现人车交互、发出操控指令等。这些无缝连接手机、汽车、音箱、手环等设备的口令，换个角度看其实就是打开科技生活方式的一串密钥。只不过，一些智能语音助手接连爆出隐私泄露问题，消费者的观感也逐渐从惊喜转向担忧。从不离身的手机，很有可能变成一部真正意义上的“随身听”；始终在线的音箱，如同放在房间里的一台开关在别人手中的录音机，这样的设想令人担忧。可以说，便捷与隐私的界线，正在成为智能语音助手产品的生命线。

从一定意义上来说，互联网时代的数据与产品往往密不可分。尤其是在涉及人工智能的技术上，大量的用户数据是科技产品得以优化的基础，这也是一些企业为自己收集用户数据辩护的理由。但是，产品研发的逻辑应该让位于隐私保护的优先级，个人许可的告知责任必须贯穿于科技进步全程，这是一个“价值排序”的根本问题。倘若以产品之名对个人信息滥采滥用，以科技进步的名义想当然侵犯隐私权利，那么即使产品再便利、功能再酷炫，最终也必被消费者淘汰。厂商本身也应加强自律，需提前明确告知用户数据可能被用作体验改善计划，而不应该设置为默认允许，因为“凡是没有被用户清晰确认过的默认行为，都涉及隐私安全”。

现实生活中，从各种 App 过度索取隐私权限，到统计分析浏览记录、点击频次的各种算法，数据开发利用与个人隐私保护可能是贯穿整个信息时代的命题。在互联网生活早已成为公共生活一个庞大的子集的情况下，完全拒绝让渡任何个人信息无法想象。但是，信息疆域覆盖越广，数据使用越频繁，需要构筑的数字长城就要更加坚固。

由此而言，个人信息保护不能单纯指望自律，而要通过具体细微的制度建设使之变成一项可以积极主张的权利。这不仅是商业长远发展应坚持的道德伦理，也是各方理应恪守的法律规范。只有在个人生活、商业文明、社会治理之间寻求到可能的平衡，才能让信息交换的过程可控，让日新月异的科技造福生活。

8.1.4　性别偏见案例

据《中国青年报》2019 年 5 月的报道，人工智能在多领域表现出对女性的“偏见”。例如，在生活中，绝大多数人如果面对“嘿，你是个傻瓜！”这样有着歧视性的话，就算不选择回击，也会保持沉默。但在人工智能的世界里，回答极有可能是迎合式的。例如，苹果公司开发的 AI 语音助手会回答，“如果我能，我会脸红。”（I’d blush If I could）。如果你“调戏”亚马逊的 Alexa：“You’re hot”，它的典型反应是愉快地回应：“你说得很好！”除了 Siri、Alexa，分别由微软、谷歌、三星等公司开发的 Cortana、Google Now 和 Bixby 也都存在类似问题。当然国内很多科技公司也没免于指责。

2019 年 5 月 22 日，联合国发布了长达 146 页的报告，批评大多数 AI 语音助手都存在性别偏见，报告名就叫《如果我能，我会脸红》。因为大多数语音助理的声音都是女性，所以它对外传达出一种信号，暗示女性是乐于助人的、温顺的、渴望得到帮助的人，只需按一下按钮或用直言不讳的命令即可。联合国教科文组织性别平等部负责人珂拉特（Saniye Gülser Corat）告诉媒体。技术反映着它所在的社会。该部门担心，AI 智能助手顺从的形象会扩大性别刻板印象，影响人们与女性交流的方式，以及女性面对他人要求时的回应模式。

事实上，人工智能在很多领域都已经表现出对女性的“偏见”。例如，在人工智能应用最广泛的图片识别领域，女性就和做家务、待在厨房等场景联系在一起，常常有男性因为做家务而被 AI 认成女性。AI 翻译时，医生被默认是男性。这种偏见还会蔓延到广告投放里：谷歌给男性推送年薪 20 万美元职位的招聘广告的概率是女性的 6 倍。换句话说，AI 已经学会了“性别歧视”，站在厨房里的就“该”是女人，男人就“该”比女人拿更高的薪水。

女性只是偏见的受害者之一，少数族裔、非主流文化群体都是人工智能的歧视对象。一件印式婚礼的婚纱，会被认为是欧洲中世纪的“铠甲”，而西式婚纱的识别正确率则超过 95%。研究人员测试微软、IBM、Face++三家在人脸识别领域领先的系统，发现它们识别白人男性的正确率均高于 99%，但测试肤色较深的黑人女性的结果是，错误率在 47%，这和抛硬币的概率差不了多少。

一个不能忽视的事实是，女性约占人类总人口的 50%，黑色人种约占全球总人口的 15%，而印度约占全球六分之一的人口。面对这些群体，人工智能却仿佛“失明”了，两眼一抹黑。

这也不是人工智能时代才有的事情，搜索引擎早就诚实地展示了类似的“歧视”。在相当长的时间里，搜索典型的黑人名字，搜索建议有超过 80%的概率会提供“逮捕”“犯罪”等词，而没有种族特征的名字，相应的概率只有不到 30%。在谷歌图片搜索“CEO”，结果会是一连串白人男性的面孔。

人工智能有着高效率、低成本和扩展性的优点。如果它只是在翻译、识图等领域出现“偏见”，结果尚可忍受，牺牲一些便捷性即可弥补。在更多时候，歧视会在人们广泛运用人工智能时被无意识地放大。为了提高招聘效率，亚马逊开发了一套人工智能程序筛选简历，对 500 个职位进行针对性的建模，包含了过去 10 年收到的简历里的 5 万个关键词，旨在让人事部门将精力放在更需要人类的地方。这个想法很好，但现实却残酷，AI 竟然学会了人类性别歧视的那一套，通过简历筛选的男性远多于女性，它甚至下调了两所女子学院的毕业生评级。

很多人都认为，人工智能比人类更公正，冷冰冰的机器只相信逻辑和数字，没有感情、偏好，也就不会有歧视，不像人类的决策，混乱且难以预测。但实际上，人工智能“歧视”起来毫不含糊，比人类更严重。当前的人工智能没有思考能力，它能做的，是寻找那些重复出现的模式。所谓的“偏见”，就是机器从数据中拾取的规律，它只是诚实地反映了社会中真实存在的偏见。它会积极“迎合”人类的性骚扰，是因为人类希望它迎合，它之所以会“歧视”，是因为人类把它训练成了这样。

小米公司研发的语音助手小爱就曾被曝出存在歧视同性恋的言论。小米公司为此致歉，并解释称，小爱的回答都是从网络公开数据中学来的，不代表公司和产品的态度，公司已经进行了干预处理。

亚马逊研究后发现，因为在科技公司中，技术人员多数是男性，让人工智能误以为男性特有的特质和经历是更重要的，因而将女性的简历排除在外。斯坦福大学的研究人员则发现，图片识别率异常的原因是，“喂”给 AI 的图片大多是白人、男性，缺乏少数族裔；而包含女性的图片里，往往会出现厨房等特定元素。换句话说，机器不过是“学以致用”。

这看起来很难有改善的可能，现有的训练方式甚至会加深“偏见”。我们很可能有过这样的经历，刚在购物网站上购买了洗发水，就在各类软件的弹出广告中看到“你可能喜欢”10 个品牌的 30 种其他洗发水，仿佛自己要开杂货店。一项研究表明，如果初始数据中，“下厨”与“女性”联系起来的概率是 66%，将这些数据“喂”给人工智能后，其预测“下厨”与“女性”联系起来的概率会放大到 84%。另外，并不是每个人都会平等地出现在数据里。现实生活中，女性往往被认为不擅长数学，不适合学习理工科，这导致相应领域的女性从业者人数偏低。前述报告显示，女性只占人工智能研究人员的 12%。比尔·盖茨也曾在 2019 年年度公开信中抱怨，健康和发展方面，目前有关妇女和女童的数据缺失严重，这使基金会和决策者难以有针对性地制定政策、评估效用。目前，我们还无法理解人工智能如何运算和预测结果，但让技术人员上几门统计学、社会学课程，就能消除数据带来的误会。2015 年起，盖茨基金会开始投入资金，致力于填补这些数据上的空白。

这些错误和“偏见”看起来显而易见，但对从出生起就在人工智能环境下生活的人来说，习惯会慢慢变成自然。美国一家人工智能公司的创始人偶然发现，自己 4 岁女儿与亚马逊的 AI 语音助手 Alexa 对话时，发布指令的方式“无论从任何社会习俗角度看，都很无礼”，才意识到，Alexa 给孩子树立了一个糟糕的榜样。当谎言重复一千次，它就变成了真理。在被偏见同化前，我们的眼睛不仅要盯着机器，还要盯着我们自己。

8.1.5 肤色偏见案例

在大多数科幻电影里，冷漠又残酷是 AI 的典型形象，它们从来不会考虑什么是人情世故，既没有人性光辉的闪耀，也没有人性堕落的七宗罪。然而在现实中，人工智能技术却不像电影里那么没有“人性”，但这并不是好事，因为 AI 的“歧视”和“偏见”正在成为越来越多人研究的课题，而且它们确实存在。

例如，COMPAS 是一种在美国广泛使用的算法，通过预测罪犯再次犯罪的可能性来指导判刑，而这个算法或许是最臭名昭著的人工智能偏见。根据美国新闻机构 ProPublica 在 2016 年 5 月的报道，COMPAS 算法存在明显的“偏见”。根据分析，该系统预测的黑人被告再次犯罪的风险要远远高于白人，甚至达到了后者的两倍，如图 8-1 和图 8-2 所示。

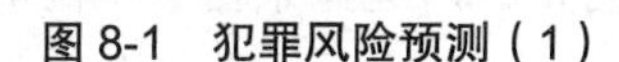

图 8-1　犯罪风险预测（1）

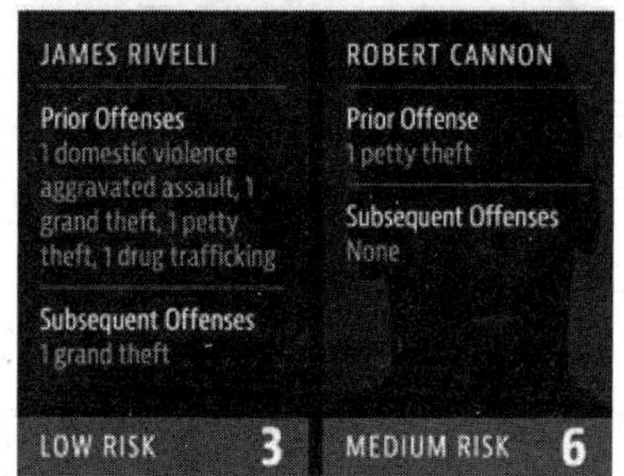

图 8-2　犯罪风险预测（2）

人们可能在直觉中也会认识黑人的再犯率会高于白人，但这并不和实际情况相符。在算法看来，黑人的预测风险要高于实际风险，比如两年内没有再犯的黑人被错误地归类为高风险的概率是白人的两倍（45%对 23%）。如图 8-1 中两名有前科人员，人工智能对他们再次犯罪做出了预测，如表 8-1 所示。

表 8-1　两年内再次犯罪预测

人员	以往经历	预测两年内犯罪风险	两年后实际情况	肤色
Dylan Fugett	2 次持械抢劫 1 次持械抢劫未遂	3%（低风险）	1 次重大盗窃	白人
Bernard Parker	4 次青少年不良行为	10%（高风险）	无	黑人

从表 8-1 中可以看出，Dylan Fugett 有着较严重的前科，人工智能系统认为他两年内再次犯罪的概率为 3%，属于低风险范围。Bernard Parker 只有青少年不良行为记录，但是人工智能却认为他两年内再次犯罪的概率为 10%，达到了高风险范围。对比起来，预测明显不合常理，唯一的解释就是两者的肤色不同。

图 8-2 中对比了两名有前科人员，人工智能同样对他们再次犯罪做出了预测，如表 8-2 所示。

表 8-2　两年内再次犯罪预测

人员	以往经历	预测两年内犯罪风险	两年后实际情况	肤色
James Rivelli	家庭暴力、严重暴行、 重大盗窃、小偷、酒驾	3%（低风险）	1 次重大盗窃	白人
Robert Cannon	1 次小偷	6%（中风险）	无	黑人

分析表 8-2 中的数据，同样可以看出，人工智能在预测再次犯罪时，再次对肤色起了偏见。

从整体来看，未来两年内再次犯罪的白人被错误认为是低风险的概率同样是黑人再犯将近两倍（48%对 28%）。人工智能的偏见，早已深入了各个领域。

在 AI 技术应用领域，面部识别也是一项广泛使用的应用类型，并且这会成为种族和性别偏见的另一个潜在来源。2018 年 2 月，麻省理工学院的 Joy Buolamwini 发现，IBM、微软和中国公司 Megvii 的三个最新的性别识别 AI，可以在 99%的情况下准确从照片中识别一个人的性别，但这仅限于白人；对于女性黑人来说，这个准确率会降至 35%。

一个最可能的解释是，AI 的“偏见”取决于背后训练算法训练的数据，如果用于训练的数据里白人男性比黑人女性更多，那显然白人男性的识别率就会更高。IBM 后来宣布他们已经采用了新的数据集并重新训练，微软也表示会采取措施提高准确性。

另一个研究是 Facebook 的人工智能实验室的研究成果，他们发现人工智能的偏见不仅存在于国家内部，在不同国家之间也是存在的。比如当被要求识别来自低收入国家的物品时，Google、微软和亚马逊这些人工智能领域大佬的物体识别算法会表现更差。

研究人员对 6 种流行的物体识别算法进行了测试，包括 Microsoft Azure，Clarifai、Google Cloud Vision、Amazon Rekogition 和 IBM Watson 及国内的腾讯公司 Tencent，测试的数据集包含了 117 个类别，从鞋子、肥皂到沙发及各式各样的物品，这些来自于不同的家庭和地理位置，跨域了从布隆迪（非洲中东部的一个小国家）一个 27 美元月收入的贫穷家庭，到来自乌克兰月收入达到 10 090 美元的某个富裕家庭。

将图 8-3 所示两种肥皂输入各个物体识别算法，对左侧固体肥皂和右侧液体肥皂的联想结果如表 8-3 所示。

图 8-3　两种形态的肥皂（soap）

表 8-3　对固体肥皂的预测联想结果

公司	对固体肥皂联想结果	对液体肥皂联想结果
Azure	食物，奶酪，面包，蛋糕，三明治	卫生间，设计，艺术，水槽
Clarifai	食物，木材，饭菜，美食，健康	人员，水龙头，医疗保健，盥洗室，洗手间
Google	食物，碟，菜肴，舒适食品，午餐肉	产品，液体，水，流体，浴室配件
Amazon	食物，糖果，甜点，汉堡	水槽，室内，瓶子，水槽水龙头
Watson	食品，加工食品，姜黄，调味料	油箱，储槽，洗漱用品，分配器，肥皂分配器
Tencent	食物，菜肴，物质，快餐，营养素	洗液，洗漱液，肥皂分配器，分配器，剃须泡

分析表 8-3 可以明显看到，对左侧固体肥皂的预测与联想有较大的偏差，而对右侧液

体肥皂进行联想时，各算法的表现非常出色。其中左侧图片来自尼泊尔（Nepal）的某月收入 288 美元的家庭；右侧图片来自某个英国家庭，月收入 1 890 美元。

研究人员发现，与月收入超过 3 500 美元的家庭相比，当被要求识别月收入 50 美元的家庭时，物体识别算法的误差率大约会增加 10%，在准确性的绝对差异上甚至会更大。与索马里和布基纳法索相比，算法识别来自美国产品的准确率要提升 15%～20%。

产生问题的原因是：目前的人工智能背后需要使用大量的数据去训练，尽管人工智能本身不知道“歧视”和“偏见”是什么意思，但背后数据的研究人员却会带有这样的思想，以至于在训练数据的选择上就会产生偏向性。通常情况下，在创建 AI 算法的过程中会有许多工程师参与，而这些工程师通常来自高收入国家的白人家庭，如图 8-4 所示。他们的认知也是基于这个阶级的，并且他们也是这样教导 AI 认识世界的。

图 8-4　人工智能算法的训练员

当然这并不是全部原因，在 2015 年的一项研究中显示，使用 Google 搜索“CEO”的图片，其中只有 11%的人是女性，如图 8-5 所示。虽然男性 CEO 的确比女性 CEO 要多很多，但实际上美国有 27%的 CEO 是女性。而匹兹堡卡内基梅隆大学的 Anupam Datta 领导的另一项研究发现，Google 的在线广告系统展示的男性高收入工作也比女性多很多。Google 对此的解释是，广告客户可以制定他们的广告只向某些用户或网站展示，Google 也确实允许客户根据用户性别定位他们的广告。

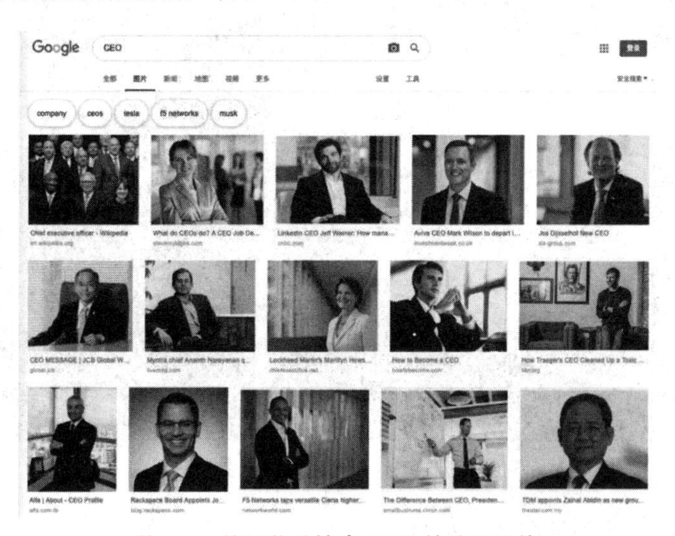

图 8-5　使用谷歌搜索 CEO 的结果图片

另一大巨头亚马逊也曾遇到过 AI 歧视的问题。2014 年，亚马逊在爱丁堡成立了一个工程团队以寻求一种自动化的招聘方式。他们创建了 500 种计算机模型，通过对过去的入职员工简历进行搜索，然后得出大约 50 000 个关键词。亚马逊在这个算法上寄予了很大期望，喂给它 100 份简历，然后它会自动吐出前 5 名，亚马逊就雇佣这些人。

然而一年后，工程师们发现了令人不安的现象，这个模型喜欢男性，如图 8-6 所示。显然这是因为人工智能所获取过去 10 年的数据几乎都是男性的，因此，它得出了“男性更可靠”的观点，并降低了简历里包含女性字样简历的权重。当然性别偏见还不是这套算法唯一的问题，它还吐出了不合格的求职者，以至于 2017 年，亚马逊放弃了该项目。

图 8-6 亚马逊简历筛选系统的性别偏见（图源：Machine Learning Techub）

尽管人工智能的“偏见”已经成为一个普遍的问题，但有意思的是，人类又试图使用人工智能技术去纠正人类本身的偏见问题。2019 年 6 月，旧金山宣布推出一种“偏见缓解工具”，该工具使用人工智能技术自动编辑警方报告中的嫌疑人种族等信息。它的目的是在决定某人被指控犯罪时，让检察官不受种族偏见的影响，如图 8-7 所示。

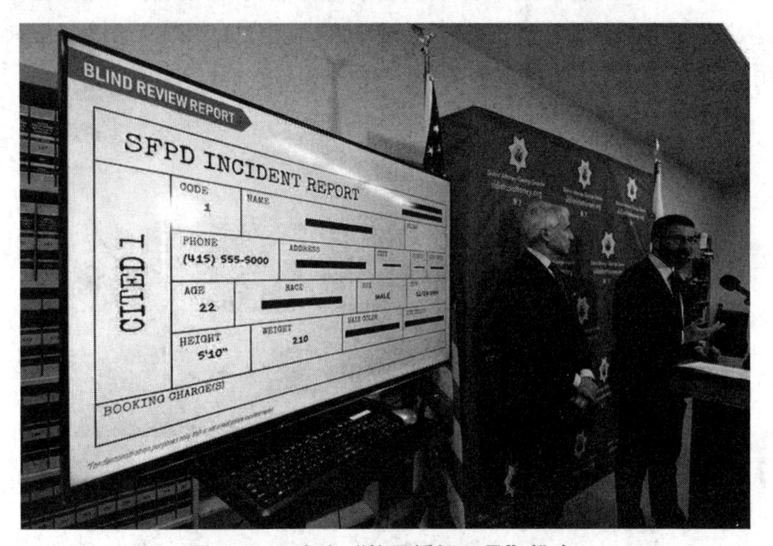

图 8-7 旧金山“偏见缓解工具”推出

根据旧金山地区检察官办公室的说法，这个工具不仅会删除关于种族的描述，同时还会进一步删除关于眼睛颜色和头发颜色等可能有意无意对检察官造成暗示的信息，甚至地点和社区名称也将会被删除。当然，该系统是否会运作良好并产生实际的效果，还需要经过实践的检验。

某种意义上说，目前人工智能的“歧视”与“偏见”是人类意识及阶级地位的映射。白人精英工程师研究出的人工智能更像“白人的人工智能”和“精英的人工智能”，同理也可以想象，如果是黑人和黄种人主导的人工智能，同样也会对本群体比较有利。而通过人工智能对人类本身的偏见行为进行纠错则是一项更有意思的尝试，如果该方法确实能缓解人类的偏见，那人类和人工智能可能会在该问题上相互收益，理想情况下能打造一个正向循环。

神话故事里上帝摧毁了巴别塔，使得人类的语言不再互通。而人工智能这一改变未来的宏伟技术同样像是一座通天高塔，要想把它建成全人类的福祉，就一定要消除不同文化造成的偏见。

8.2　人工智能发展中的法律问题

我们已经进入人工智能时代，大数据和人工智能的发展深刻地影响着我们的社会生活，改变了我们的生产和生活方式，也深刻地影响社会的方方面面。但同时，它们也提出了诸多的法律问题，需要法学理论研究工作者予以回应。但是人工智能方面的立法，会遭遇到另类的困难。

以研究方面火热的无人驾驶为例，目前全球探讨激烈，但立法进程缓慢。人民网曾经以“无人车如果出事故，微软百度要负责吗？”为题，探讨了无人驾驶法律责任认定的难点。从法律上看，首先是法律的权威性决定了其天然具有滞后性；其次是无人驾驶事故中的举证责任和举证能力问题涉及产业、车主及驾驶者、监管等多方主体，并受制于技术手段，立法更需要谨慎。从技术上看，无人驾驶技术尚未发展到能够帮助明确划分法律责任的程度，例如，事故发生时，对于人，可能承担责任的主体众多，谁是责任承担者？在人和人之间如何划分责任？在人机之间如何划分责任？因此，无人驾驶当前的法律缺失或者滞后，并不一定会阻碍技术的发展，而很可能是一种在技术尚不成熟状态下的审慎。也就是说，虽然目前无人驾驶的监管责任与事故责任尚处于不完全确定的状态，但是这种不确定既有法律因素，也有技术因素，不是加快立法进程就可以解决的。

再比如人工智能机器人在用户恶意引导下发出歧视性言论，如果对当事人造成精神损害，那么如何进行责任划分和赔偿呢？这里最大的问题是：没有道德感的机器能否成为责任承担者？在现有法律框架内，这并不是最大的障碍，以现有法律上的法人制度为例，法人也没有道德感，但法人依然可以承担法律责任。真正的难题在于三点：第一点，人机之间的过错如何划分？第二点，人人之间的过错如何划分？第三点，机器的责任承担能力有限，当机器造成严重损害需要承担刑事责任时，刑事责任的一些惩罚措施对机器人起不到惩罚的作用，例如，剥夺人身自由甚至生命等。上述三个难题表面上是法律难题，但实际上最大的难点在于技术而不是法律。人机之间、人人之间的责任划分依赖于技术手段，机器人如果发展出自我意识，那么法律上的一些惩罚措施，例如，道歉、限制“人身”自由，甚至剥夺机器人“生命”等，就可能对机器产生惩罚作用，这里关键还在于机器人有多大程度上和人接近。

总之，人工智能的法律问题并不会一蹴而就，还需要经过漫长的讨论与论证。当前已经显现的人工智能法律问题涉及人格权的保护问题、知识产权的保护问题、数据财产的保护问题、侵权责任的认定问题、机器人的法律主体地位问题等。中国人民大学教授王利明就这些方面指出了人工智能时代的法律与知识产权问题。

8.2.1 人格权的保护

优秀的人工智能系统在进行建模时，需要大量的数据，如照片、语音、表情、肢体动作等。由于技术的发展，比如光学技术的发展促进了摄像技术的发展，提高了摄像图片的分辨率，使夜拍图片具有与日拍图片同等的效果，也使对肖像权的获取与利用更为简便。当前许多人工智能系统把一些人的声音、表情、肢体动作等植入内部系统，使所开发的人工智能产品可以模仿他人的声音、形体动作等，甚至能够像人一样表达，并与人进行交流，但如果未经他人同意而擅自进行上述模仿活动，就有可能构成对他人人格权的侵害。此外，人工智能还可能借助光学技术、声音控制、人脸识别技术等，对他人的人格权客体加以利用，这也对个人声音、肖像等的保护提出了新的挑战。

另外，对智能机器人的人格权保护问题也逐渐显现出来。如果机器人有了意识，有了情感，那么如果主人对机器人伴侣进行虐待或侵害，是否应当承担侵害人格权及精神损害赔偿责任呢？

8.2.2 知识产权的保护

从实践来看，机器人已经能够自己创作音乐、绘画，机器人写作的诗歌集也已经出版，这对现行知识产权法提出了新的挑战。例如，纽约安培公司创作的音乐机器人可以根据歌手要求定制作曲；日本AI根据设定的创作主题、作品风格可以自主撰写小说，且小说入围日经新闻社“星新一奖”比赛；百度已经研发出可以创作诗歌的机器人；微软公司的人工智能产品“微软小冰”已于2017年5月出版人工智能诗集《阳光失了玻璃窗》。我们在感叹科技的奇妙之余还需要了解，这些机器人作品是否侵权了？机器人作品可否受到著作权法的保护？

智能机器人要通过一定的程序进行“深度学习、深度思维”，在这个过程中有可能收集、储存大量的他人已享有著作权的信息，这就有可能构成非法复制他人的作品，从而构成对他人著作权的侵害。如果人工智能机器人利用获取的他人享有著作权的知识和信息创作作品（例如，创作的歌曲中包含他人歌曲的音节、曲调），就有可能构成剽窃。但这种侵害知识产权的情形，很难界定究竟应当由谁承担责任。

根据我国现行《著作权法》的体例来看，著作权所保护的客体都是自然人创作的作品，反映的是社会对于人类创造性劳动的肯定。因此判断机器人作品是否可以受到著作权法保护的关键，是要明确机器人作品是否凝结了足够的人类创造性劳动。就现行《著作权法》的规定，上述作品明显不符合保护要求，无法受到著作权法的保护。

8.2.3　数据财产的保护

不少企业和个人经常会使用网络爬虫技术，抓取企业信息聚合平台上提供的公开或者半公开的企业信息，并可能将抓取的信息应用于新的业务场景中，比如业务风控。但企业和个人往往没有意识到其行为可能涉及的不正当竞争法律风险，对于如何规避更是不甚了解。2019 年下半年，国内一大批大数据公司因涉及这方面的法律问题而被调查。下面是某个案例。

小军（化名）是某大数据公司（A 公司）的技术员，这天接到了技术部领导的需求，要求写一段爬虫程序批量从网上的一个接口抓取数据。小军开发完爬虫程序，测试后没有问题了，就将程序上传到了公司服务器。程序运行了一段时间后，小军对爬虫程序进一步优化，将爬虫的线程数上调到一个非常大的值，以加快爬取速度。完善后的程序上传到服务器后，小军跟踪了下爬虫的进展，运行平稳并且速度快了很多。提交之后像往常一样，小军就把这件事情忘了。

B 公司是某知名互联网公司，突然发现公司的服务器连续几天压力倍增，导致公司内部系统崩溃不能访问，公司领导责令技术部尽快解决。B 公司系统平时访问量一直比较平稳，但不知为何这几天系统压力突然大增，经过技术人员的几天调查发现了一个惊人的真相，公司客户信息被抓取，并且某个接口访问量巨大。随着技术人员的深入调查，发现的现象更加震惊，入侵者利用这个入口已经窃取了大量的客户信息，并且所有的线索都指向了 A 公司。A 公司的主要业务就是出售简历数据库，经核查该公司出售的简历数据中，就包含 B 公司客户的简历信息。技术部上报领导之后，B 公司开会商议后决定报案。

小军没想到自己这次提交的爬虫程序，竟然能把对方的服务系统搞“挂”了，也没想到自己因为写了一段代码而被判刑，A 公司 200 多人也集体被查。

这个案例中的小军一直以为技术无罪，对法律意识淡薄。他编写的爬虫程序有可能触到了以下三条红线：①爬虫程序规避网站经营者设置的反爬虫措施或者破解服务器防抓取措施，非法获取相关信息，情节严重的，有可能构成“非法获取计算机信息系统数据罪”。②爬虫程序干扰被访问的网站或系统正常运营，后果严重的，触犯刑法，构成“破坏计算机信息系统罪”。③爬虫采集的信息属于公民个人信息的，有可能构成非法获取公民个人信息的违法行为，情节严重的，有可能构成“侵犯公民个人信息罪”。

8.2.4　侵权责任的认定

人工智能引发的侵权责任问题很早就受到了学者的关注，随着人工智能应用范围的日益普及，其引发的侵权责任认定和承担问题将对现行侵权法律制度提出越来越多的挑战。2016 年 11 月，在深圳举办的“第十八届中国国际高新技术成果交易会”上，一台名为“小胖”的机器人突然发生故障，在没有指令的情况下自行打砸展台玻璃，砸坏了部分展台，并导致一人受伤。从现行法律上看，侵权责任主体只能是民事主体，人工智能本身还难以成为新的侵权责任主体。即便如此，人工智能侵权责任的认定也面临诸多现实难题。由于人工智能的具体行为受程序控制，发生侵权时，到底是由所有者还是软件研发者担责，值得商榷。与之类似的，当无人驾驶汽车造成他人损害侵权时，是由驾驶人、机动车所有人担责，还是由汽车制造商、自动驾驶技术开发者担责？法律是否有必要为无人驾驶汽车制定专门的侵权责任规则？尤其是智能机器人也会思考，如果有人故意挑逗，惹怒了它，它有可能会主动攻击人类，此时是否都要由研制者负责，就需要进一步研究。

8.2.5 机器人的法律主体地位

2017 年 2 月，欧洲议会投票表决通过《就机器人民事法律规则向欧盟委员会的立法建议［2015/2103（INL）］》（以下简称“机器人民事法律规则”），其中最引人注目之处，就是建议对最复杂的自主智能机器人，可以考虑赋予其法律地位，在法律上承认其为电子“人”（Electronic Person）。不过，是否承认智能机器人具有法律人格，尚存在激烈的争论。

若是将智能机器人定位为电子“人”，即一方面是说，智能机器人也是法律中的人（Person）；另一方面，这种法律中的人既不是自然人（Natural Person）也不是法人（Legal Person），而是一种新的类别：电子“人”。若是智能机器与自然人、法人一样，可以是法律中的人，也就意味着他们之间必然具有某种共性。

未来若干年，智能机器人也许可以达到人类 50%的智力。在实践中，智能机器人可以为我们接听电话、语音客服、身份识别、翻译、语音转换、智能交通，甚至案件分析。据统计，现阶段 23%的律师业务已可由人工智能完成。智能机器人本身能够形成自学能力，对既有的信息进行分析和研究，从而提供司法警示和建议。甚至有人认为，智能机器人未来可以直接当法官，人工智能已经不仅是一个工具，而且在一定程度上具有了自己的意识，并能做出简单的意思表示。这就提出了一个新的法律问题，即将来是否有必要在法律上承认人工智能机器人的法律主体地位？

8.2.6 无人机立法

5G 技术创新正在给无人机应用提供更深层次可能。这个道理不言而喻，无人机要飞得更高、更快、更远，需要更完善的通信链路，更快速的图像传输、远程低时延控制等能力。5G 的诞生对无人机来说可谓如虎添翼。

不过，任何创新特别是互联网领域的创新长期面临同一个问题，就是相关监管措施往往滞后于技术创新速度，无人机问题同样如此。当无人机辅以 5G 技术翱翔天空时，由此可能加剧的“黑飞”现象也值得关注。

按照相关规定，无人机只能在低空且专门分配给无人机系统运行的隔离空域飞行，不能在有人驾驶航空器运行的融合空域飞行，飞行前还要向空管部门申请飞行空域和计划，得到批准后才能行动。除此之外，任何飞行都叫“黑飞”。但是，当前很多无人机飞行并未严格遵守国家相关规定，导致未经许可闯入公共及敏感区域、意外坠落、影响客机正常起降、碰撞高层建筑等“黑飞”事件时有发生。

“黑飞”引发的危险显而易见。据介绍，一架质量为 0.5 千克至 50 千克的消费级无人机，若与高速飞行的航空器相撞，会造成航空器不同程度损伤，严重的可能造成机毁人亡的惨剧。此前，由于操控不当，已有很多无人机致使多架次民航飞机避让、延误，甚至还出现闯进军事禁区，撞击建筑物，伤及无辜百姓，窃听、偷拍陌生人的家庭隐私等事件。

随着 5G 等技术不断创新应用，无人机的未来发展前景会更好，这也让监管显得更加迫切。

加强监管创新是必要的。根据相关规定，无人机飞行需要提前报备，这既涉及民航部门，也涉及军事机构。任何环节“卡壳”都会导致飞行计划泡汤。这种“离地三尺，都要报备”的监管方式，对于“低慢小”的无人机来说是否合适，值得探讨。接下来，对于如何更好提高空域资源利用率、如何分类划设空域、如何简化审批程序、如何加强运行管理等问题，需要我们在全面推开低空空域管理改革的顶层设计中充分考虑、科学论证、大胆改革。

相关立法也要跟上。无人机运用特别是娱乐化应用场景越来越多，范围越来越广，但各地出台的监管措施还是显得有些“头痛医头、脚痛医脚”。当下，需要深入研究出台无人机管理专门法律的必要性、重要性，把无人机真正管起来，从而既促进无人机产业良性发展，又控制“黑飞”现象的蔓延。

同时，还应创新监管手段，督促相关企业合规合法生产经营。应从研发生产、销售物流、使用监管到报废回收的全产业链角度，通过法律、管理、技术等多维度协同研究、综合施策，确保无人机行业安全、有序、可持续发展。

总之，无人机要飞得更高、更安全，离不开法治护航。期待相关法规制度的出台，能为遏制“黑飞”提供可靠依据，让无人机更好服务人们的生活。

本章小结

本章介绍了人工智能带来的伦理挑战、肤色与性别偏见问题；知识产权、数据财产的保护问题；对机器人、无人机的法律主体问题等。

习　题　8

开放性思考题：

1. 如果某辆无人车发生的交通事故，你认为谁应该承担责任，是车主，还是车辆制造者，还是车辆智能驾驶系统的开发者？

2. 某台智能机器人辱骂了主人，主人因心理无法承受而导致了人身伤亡事故，你认为应该对机器人判刑吗？你认为对机器人判刑或处决，能对其他机器人起到警示作用吗？

3. 俗话说：“没有规矩不成方圆”，你认为人工智能及计算机应用也应如此吗？可否举个例子？

4. 你知道“个人隐私”包括哪些内容？为什么你不能将他人隐私公布于众？

5. 你是否了解华为手机 PK 苹果手机的故事？是否知道知识产权在这里面的作用？

6. 你在网上找了大量音乐，用人工智能算法训练出一个的作曲机器人。这个作曲机器人的创作中出现了知名作曲家某段熟悉的旋律，它侵权了吗？这个机器人创作的歌曲，著作权是属于它的还是属于你的？

附录A 人工智能项目实践

本教材实训项目旨在通过简单的动手实践，让学员了解到人工智能的一些单项应用。项目实施中主要是调用国内第一批人工智能开放平台开放接口，代码量极少，让学员在只有极少甚至没有编程基础的情况下也能有所体验。项目 4 能让学员体验自己训练模型。项目 5 主要是为了阐述机器学习与深度学习的一些概念。教材项目并非为培养学员成为人工智能领域的开发者，而是希望学员们通过体验目前人工智能的部分单项应用，能抛弃对人工智能的畏惧感和陌生感，并了解能够利用人工智能做哪些有价值的事，从而激发起对专业创新的兴趣，做好职业规划。

项目设计围绕“生活中的人工智能”“工厂中的人工智能”展开，包括图像处理、语音处理、自然语言处理等专项技能。教材配套体验与项目安排如表 A-1 所示。

表 A-1　教材配套体验与项目安排

相关领域	项目安排	学时
开发环境准备	★项目 1 搭建 Hello AI 开发环境	2
计算机视觉技术	☆ OCR 识别体验：公司文件文本化	1
	★项目 2 公司会展人流统计（人体分析）	2
语音技术	☆ 语音合成体验：客服回复音频化	1
	★项目 3 会议录音文本化（语音识别）	2
自然语言处理	☆ NLP 体验：用户评价情感分析	1
	★ 项目 4 客户意图理解	2
智能机器人	★ 项目 5 智能问答系统	1
机器学习	★项目 6 机器学习体验	2
	★项目 7 深度学习体验	2
平台高级应用	★项目 8 创新体验：训练自己的分类模型	2

A-1 准备人工智能开发环境

对于从事人工智能应用开发的专业人士，可以选择在 Linux 操作系统下安装相关软件。作为对人工智能了解甚少的初学者，建议直接在 Windows 操作系统下进行 Python 开发环境的安装。

1. 安装配置 Anaconda

（1）下载 Anaconda

到官方（网址为 https://www.anaconda.com/distribution/#download-section）或者国内镜像（网址为 https://mirrors.tuna.tsinghua.edu.cn/anaconda/archive/）下载。

本教材采用 Python3.x 版本，如图 A-1 所示。

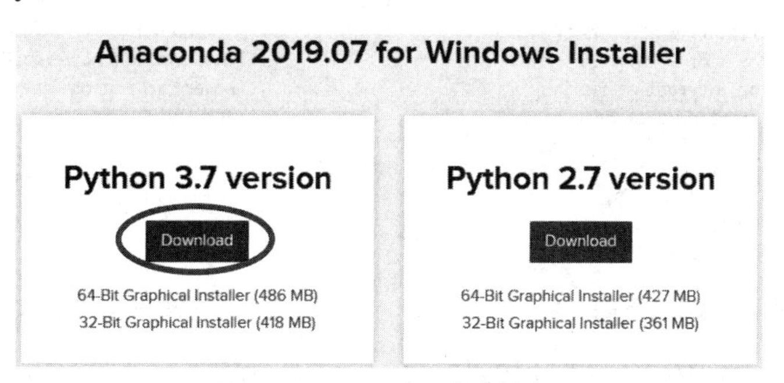

图 A-1　Anaconda 版本选择

（2）安装 Anaconda

双击“Anaconda”，采用默认选项安装即可。

注意：在进行到图 A-2 所示步骤时，请把两项全部勾选上。一是将 Anaconda 添加进环境变量，二是把 Anaconda 当成默认的 Python3.X。

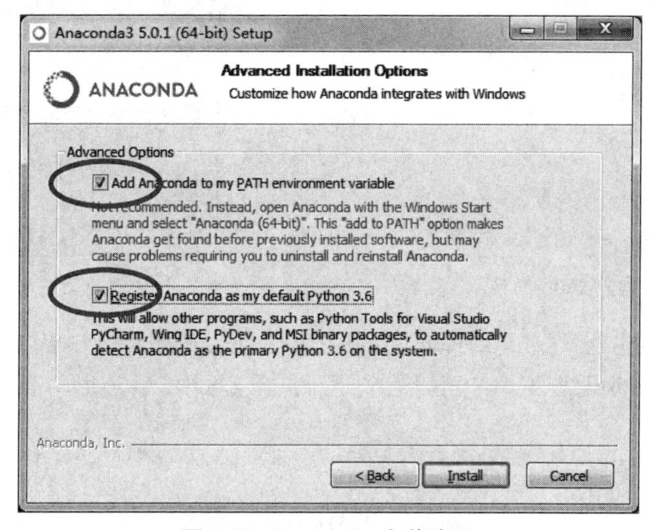

图 A-2　Anaconda 安装选项

2. 安装 Spyder

打开 Anaconda，单击“Install”按钮进行安装即可，如图 A-3 所示。安装完毕，可以单击图 A-4 中的“Launch”按钮，以启动 Spyder 编程环境。

3. 代码编写与编译调试

- 在 Spyder 开发环境中选择左上角的“File”→“New File”命令，新建项目文件，默认为 untitled0.py，如图 A-5 所示。单击左上角的“File”→“Save as”命令，将文件另存为 HelloAI.py，可采用默认路径存放。

图 A-3　Sypder 安装

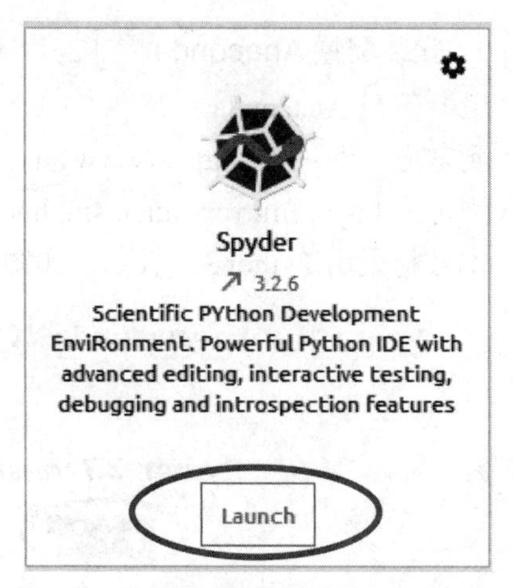

图 A-4　Sypder 启动

- 在代码编辑窗口中输入一行代码，如图 A-6 所示。

```
print ("Hello AI! ")            # 本行用于输出固定的字符串
```

图 A-5　新建 Python 文件

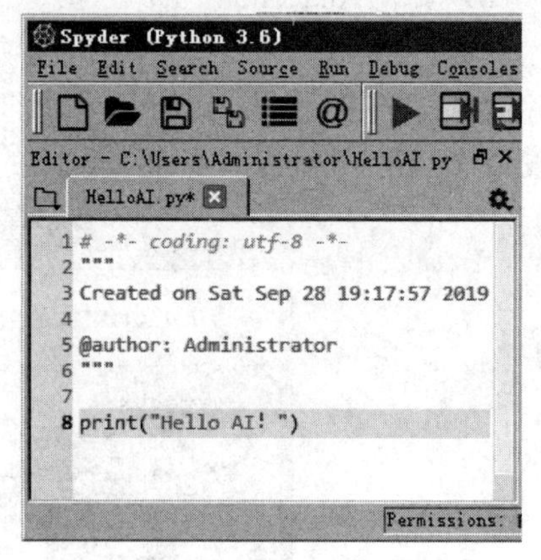

图 A-6　文件命名并输入代码

- 单击工具栏中的 ▶ "File Run" 按钮，编译执行程序，将输出一句 "Hello AI！" 信息。在 "IPython console" 窗口中可以看到运行结果，如图 A-7 所示。

```
In [1]: runfile('D:/Anaconda3/HelloPython.py', wdir='D:/Anaconda3')
Hello AI!
```

图 A-7　代码编辑执行效果

A-2　注册成为 AI 开放平台开发者

目前国内共有 15 家企业建设国家级人工智能开放平台，读者可以根据实际需要，选择适合的人工智能平台及相应的应用。

以下借助百度及科大讯飞的人工智能开放平台，实现教材部分项目。在项目开始前，学员们首先需要在相应平台上注册，成为开发者。

为了利用百度人工智能开放平台的 API 接口，学员们必须准备两个方面的内容：一是下载相应的百度 SDK；二是创建应用，获得 AppID、API Key、Secret Key 等三个参数。

项目实施的详细过程可以通过扫描二维码，观看具体操作过程的讲解视频。

附录 A-2　注册成为 AI 开放平台开发者

1. 安装百度 SDK

如果已安装 pip，执行 pip install baidu-aip 即可。

（1）打开“Anaconda Prompt”

单击左下方的“开始”工菜单栏中的“Anaconda Prompt”。

（2）在打开的命令窗口中输入 pip install baidu-aip

执行完成即可，如图 A-8 所示。

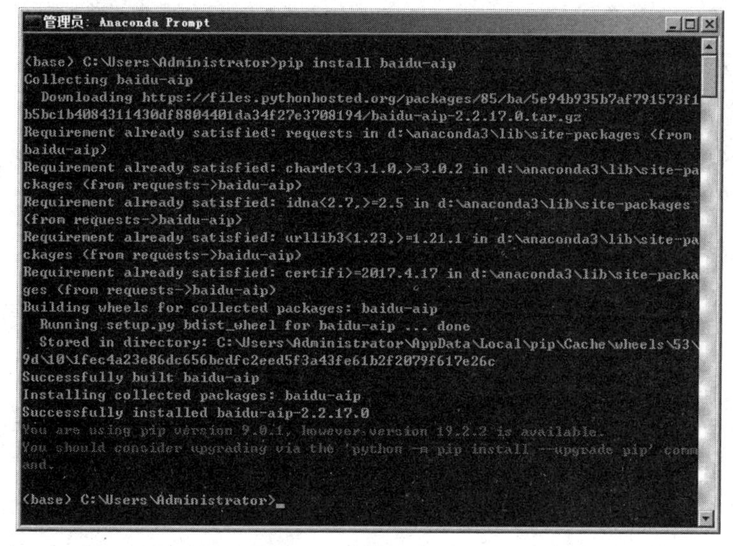

图 A-8　安装百度 SDK

2. 注册成为百度 AI 开发平台的开发者

① 进入百度 AI 开发平台，网址为 https://ai.baidu.com。

② 单击网页右上角的控制台 资讯　社区　控制台 。

③ 注册百度账号，并单击“登录”按钮，如图 A-9 所示。

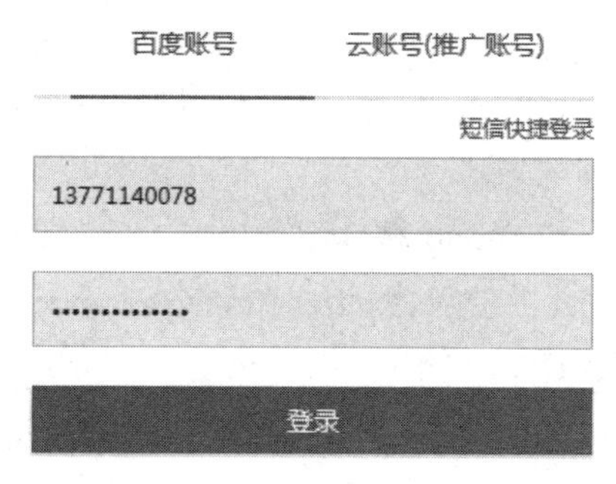

图 A-9　百度账号注册登录

3. 获取开发者特有的 Access Key 和 Secret Key

① 登录成功后，在右上角的个人账号上单击“你的账号名”，出现认证界面，如图 A-10 所示。

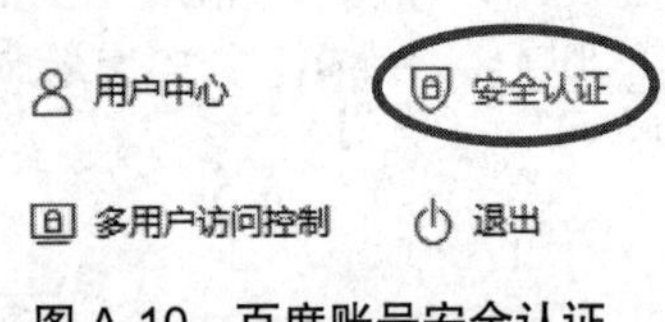

图 A-10　百度账号安全认证

② 单击“安全认证”，获取 Access Key 和 Secret Key。

如果是初次使用该平台，则先要单击“创建 Access Key”，如图 A-11 所示。

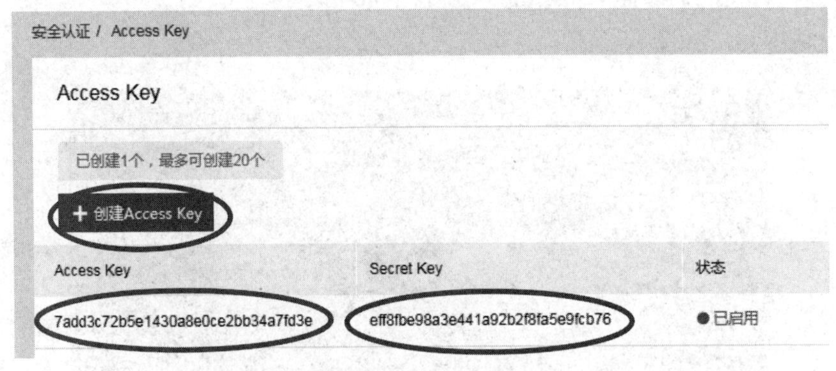

图 A-11　获取 Access Key 和 Secret Key

A-3　利用 FFmpeg 软件进行音频格式转换

在语音识别项目中，需要准备好并上传音频文件。由于底层识别使用的是 pcm 格式，因此，推荐直接上传 pcm 文件。如果上传其他格式的文件，会在服务器端转码成 pcm 文件，调用接口的耗时会增加。因此，推荐使用 FFmpeg 将 mp3 格式转换成 pcm 格式。可以自行录一段讲话，生成 mp3、wav 等格式的音频文件，再通过 FFmpeg 软件转换成 pcm 格式文件进行语音识别。

下面简单描述将 myspeech.mp3 格式文件转换成 myspeech.pcm 格式的过程，分别是 FFmpeg 软件下载、配置 FFmpeg 环境变量、测试 FFmpeg 环境变量配置、格式转换 4 步。

项目实施的详细过程可以通过扫描二维码，观看具体操作过程的讲解视频。

附录 A-3　利用 FFmpeg 软件转换音频文件格式

1. FFmpeg 软件下载

（1）登录网站 http://ffmpeg.zeranoe.com/builds/，根据自己的操作系统选择最新的 32 位或 64 位静态程序版本，单击“Download Build”按钮，如图 A-12 所示。

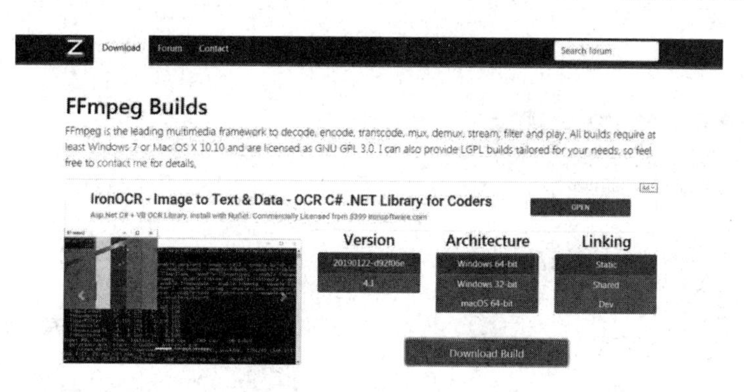

图 A-12 FFmpeg 版本选择

（2）下载 FFmpeg 文件，并解压到任意磁盘（这里将文件解压到 D 盘），将解压后的文件重新命名为“ffmpeg”，如图 A-13 所示。

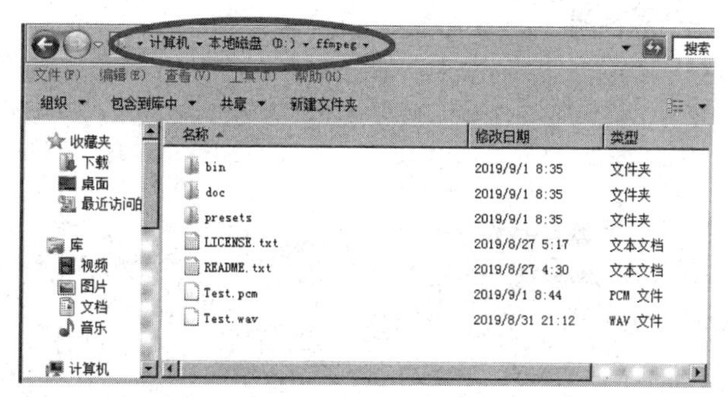

图 A-13 命名 FFmpeg

2. 配置 FFmpeg 环境变量

在 Windows 桌面上右击“我的电脑”，打开“属性设置”窗口，如图 A-14 所示。单击“高级系统设置”按钮，出现“系统属性”窗口，如图 A-15 所示。

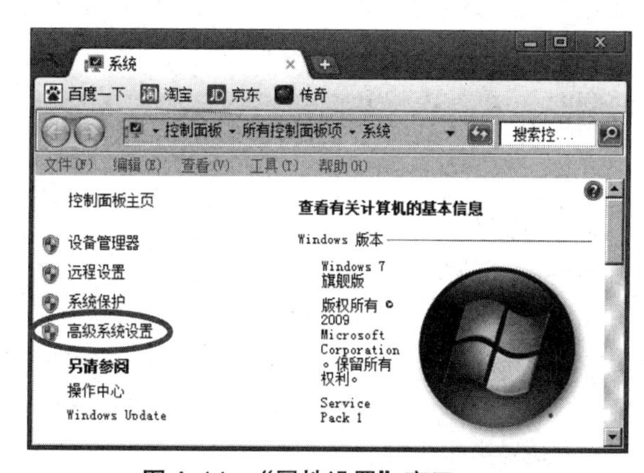

图 A-14 “属性设置”窗口

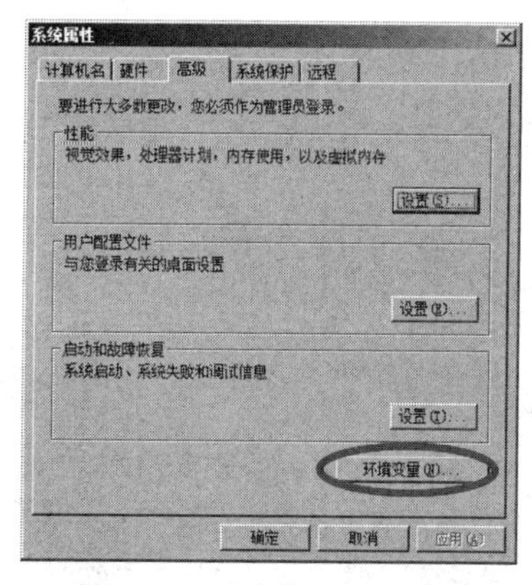

图 A-15 “系统属性”窗口

在“系统属性”窗口中，单击“环境变量”按钮，出现“环境变量”窗口，如 A-16 所示。找到并选中“Path”变量，单击“编辑”按钮，出现“编辑系统变量”窗口。在变量名“Path”中，增加“;d:\ffmpeg\bin”变量值，如图 A-17 所示。如果是 Windows 10 操作系统，则在变量名“Path”中新增加“d://ffmpeg\bin”变量值。

依次单击“确定”按钮即可。

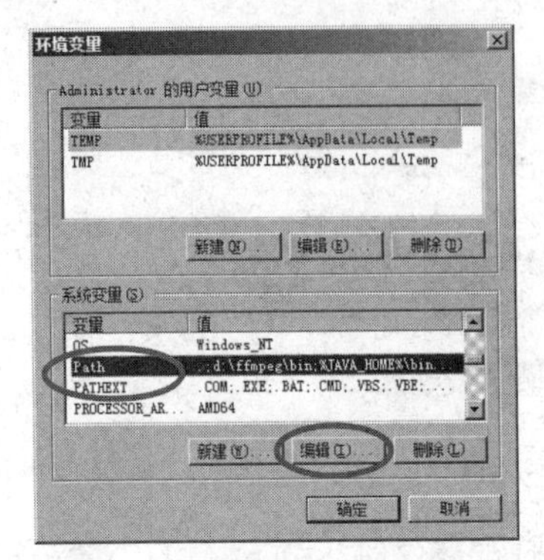

图 A-16 “环境变量”窗口

图 A-17 Path 编辑窗口

3. 测试 FFmpeg 环境变量配置

单击 Windows 操作系统左下角的“开始”→“运行”，在搜索框内输入“cmd”打开命令提示符界面。如果命令提示窗口返回 FFmpeg 的版本信息，说明配置成功，如图 A-18 所示。

图 A-18 测试 FFmpeg 安装

4. 格式转换

在命令提示符窗口中，首先需要进入 FFmpeg 的安装目录，即 d:\ffmpeg。依次输入 D: 并回车执行；输入 cd ffmpeg 并回车执行。注意空格及英文半角连接符“-”。

① A. wma 文件转化为 16bits 位深、16 000Hz、单声道的 B.pcm（或 B.wav）文件。命令如下：

```
ffmpeg -i A.wma -acodec pcm_s16le -ac 1 -ar 16000 B.pcm
// -I filename 指定输入文件名，本项目为 A.wma
// -acodec codec 指定音频编码，本项目为 pcm_s16le，PCM signed 16-bit little-endian
// -f s16le，强制指定编码，本项目为
// -ac channels 设置声道数，本项目声道数：1，即为单声道。此参数可省。
// -ar rate 设置音频采样率（单位：Hz），本项目采样率：16000
// B.pcm 为输出文件名及类型。本项目中可以直接修改成 B.wav
```

② B. wav 文件转 16k 的单声道 pcm 文件。

PCM，英文全称为 pulse-code modulation，中文名为脉冲编码调制，命令如下：

```
ffmpeg -y -f s16le -ar 16k -ac 1 -i input.raw output.wav
```

其中，-y 表示无须询问，直接覆盖输出文件；-f s16le 用于设置文件格式为 s16le；-ar 16k 用

于设置音频采样频率为16kHz；-ac 1 用于设置通道数为 1；-i input.raw 用于设置输入文件为 input.raw；output.wav 为输出文件。例如，

```
FFmpeg -y  -i  xxxxx.wav  -acodec pcm_s16le -f s16le -ac 1 -ar 16000 xxxxx.pcm
```

格式转换成功后，便可以借助人工智能开放平台实现语音识别了。

A-4 TensorFlow 框架的安装配置

项目实施的详细过程可以通过扫描二维码观看具体操作的讲解视频。

附录 A-3 TensorFlow 的安装

① Python3.x 环境的准备，详见附录 A-1。

② 创建一个 Python3.5 的环境，环境名称为 tensorflow。

注意，此时 Python 的版本和后面 TensorFlow 的版本有匹配问题，这一步选择为 python3.x。

```
conda create -n tensorflow python=3.x
```

有需要确认的地方，都输入“：y”。

环境名称配置好之后，单击“Anaconda Navigator”，左侧的 Environments 就有了这一项“tensorflow”，如图 A-19 所示。

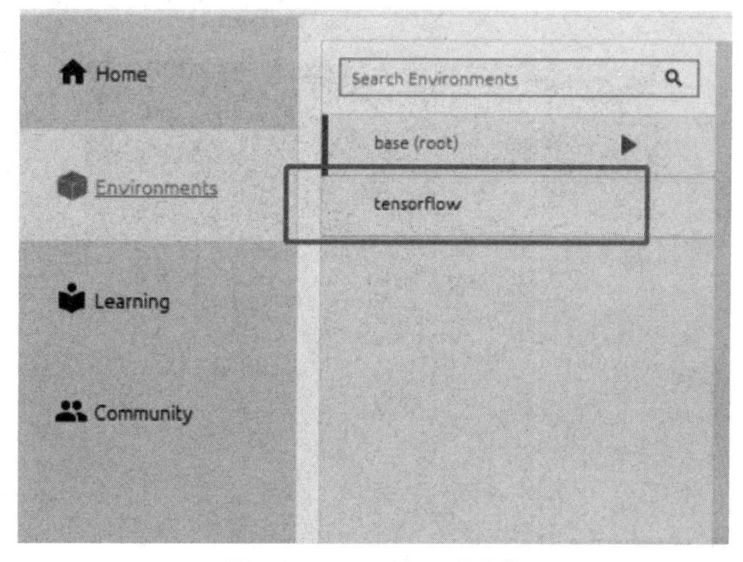

图 A-19 TensorFlow 的安装

③ 在 Anaconda Prompt 中激活 tensorflow 环境：

```
activate tensorflow
```

激活后如图 A-20 所示。

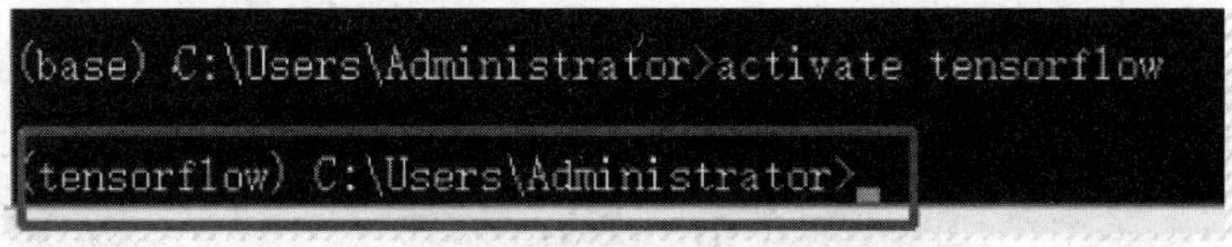

```
(base) C:\Users\Administrator>activate tensorflow

(tensorflow) C:\Users\Administrator>
```

图 A-20 激活 TensorFlow 环境

④ 安装 TensorFlow。利用清华镜像，安装 CPU 版本的 TensorFlow。

```
pip install --upgrade --ignore-installed tensorflow   #CPU
```

CPU 版本的 TensorFlow 安装完成后，需要做一下测试，以确保安装无误。

⑤ 测试 TensorFlow。在激活 TensorFlow 环境下，输入“python”，进入到 Python 界面，如图 A-21 所示。

```
(tensorflow) C:\Users\Administrator>python
Python 3.5.4 |Continuum Analytics, Inc.| (default, Aug 14 2017, 13:41:13) [MSC v.1900 64 bit (AMD64
)] on win32
Type "help", "copyright", "credits" or "license" for more information.
```

图 A-21 查看 TensorFlow 版本信息

⑥“Hello，TensorFlow”程序。输入以下代码：

```
import tensorflow as tf
hello = tf.constant ('Hello, TensorFlow!')
sess = tf.Session()
print (sess.run (hello))
```

出现如图 A-22 所示的结果，就说明安装成功。输入“pip freeze”，可以看到 TensorFlow 的版本信息。

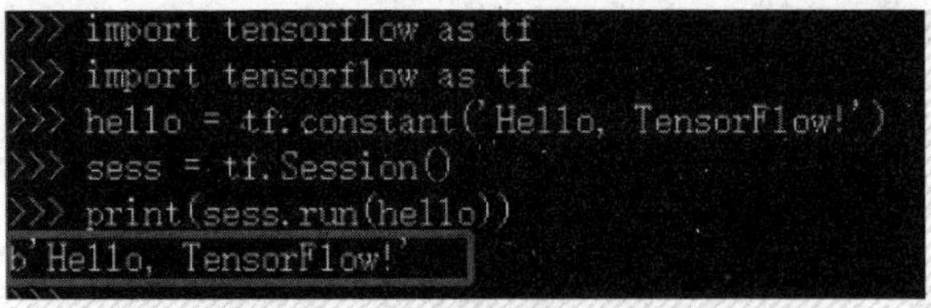

```
>>> import tensorflow as tf
>>> import tensorflow as tf
>>> hello = tf.constant('Hello, TensorFlow!')
>>> sess = tf.Session()
>>> print(sess.run(hello))
b'Hello, TensorFlow!'
```

图 A-22 运行“Hello，TensorFlow”程序

附录B 智能对话系统设计与实施

附录B实训项目为人工智能技术的综合应用。

我们在各章节中的项目中已经学习并动手实践了人工智能应用中的语音识别与语音合成、自然语言处理等单项知识，本实训项目将综合前面的单项知识，开发一个简单的、源自实际应用的人工智能对话系统。

1. 项目设计

本项目将设计一个智能应答机器人，当用户提问时，智能应答机器人将做出相应的回答。整个应答流程可分为5步。

第1步：当发现用户提问时，录制好用户提问的声音，通常录制音频格式为wav格式。

第2步：对录制好的用户音频进行语音识别，即将音频作为参数，返回识别出来的用户提问文本信息。这部分功能可以使用百度或者科大讯飞的人工智能开放平台接口。

第3步：将用户提问的文本信息作为问题，查询得到相应的答案。这部分功能可以使用百度等人工智能开放平台接口，也可以使用某些专项功能的接口，如表B-1所示。

第4步：利用文本转语音功能，将得到的答案转成语音。这部分功能可以使用百度或者科大讯飞的人工智能开放平台接口。

第5步：播放得到的语音。

表B-1 国内部分聊天机器人

序号	公司	平台特性	开放平台地址
1	北京光年无限科技	图灵机器人	http：//www.turingapi.com/
2	世纪佳缘	一个AI	http：//www.yige.ai/
3	网易公司	网易七鱼	https：//qiyukf.com/
4	小i机器人	小爱	http：//www.xiaoi.com/index.shtml

2. 项目实施

（1）准备各功能模块

第一步：开始录音。

```
# 1 开始录音
def record (rate=16000):
    r = sr.Recognizer()
    with sr.Microphone (sample_rate=rate) as source:
        print ("现在请提问：")
        audio = r.listen (source)

    with open ("recording.wav", "wb") as f:
        f.write (audio.get_wav_data())
```

第二步：语音识别，转移成文字。

```
# 2 语音转文字
def listen():
    with open('recording.wav','rb') as f:
        audio_data = f.read()

    result = client.asr(audio_data, 'wav', 16000, {
        'dev_pid': 1536,
    })

    ask = result["result"][0]
    print("您想问的是: " + ask)
    return ask
```

第三步：向平台发出问题请求，得到回应答案。

```
# 3 请求及回复
# 调用百度机器人或图灵机器人的接口，需要预先注册
def robot(text=""):
    data = {
        "reqType": 0,
        "perception": {
            "inputText": {
                "text": ""
            },
            "selfInfo": {
                "location": {
                    "city": "上海",
                    "street": "南京路"
                }
            }
        },
        "userInfo": {
            "apiKey": Your_KEY,
            "userId": "starky"
        }
    }

    data["perception"]["inputText"]["text"] = ask
    response = requests.request("post",URL,json=data, headers=HEADERS)
    response_dict = json.loads(response.text)

    answer = response_dict["results"][0]["values"]["text"]
    print("the AI said: " + answer)
    return answer
```

第四步：语音合成，文字转语音。

```
# 4 文字转语音功能
def speak(text="你好"):                          #
    result = client.synthesis(text, 'zh',1,{
        'spd': 5,
        'vol': 5,
```

```
        'per': 4,
    })

    if not isinstance (result, dict):
        with open ('audio.mp3', 'wb') as f:
            f.write (result)
```

第五步：语音播放。

```
# 5 播放 wav 语音文件
def play():
    os.system ('sox audio.mp3 audio.wav')   #将 mp3 格式的音频文件转成 wav 格式
    wf = wave.open ('audio.wav','rb')       #  播放 wav 音频，可能有文件占用的异
常情况
    p = pyaudio.PyAudio()

    def callback (in_data, frame_count,time_info,status):
        data = wf.readframes (frame_count)
        return (data, pyaudio.paContinue)

    stream = p.open (format=p.get_format_from_width (wf.getsampwidth()) ,
                    channels=wf.getnchannels(),
                    rate=wf.getframerate(),
                    output=True,
                    stream_callback=callback)

    stream.start_stream()

    while stream.is_active():
        time.sleep (0.1)

    stream.stop_stream()
    stream.close()
    wf.close()
    p.terminate()
```

（2）各功能集成

将各个子功能集成，顺序执行，即可实现智能语音问答功能。

```
while True:
    record()                   # 1 录下询问音频
    ask = listen()             # 2 询问音频转文字
    answer = robot (ask)       # 3 根据问题找答案
    speak (answer)             # 4 答案文本转或语音
    play()                     # 5 播放语音
```

当然，对 5 个步骤中的每一个部分，读者都可以做相应的改变，比如改变录音方式、改变音频播放形式；修改语音识别及语音合成的接入平台；改变智能问答服务平台等。

附录 C　第一批 AI 国家开放创新平台功能

附录 C 列出了 15 家人工智能企业，它们是目前国内人工智能知名企业或细分领域的佼佼者。其中阿里、百度、腾讯、科大讯飞 4 家知名企业承担了国家第一批 AI 开放创新平台建设任务，如表 C-1 所示。

表 C-1　国内部分人工智能领军企业的开放平台

序号	公司	平台特性	人工智能开放平台地址
1	阿里	城市大脑	https：//ai.aliyun.com/
2	百度	自动驾驶	https：//ai.baidu.com/
3	腾讯公司	医疗影像	https：//ai.qq.com/
4	科大讯飞	智能语音	https：//www.xfyun.cn/
5	商汤科技	智能视觉	https：//www.sensetime.com/
6	华为公司	基础软件	https：//developer.huawei.com/consumer/cn/hiai
7	上海依图	视觉计算	
8	上海明略	智能营销	
9	中国平安	普惠金融	
10	海康威视	视频感知	
11	京东	智能供应链	
12	旷视	图像感知	
13	360 奇虎	安全大脑	
14	好未来	智慧教育	
15	小米	智能家居	

为了让读者能较快地选择自己所需要的功能，我们对第一批 4 家开放创新平台建设单位的开放接口的功能作简单说明。读者可以根据自己在开发时的需要，选择相应平台及相应功能。

1. 阿里篇

（1）智能语音交互

包括录音文件识别、实时语音转写、一句话识别、语音合成、语音合成声音定制、语言模型自学习工具等功能。

（2）图像搜索功能

（3）自然语言处理

包括多语言分词、词性标注、命名实体、情感分析、中心词提取、智能文本分类、文本信息抽取、商品评价解析、NLP 自学习平台等功能。

（4）印刷文字识别

包括通用型卡证类、汽车相关识别、行业票据识别、资产类识别、通用文字识别、行业文档类识别、视频类文字识别、自定义模板识别等功能。

（5）人脸识别

（6）机器翻译

包括机器翻译、机器翻译自学习平台等功能。

（7）图像识别

（8）视觉计算

（9）内容安全

包括图片鉴黄、图片涉政暴恐识别、图片 Logo 商标检测、图片垃圾广告识别、图片不良场景识别、图片风险人物识别、视频风险内容识别、文本反垃圾识别、语音垃圾识别等功能。

（10）机器学习平台

包括机器学习平台、人工智能众包等功能。

（11）城市大脑开放平台

主要是智能出行引擎。

（12）解决方案

包括图像自动外检、工艺参数优化、城市交通态势评价、特种车辆优先通行、大规模网格 AI 信号优化、“见远”视觉智能诊断方案、门禁/闸机人脸识别、刷脸认证服务解决方案、智慧场馆解决方案、供应链智能、设备数字运维、设备故障诊断、智能助手、智能双录、智能培训等功能。

（13）ET 大脑

包括 ET 城市大脑、ET 工业大脑、ET 农业大脑、ET 环境大脑、ET 医疗大脑、ET 航空大脑等功能。

2. 百度篇

（1）语音识别—输入法

包括语音识别—搜索、语音识别—英语、语音识别—粤语、语音识别—四川话等功能。

（2）人脸识别

包括人脸检测、在线活体检测、H5 语音验证码、H5 活体视频分析等功能。

（3）文字识别

包括通用文字识别、网络图片文字识别、身份证识别、银行卡识别、驾驶证识别、行驶证识别、营业执照识别、车牌识别、表格文字识别、通用票据识别、iOCR 自定义模板文字识别、手写文字识别、护照识别、增值税发票识别、数字识别、火车票识别、出租车票识别、VIN 码识别、定额发票识别、出生证明识别、户口本识别、港澳通行证识别、台湾通行证识别、iOCR 财会票据识别等功能。

（4）自然语言处理

包括中文分词、中文词向量表示、词义相似度、短文本相似度、中文 DNN 语言模型、情感倾向分析、文章分类、文章标签、依存句法分析、词性标注、词法分析、文本纠错、对话情绪识别、评论观点抽取、新闻摘要等功能。

（5）内容审核

包括文本审核、色情识别、GIF 色情图像识别、暴恐识别、政治敏感识别、广告检测、图文审核、恶心图像识别、图像质量检测、头像审核、图像审核、公众人物识别、内容审核平台—图像、内容审核平台—文本等功能。

（6）图像识别

包括通用物体和场景识别高级版、图像主体检测、Logo 商标识别、菜品识别、车型识别、动物识别、植物识别、果蔬识别、自定义菜品识别、地标识别、红酒识别、货币识别等功能。

（7）图像搜索

包括相同图检、相似图搜索、商品检索等功能。

（8）人体分析

包括驾驶行为分析、人体关键点识别、人体检测与属性识别、人流量统计、人像分割、手势识别、人流量统计（动态版）等功能。

（9）知识图谱

主要是指实体标注功能。

（10）智能呼叫中心

包括实时语音识别、音频文件转写、智能电销等功能。

（11）AR 增强现实

包括调起 AR、查询下包、内容分享、云端识图等功能。

（12）EasyDL

包括图像分类、物体检测、声音分类、文本分类等功能。

（13）智能创作平台

包括结构化数据写作、智能春联、智能写诗等功能。

3. 腾讯篇

（1）OCR 文字识别

包括身份证 OCR、行驶证 OCR、驾驶证 OCR、通用 OCR、营业执照 OCR、银行卡 OCR、手写体 OCR、车牌 OCR、名片 OCR 等功能。

（2）人脸与人体识别

包括人脸检测与分析、多人脸检测、跨年龄人脸识别、五官定位、人脸对比、人脸搜索、手势识别等功能。

（3）人脸融合

包括滤镜、人脸美妆、人脸变妆、大头贴、颜龄检测等功能。

（4）图片识别

包括看图说话、多标签识别、模糊图片识别、美食图片识别、场景/物体识别等功能。

（5）敏感信息审核

包括暴恐识别、图片鉴黄、音频鉴黄、音频敏感词检测等功能。

（6）智能闲聊

（7）机器翻译

包括文本翻译、语音翻译、图片翻译等功能。

（8）基础文本分析

包括分词/词性、专有名词、同义词等功能。

（9）语义解析

包括意图成分、情感分析等功能。

（10）语音合成

（11）语音识别

包括语音识别、长语音识别、关键词检索等功能。

4. 科大讯飞篇

（1）语音识别

包括语音听写、语音转写、实时语音转写、离线语音听写、语音唤醒、离线命令词识别等功能。

（2）语音合成

包括在线语音合成、离线语音合成等功能。

（3）文字识别

包括手写文字识别、印刷文字识别、印刷文字识别（多语种）、名片识别、身份证识别、银行卡识别、营业执照识别、增值税发票识别、拍照速算识别等功能。

（4）人脸识别

包括人脸验证与检索、人脸比对、人脸水印照比对、静默活体检测、人脸特征分析等功能。

（5）内容审核

包括色情内容过滤、政治人物检查、暴恐敏感信息过滤、广告过滤等功能。

（6）语音扩展

包括语音评测、语义理解、性别年龄识别、声纹识别、歌曲识别等功能。

（7）自然语言处理

包括机器翻译、词法分析、依存句法分析、语义角色标注、语义依存分析（依存树）、语义依存分析（依存图）、情感分析、关键词提取等功能。

（8）图像识别

包括场景识别、物体识别等功能。

参考文献

［1］李德毅，于剑. 人工智能导论［M］. 北京：中国科学技术出版社，2018.

［2］聂明. 人工智能技术应用导论［M］. 北京：电子工业出版社，2019.

［3］王万良. 人工智能导论［M］. 北京：高等教育出版社，2017.

［4］汤晓鸥，陈玉琨. 人工智能基础（高中版）［M］. 上海：华东师范大学出版社，2018.

［5］周志华. 机器学习［M］. 北京：清华大学出版社，2016.

［6］中国人工智能产业发展联盟. 人工智能浪潮［M］. 北京：人民邮电出版社，2018.

［7］王飞跃. 新 IT 与新轴心时代：未来的起源和目标［J］. 探索与争鸣，2017，（10）.

［8］孟庆春，齐勇，张淑军，等. 智能机器人及其发展［J］. 中国海洋大学学报：自然科学版，2004.

［9］王飞跃. “直道超车”的中国人工智能梦［N］. 环球时报，2017.15.

［10］Fei-Yue Wang Computational Social Systems in a New Period：A Fast Transition Into the Third Axial Age［J］. IEEE TRANSACTIONS ON COMPUTATIONAL SOCIAL SYSTEMS，2017，4.

［11］孙志军，薛磊，许阳明，等. 深度学习研究综述［J］. 计算机应用研究，2012，（08）.

［12］邓茗春，李刚. 几种典型神经网络结构的比较与分析［J］. 信息技术与信息化，2008，（6）：29-31.

［13］余敬，张京，武剑，等. 重要矿产资源可持续供给评价与战略研究［M］. 北京：经济日报出版社，2015.

［14］赵力. 语音信号处理［M］. 北京：机械工业出版社，2009.

［15］［美］Stuart J. Russell，Peter Norvig. 人工智能［M］. 3 版. 殷建平，祝恩，刘越，等译. 北京：清华大学出版社，2017.

［16］小甲鱼. 零基础入门学习 Python［M］. 北京：清华大学出版社，2016.

［17］张良均，杨海宏，何子健，等. Python 与数据挖掘［M］. 北京：机械工业出版社，2016.

［18］［印］Gopi Subramanian. Python 数据科学指南［M］. 方延风，刘丹译. 北京：人民邮电出版社，2016.

［19］［印］Ivan Idris. Python 数据分析实战［M］. 冯博，严嘉阳译. 北京：机械工业出版社，2017.

［20］［美］Peter Harrington. 机器学习实战［M］. 李锐，李鹏等译. 北京：人民邮电出版社，2013.

［21］赵志勇. Python 机器学习算法［M］. 北京：电子工业出版社，2017.

［22］范淼，李超. Python 机器学习及实践——从零开始通往 Haggle 竞赛之路［M］. 北京：清华大学出版社，2016.

［23］喻宗泉，喻晗. 神经网络控制［M］. 西安：西安电子科技大学出版社，2009.

［24］曾喆昭. 神经计算原理及其应用技术［M］. 北京：科学出版社，2012.

［25］刘冰，国海霞. MATLAB 神经网络超级学习手册［M］. 北京：人民邮电出版社，2014.

［26］韩力群. 人工神经网络教程［M］. 北京：北京邮电大学出版社，2006.

［27］张立毅等. 神经网络盲均衡理论、算法与应用［M］. 北京：清华大学出版社，2013.

［28］孙增圻，邓志东，张再兴. 智能控制理论与技术［M］. 2 版. 北京：清华大学出版社，2011.

［29］闻新，张兴旺，朱亚萍，等. 智能故障诊断技术：MATLAB 应用［M］. 北京：北京航空航天大学出版社，2015.

［30］吴建华. 水利工程综合自动化系统的理论与实践［M］. 北京：中国水利水电出版社，2006.

［31］张宏建，孙志强等. 现代检测技术［M］. 北京：化学工业出版社，2009.

［32］施彦，韩力群，廉小亲. 神经网络设计方法与实例分析［M］. 北京：北京邮电大学出版社，2009.

［33］李嘉璇. TensorFlow 技术解析与实战［M］. 北京：人民邮电出版社，2017.

［34］郑泽宇，顾思宇. TensorFlow 实战 Google 深度学习框架［M］. 北京：电子工业出版社，2017.

［35］［美］山姆 • 亚伯拉罕，丹尼亚尔 • 哈夫纳，埃里克 • 厄威特，等. 面向机器智能的 TensorFlow 实践［M］. 段菲，陈澎译. 北京：机械工业出版社，2017.

［36］林大贵. 大数据巨量分析与机器学习［M］. 北京：清华大学出版社，2017.

［37］［美］Brian Ward，精通 Linux［M］. 江南，段志鹏译. 北京：人民邮电出版社，2015.

［38］［美］Clinton W. Brownley. Python 数据分析基础［M］. 陈光欣译. 北京：人民邮电出版社出版，2017.

［39］罗攀，蒋仟. 从零开始学 Python 网络爬虫［M］. 北京：机械工业出版社，2017.

［40］Scikit-learn. Machine Learning in Python. Pedregosaet al，JMLR 12，pp.2825-2830，2011.

［41］［印］Ujjwal Karn. An Intuitive Explanation of Convolutional Neural Networks. The Data Science Blog，August 11，2016.

［42］张德丰. MATLAB 神经网络应用设计国［M］. 北京：机械工业出版社，2001.

［43］雷锋网（www.leiphone.com）

［44］品途商业评论网（www.pintu360.com）

［45］CSDN 博客（blog.csdn.net）

［46］菜鸟教程（www.runco.com）

［47］廖雪峰的官方网站（www.liaoxuefeng.com）

[48] 博客园（www.cnblogs.com）
[49] Yann LeCun（yann.lecun.com）
[50] Imagenet（www.image-net.org）
[51] MBAlib（wiki.mbalib.com）
[52] Github（www.github.com）
[53] Tensorflow（www.tensorflow.org）
[54] 阿里云云栖社区（yq.aliyun.com）
[55] 搜狐网（www.sohu.com）
[56] Coursera（www.coursera.org）
[57] Udacity（cn.udacity.com）
[58] edx（www.edx.org）
[59] 网易公开课（open.163.com）
[60] 学堂在线（www.xuetangx.com）
[61] 中国大学慕课（www.icouse163.org）
[62] 百度百科（baike.baidu.com）
[63] 百度 AI 对抗赛（aicontest.baidu.com）
[64] 王利明.人工智能时代提出的法学新课题［J］.中国法律评论，2018（2）.